Springer-Verlag Berlin Heidelberg GmbH

ifmo
Institut für Mobilitätsforschung (Hrsg.)
Eine Forschungseinrichtung der BMW Group

Motive und Handlungsansätze im Freizeitverkehr

Mit 32 Abbildungen und 17 Tabellen

Springer

Herausgeber
Institut für Mobilitätsforschung
Eine Forschungseinrichtung der BMW Group
Charlottenstraße 43
10117 Berlin
www.ifmo.de

Bibliografische Information Der Deutschen Bibliothek Die Deutsche Bibliothek
verzeichnet diese Publikation in der Deutschen Nationalbibliografie;
detaillierte bibliografische Daten sind im Internet über http://dnb.ddb.de abrufbar.

http://www.springer.de

ISBN 978-3-662-31180-6   ISBN 978-3-540-76797-8 (eBook)
DOI 10.1007/978-3-540-76797-8

© Springer-Verlag Berlin Heidelberg 2003
Ursprünglich erschienen bei Springer-Verlag Berlin Heidelberg New York 2003.
Softcover reprint of the hardcover 1st edition 2003

Umschlagestaltung: deblik, Berlin
Satz: medio Technologies AG, Berlin

Gedruckt auf säurefreiem Papier   SPIN: 10887721   68/3020 M – 5 4 3 2 1 0 –

Geleitwort

Die Freizeit ist die Grundlage für einen der wichtigsten Industriezweige unserer heutigen Gesellschaft. Die räumliche und zeitliche Verteilung der Freizeitaktivitäten und die damit verknüpften Ausgaben sind von zentraler Bedeutung für viele Regionen Deutschlands, Europas und der Welt. Zugleich definieren diese Aktivitäten für viele Menschen Wohlbefinden und ihre soziale Position. Ein Verständnis der Motive hinter den Freizeitaktivitäten ist deshalb zentral für die weitere wissenschaftliche und politische Arbeit zum Freizeitverkehr. Die Beiträge dieses Buches beschäftigen sich zunächst mit den Motiven und Zwecken der Freizeitaktivitäten. Sie helfen uns, drei Aspekte von Freizeitaktivitäten besser zu verstehen: die Art der Freizeitgestaltung, also die beobachtbare Aktivität, ihren Zweck, d.h. das instrumentelle Motiv und das Ziel bzw. die Motivation für die Freizeitgestaltung, also jenes soziale Bedürfnis, das durch die Aktivität befriedigt wird.

Freizeitverkehr erzeugt aber auch Probleme und Externalitäten. Die Bewältigung dieser Herausforderungen sowie spezifische Angebotsformen, wie Städtetourismus und Grossereignisse, bilden den anderen Schwerpunkt des Buches.

Dieser Band stellt der Fachöffentlichkeit die Beiträge und Ergebnisse zweier Expertenworkshops vor. Das Institut für Mobilitätsforschung möchte damit einen Beitrag zu der lebendigen, kontroversen und notwendigen Diskussion über die gesellschaftliche Reaktion auf die Entwicklungen im Freizeitverkehr leisten. Eine Diskussion, die von allen Beteiligten – von allen Verkehrsträgern, Politikern, der Fachöffentlichkeit und Bürgern – zu führen ist, wenn die gefundenen Lösungen umsetzbar sein sollen.

Die Tagungen wurden von Dr. Stephan Rammler, Wissenschaftszentrum Berlin für Sozialforschung (WZB) vorbereitet. Anne Vonderstein übernahm die Redaktion des vorliegenden Bandes. Wir möchten ihnen im Namen aller Teilnehmer und Leser dafür herzlich danken.

Zürich, Berlin, im Oktober 2002

Prof. Dr. Kay W. Axhausen

Institut für Verkehrsplanung, Transporttechnik,
Straßen- und Eisenbahnbau, ETH Zürich
Mitglied des Kuratoriums des Instituts für Mobilitätsforschung

Dr. Walter Hell

Leiter des Instituts
für Mobilitätsforschung

Inhaltsverzeichnis

Moderner Freizeitverkehr: Zur Einführung in das Thema
Stephan Rammler 1

1   Was empfinden Menschen als Freizeit? – Emotionale Bedeutung
und Definition
Wolfgang Fastenmeier, Herbert Gstalter und Ulf Lehnig 13

2   Freizeitmobilitätstypen
Konrad Götz und Steffi Schubert 31

3   Motive der alltäglichen Freizeitmobilität
Thomas W. Zängler und Georg Karg 51

4   Freizeitverkehr älterer Menschen im Kontext sozialer Motive –
Die Studien AEMEÏS und FRAME
Georg Rudinger und Elke Jansen 67

5   Konsum oder Kontrast? Freizeitverkehr als Beziehung zwischen
urbanen und ländlichen Räumen
Hans-Peter Meier-Dallach 83

6   Freizeitwelten – Markt, Hintergründe, Akzeptanz, Beispiele
Wolfgang Isenberg 101

7   Entwicklung des Freizeitmarktes aus Sicht der
Tourismuswirtschaft
Ulrich Rüter 123

8   Freizeit- und Erlebniswelten: Status Quo und Trends im
Freizeitmarkt und Freizeitverkehr
Carl-Otto Wenzel 137

9 Thematisierungsstrategie am Beispiel der Projektentwicklung Erlebniswelt Renaissance: Aspekte der Verkehrsplanung und Mobilität
Bernhard Scheller 153

10 Städtetourismus
Andrea Weecks 169

11 Von Stadtreisen zu Stattreisen
Anke Biedenkapp 179

12 Raumpartnerschaften zwischen Ballungs- und Erholungsräumen
G. Wolfgang Heinze 185

13 Mit Netzwerken und Raumpartnerschaften die nachhaltige Entwicklung und die sanfte Mobilität anpacken
Jöri Schwärzel Klingenstein 203

14 Steuerungsansätze im Freizeitverkehr durch regionale Kooperation und Netzwerkbildung
Dörte Ohlhorst 211

15 An- und Abreise als Teil des Events: Neue Konzepte für Reiseketten und Eventstraßen
Hans-Liudger Dienel und Bettina Schäfer 227

16 Strategien der Verkehrsträger im Freizeitmarkt: Zusammenarbeit mit regionalen Kooperationspartnern am Beispiel Ostseeticket
Joachim Kießling 241

17 Von der Stilllegung zur Netzerweiterung – UBB: Eine Nebenbahn auf Erfolgskurs
Jürgen Boße 243

18 Der Bus als Akteur im Freizeitverkehr
Susanne Uhlworm 251

19 Freizeit- und Naherholungs-Info (FUN-Info): Lösungsansatz für die Verkehrsprobleme beim Tages- und Wochenendausflug
Markus Bachleitner 257

Die Experten 263

Moderner Freizeitverkehr: Zur Einführung in das Thema

Stephan Rammler
Wissenschaftszentrum Berlin für Sozialforschung (WZB)

Zum Hintergrund

Im Oktober 1999 veranstaltete das Institut für Mobilitätsforschung (ifmo) – eine Forschungseinrichtung der BMW Group – eine bundesweite Konferenz zum Thema Freizeitverkehr. Ziel der Konferenz war es, ausgehend vom Befund national und international wachsender Freizeitverkehrsleistungen, die aktuellen und künftigen Herausforderungen, aber auch die Handlungsoptionen und Chancen in diesem Bedürfnisfeld zu identifizieren (ifmo 2000).

Ergebnis dieser Veranstaltung war eine Forschungsagenda, die neben weiteren empirisch-deskriptiven Studien zur genaueren Erfassung der aktuellen Dimensionen und Ausprägungen der Freizeit- und Urlaubsmobilität und einer Zielgruppenanalyse mit der darauf aufbauenden Entwicklung von spezifischen Verkehrsdienstleistungen insbesondere die weitergehende empirische und theoretische Motivforschung einforderte. Festgehalten wurde dabei, dass dieses Anliegen auch die entsprechende Entwicklung neuer Erhebungsmethoden erfordert, die die Komplexität und Heterogenität moderner Lebensbedingungen und Lebensweisen besser zu bewältigen vermögen als die herkömmlichen verkehrswissenschaftlichen Methoden und Modelle (Dierkes und Rammler 2000: 169–209).

Etwa zeitgleich im Herbst 1999 fielen auch die Entscheidungen über die vom BMBF im Rahmen der Förderbekanntmachung „Freizeitverkehr" zu fördernden

Forschungsprojekte. Hintergrund dieser Ausschreibung war ebenfalls die Besorgnis über die wachsenden Verkehrsmengen und der damit verbundene Versuch, weitere Grundlagenerkenntnisse zu generieren und darauf aufbauende entlastende Maßnahmen im Rahmen von konkreten Demonstrationsprojekten umzusetzen (vgl. Brannolte et al. 1999; www.freizeitverkehr.de/projekte.html).

Zum Prozess

Ausgehend von diesem Problemhintergrund organisiert das Wissenschaftszentrum Berlin für Sozialforschung (WZB) im Auftrag des ifmo eine Reihe von vier Workshops zum Themenbereich Freizeitmobilität und Tourismus. Ziel der Reihe ist die konkretisierende und vertiefende Diskussion und Festschreibung des weiteren Forschungsbedarfs in diesem Feld und die Ableitung konkreter Handlungsoptionen.

Die für den Zeitraum bis Ende des Jahres 2002 geplante Workshopreihe ist damit integraler Bestandteil des langfristig angelegten ifmo-Konzeptes, das Forschungs- und Problemfeld Freizeitverkehr und Tourismus stärker als bislang zum wichtigen Pfeiler einer interdisziplinär engagierten wissenschaftlichen Thematisierung zu annoncieren, sich in diesem Feld inhaltlich zu profilieren und zugleich eine Plattform des Austausches zwischen Wissenschaft und Praxis für dieses Feld zu bieten.

Die Ergebnisse der ersten beiden, thematisch eng miteinander verbundenen Workshops aus den Jahren 2000 und 2001 liegen mit diesem Sammelband nun vor. Er vereint die Vorträge und Diskussionsergebnisse eines rein wissenschaftlichen Workshops zur Forschung über die Motive von Menschen, sich in ihrer alltäglichen oder wöchentlichen Freizeit bzw. Kurzurlaubszeit „auf den Weg zu machen", mit den Ergebnissen eines Zusammentreffens zwischen Wissenschaftlern und Praktikern. Dabei ging es um die Entwicklungen auf der Angebotsseite des Freizeitmarktes – insbesondere aus der Sicht der Verkehrsträger, die zum Teil sehr unterschiedliche Reaktionsweisen auf die aktuellen Trends im Freizeitreisemarkt haben. Die Chronologie der Beiträge folgt dem Ablauf der Diskussion in den Workshops.

Workshop 1: „Freizeitverkehr – Stand und Forschungsbedarf der Motivforschung aus der Sicht unterschiedlicher Disziplinen"

Der Auftakt-Workshop der Reihe im Dezember 2000 beschäftigte sich aus der Sicht unterschiedlicher Disziplinen mit den zentralen nachfrageseitigen Entwicklungslinien des Freizeitverkehrsmarktes.

Wolfgang Fastenmeier eröffnete den ersten Workshop mit einer Einstimmung auf den Freizeitbegriff aus Sicht der angewandten Psychologie. Angesichts des großen Facettenreichtums in der Interpretation des Wortes formulierte er grundlegenden Klärungsbedarf. Seine Antwort basiert auf einer empirischen Untersuchung, deren Ziel es ist, eine subjektive, aus der Sicht der Individuen erstellte Kategorisierung von „Freizeit" und „Freizeitverkehr" vorzunehmen.

Konrad Götz und Steffi Schubert referierten über Motive im Freizeitverkehr aus der Perspektive der sozialwissenschaftlichen Forschung zu Mobilitätsstilen. Mit dem Begriff der Mobilitätsstile wird der Zusammenhang von Lebensstilen, Verkehrsverhalten und Mobilitätsorientierung erfasst. Ziel des vorgestellten Untersuchungsdesigns ist es, neue Erkenntnisse über die Ursachen von Freizeitmobilität zu erarbeiten und aus den zielgruppenspezifisch differenzierten Ergebnissen passgenaue verkehrspolitische Handlungsansätze abzuleiten.

Thomas W. Zängler und Georg Karg verorteten ihren Beitrag zu Motiven der alltäglichen Freizeitmobilität in der quantitativen Konsumentenverhaltensforschung aus Sichtweise der Sozialökonomik des Haushalts. Vorgestellt wird ein von Zängler entwickeltes Modell, das es ermöglichen soll, die Mobilität der privaten Haushalte zu beschreiben und zu erklären. Mobilität wird hier im Zusammenhang der Führung eines privaten Haushaltes gesehen.

Georg Rudinger und Elke Jansen erschlossen mit einem Beitrag zu den Motiven älterer Menschen im Freizeitverkehr eine bislang wenig berücksichtigte gerontologische Forschungsperspektive. Dieses erscheint umso wichtiger, als die Zielgruppe der älteren Menschen aus Gründen der prospektiven demographischen Entwicklung für das Verkehrsgeschehen – und insbesondere für den Freizeitverkehr – zukünftig eine immer größere Rolle spielen wird.

Hans-Peter Meier-Dallach beleuchtete die Motivfrage aus der Perspektive eines Forschungsprojektes zum Thema „Konträsträume". Diesem liegen zwei Szenarien der sozialräumlichen Verflechtung zweier Regionen in den Schweizer Alpen durch Freizeitverkehr zugrunde. Zwischen beiden Arten der Raumorganisation besteht ein spannungsvolles Verhältnis, das sich auch auf der Ebene der Motive für Freizeitverkehr widerspiegelt.

Wolfgang Isenberg bot einen abschließenden Einblick in die Welt der so genannten Freizeitgroßeinrichtungen bzw. Freizeiterlebniswelten. Sie gewinnen auch in Deutschland für die quantitative wie qualitative Entwicklung von Freizeitverkehrsströmen zunehmend an Bedeutung und sollten von der Verkehrsforschung in Zukunft unbedingt berücksichtigt werden.

Workshop 2: „Akteure und Handlungsansätze im Freizeitverkehr"

Im zweiten Workshop im Oktober 2001 ging es um wesentliche angebotsseitige Entwicklungen im Bereich des Alltags-, Wochenend- und Kurzreisefreizeitverkehrs, um deren verkehrlichen Effekte sowie um marktorientierte Handlungsstrategien der Verkehrsträger. Der erste Teil des Workshops widmete sich beispielhaft zweier augenblicklich besonders relevanter Segmente des Freizeitmarktes, den so genannten Freizeit- und Erlebniswelten einerseits, dem Städtetourismus andererseits. Der zweite Teil des Workshops handelte am Beispiel des Konzeptes der Raumpartnerschaften von speziellen regionalpolitischen Ansätzen zur verbesserten Vernetzung und Kooperation von Regionen und befasste sich schließlich, ausgehend vom Konzept des „Eventverkehrs", mit der aktuellen Angebotsentwicklung bzw. den zukünftigen Strategien der Verkehrsträger im Angebotssegment Freizeitverkehr.

Mit einem Überblick über die wichtigsten Größen und Trends im Freizeit- und Tourismusmarkt aus Sicht der Tourismuswirtschaft führte Ulrich Rüter in das Thema ein. Er mahnte, die volkswirtschaftliche Bedeutung des Tourismus nicht zu unterschätzen. Der Tourismus habe eine Größenordnung erreicht, die nur noch industriell und mit leistungsfähigen, grenzüberschreitenden Netzwerken bedient werden könne.

Danach konkretisierte Carl-Otto Wenzel diese allgemeinen Aussagen am Beispiel des schnell wachsenden Marktes der Freizeit- und Erlebniswelten. Er stellte dabei in den Vordergrund, wie diese Anlagen funktionieren, wie sie am Markt agieren, mit welchen „Thematisierungsstrategien" sie arbeiten und welche Art von Verkehr sie auslösen. Bernhard Scheller schilderte im Anschluss daran das Projekt der „Erlebniswelt Renaissance", dessen Ziel es ist, die historische Substanz des Renaissance-Erbes nördlich der Alpen erlebbar zu machen, allerdings nicht im Rahmen künstlich neu geschaffener Erlebnisparks, sondern durch innovative Maßnahmen zur Verknüpfung vorhandener historischer Stätten.

Mit dem Städtetourismus führte Andrea Weecks in ein weiteres hochaktuelles touristisches Handlungsfeld ein. Der Trend in der Tourismusindustrie weist auf immer häufigere, kürzere und spontanere Reisen, eine Entwicklung, von der der Städtetourismus nur profitieren kann. Anke Biedenkapp verdeutlichte im Anschluss daran das besondere Profil des Angebotes von „Stattreisen". Diese sind nicht als Alternative zum traditionellen Städtetourismus, sondern eher als eine Ergänzung zu verstehen, die sich den Standardangeboten in didaktischer Hinsicht als überlegen erweist. Stattreisen setzt auf eine Art der Präsentation, die Beziehung zu Vorkenntnissen herstellt und eine persönliche Beziehung zur Geschichte aufzubauen versucht.

Das Konzept tourismus- und verkehrspolitischer Raumpartnerschaften zwischen so genannten „Konträumen", die einander ergänzen und emotional verankert sind, führte G. Wolfgang Heinze am Beispiel der Relation Berlin–Usedom vor. Aus Sicht eines Verkehrsplaners versprechen Konträume eine Bündelung des Verkehrs, was zum einen die Planbarkeit erhöht und zum anderen eine Verringerung der Gesamtverkehrsleistung möglich macht, vorausgesetzt, es gelingt, „Fernverkehr in die Region umzuleiten". Jöri Schwärzel Klingenstein konkretisierte das Konzept weitergehend am Beispiel der „Allianz in den Alpen". Der Beitrag von Dörte Ohlhorst vertiefte die regionalwirtschaftlichen, verkehrs- und tourismuspolitischen Implikationen des Konzeptes aus Sicht der politikwissenschaftlichen Netzwerkanalyse und Steuerungstheorie.

Abschließend stellten Hans-Liudger Dienel und Bettina Schäfer den so genannten „Eventverkehr" als Handlungskonzept einer freizeitverkehrstauglichen Umgestaltung von Verkehrssystemen im Freizeitmarkt vor. Das gleichnamige Forschungsprojekt hat sich zum Ziel gemacht, die An- und Abreise zu einer Veranstaltung als Teil des Events zu begreifen und in die Eventvermarktung zu integrieren. Kommentierende Kurzbeiträge zu den Ideen der Raumpartnerschaften und des Eventverkehrs aus Sicht einzelner Verkehrsanbieter (Joachim Kießling, Jürgen Boße, Susanne Uhlworm, Markus Bachleitner) ergänzten die Diskussion. Erweitert wurde sie abschließend noch mit Beispielen konkreter Maßnahmen, die die verschiedenen Verkehrsanbieter schon heute einsetzen, um auf die steigende Nachfrage nach Freizeitverkehrsdienstleistungen zu reagieren.

Wo stehen wir heute im Forschungsfeld Freizeitverkehr? – Zur ersten Annäherung

Seit der oben beschriebenen, deutlich spürbaren Ausweitung der Forschungsaktivitäten sind nun einige Jahre vergangen. Wo stehen wir im Forschungsfeld Freizeitverkehr im Vergleich zum damals postulierten Forschungsbedarf heute? Wie sind die Ergebnisse einzuordnen, welche Forschungs- und Handlungsfelder haben besondere Relevanz gewinnen können? Eine Antwort auf diese Fragen kann aufgrund der Vielfalt des Themas an dieser Stelle nicht annähernd erschöpfend sein. Das neue Forschungsfeld ist gerade erst in Bewegung geraten, die Debatten sind im Fluss und die meisten Forschungs- und Pilotprojekte noch nicht zum Abschluss gebracht. Erste Hinweise auf Kristallisationspunkte einer sich verändernden Topographie der verkehrswissenschaftlichen Forschungslandschaft lassen sich unter den Stichworten Forschungsorganisation, methodische Neuorientierung, Zielgruppendifferenzierung, Forschungsfelder und Handlungsansätze dennoch geben.

1. Eine veränderte *Forschungsorganisation* manifestiert sich in der stärkeren Verknüpfung von Grundlagen- und Anwendungsorientierung innerhalb von Forschungsprojekten. Ziel ist es, neu gewonnene Erkenntnisse sogleich in angebundenen Demonstrations- und Evaluationsprojekten mit Praxispartnern, wie etwa Verkehrsanbietern, Kommunen und Verbänden oder regionalen Tourismusorganisationen, umzusetzen. Ob diese Übertragungsleistung stets so gelingt, wie es von den entsprechenden Projektdesigns erwartet wird, bleibt noch abzuwarten. Besteht doch mindestens theoretisch die Gefahr, dass das forschungs- und verkehrspolitisch wie auch volks-, betriebs- und regionalwirtschaftlich höchst sinnvolle Ziel eines zügigen Wissenstransfers durch zu komplexe und überladene Projektstrukturen, Koordinationslasten und erst spät im Projektverlauf erkennbare kategoriale Unvereinbarkeiten zwischen Art und Qualität erwünschter Daten und ihrer direkten Umsetzbarkeit in eine erweiterte Planungs- und Handlungskompetenz konterkariert wird. Die veränderte Forschungsorganisation zeigt sich weiterhin an der Zunahme interdisziplinärer Verbundforschung, hier insbesondere bei der forschungspolitisch geförderten Verknüpfung von Verkehrs- und Sozialwissenschaften. Es liegt auf der Hand, dass der moderne Verkehr in allen seinen Facetten nur verstanden werden kann, wenn man in diese Betrachtungen auch die Lebensbedingungen, den ideologischen Grundkonsens und die sozialen Entwicklungstrends der ihn produzierenden und mit ihm bzw. durch ihn funktionierenden modernen Gesellschaft einbezieht. Mit der Förderung multi- und transdisziplinärer Fragestellungen wird diesem Postulat Rechnung getragen und die theoretische wie empirische Analyse von Verkehrsbedürfnissen stärker an deren gesellschaftliche Entste-

hungskontexte angebunden. Die Kompetenz zur Analyse der gesellschaftlichen Rahmenbedingungen von Verkehr obliegt den Sozialwissenschaften, und im noch jungen Feld der Freizeitverkehrsforschung zeigt sich gegenwärtig die Sinnhaftigkeit solcher Bemühungen um eine sozialwissenschaftlich inspirierte Reformulierung der Verkehrsforschung recht deutlich. Gleichwohl sind die damit immer auch verbundenen Kommunikationsprobleme nicht unerheblich und erfordern weitere konzeptionelle und praktisch-organisatorische Pionierarbeit.

2. Eng verbunden mit dem Ziel der Interdisziplinarität sind Versuche zur *methodischen Neuorientierung und Zielgruppendifferenzierung* in der Datenerhebung. Methodisch ist festzuhalten, dass neben den klassischen empirischen Verfahren der quantitativ-aggregierenden Datenerhebung zunehmend auch qualitative Erhebungsmethoden unterschiedlichster Provenienz in den Forschungsdesigns Verwendung finden. Insbesondere im Bereich der interdisziplinären Motivforschung vermögen sie, für die Freizeitverkehrs- und Tourismusforschung neue Horizonte zu eröffnen. Konzeptionell werden immer häufiger die so genannten Mobilitätsstilansätze eingesetzt, die den Zusammenhang von Lebensstilen, Verkehrsverhalten und Mobilitätsorientierung erfassen sollen. Analog zu Mobilitätstypologien werden auch differenzierte Raumtypologien genutzt. Schließlich ist ein Trend zu zielgruppendifferenzierenden Verfahren zu beobachten. In Kombination mit Kundenwerkstätten, Planungszellen u. ä. bieten sie die Möglichkeit, unterschiedliche Kunden- und Nutzergruppen von Verkehrssystemen- und Verkehrsangeboten als „beste Experten in eigener Sache" hinsichtlich ihrer Bedürfnisse und Anforderungen direkt selbst zu Wort kommen zu lassen.

3. Ausgehend von den zielgruppendifferenzierenden Verfahren und entsprechend der prospektiven demographischen Entwicklung hat sich inzwischen die Forschung zum Freizeitverkehrsverhalten älterer Menschen als ein wichtiges neues *Forschungsfeld* herauskristallisiert, das es zukünftig noch weiter zu bea-

ckern gilt. Gleiches trifft auch auf die Untersuchungen zu den Motiven des Besuchs von Freizeit- und Erlebniswelten und die dadurch induzierten Verkehrsströme zu. Freizeit- und Erlebniswelten werden für die Entwicklung von Freizeitverkehr und Tourismus in Deutschland und Europa eine weiter zunehmende Bedeutung haben. Offen ist hier die Frage nach eventuellen Substitutions- und Verlagerungseffekten ebenso wie die Frage nach den allgemeinen und speziellen Folgen für die Stadt- und Raumentwicklung.

4. In der Zusammenschau der Workshopergebnisse bestätigt sich schließlich erneut und eindrucksvoll der bekannte Sachverhalt einer enormen „Autoaffinität" des Freizeitverkehrs. Genauer genommen spiegelt sich hier die in der Freizeit noch erhöhte Anforderung der Nutzer nach äußerst spontan nutzbaren und deswegen räumlich und zeitlich hochflexiblen, nach sicher verfügbaren und angesichts eines erhöhten logistischen Aufwands bei Freizeitreisen (Kleidung, vor allem aber Freizeit- und Sportutensilien) „bequemen" Verkehrsangeboten wider. Verkehrssoziologisch formuliert kann man sagen, dass der Freizeitverkehr durch eine starke Nachfrage nach höchst individualistischer und flexibler Mobilität, also nach „Selbstbeweglichkeit" (vgl. Buhr et al. 1999) gekennzeichnet ist. Dieser Sachverhalt stabilisiert die Nutzung des Privat-Pkw und wird dadurch mittelfristig wiederum selbst verstärkt. Die aktuell – auch als ein Resultat der Freizeitverkehrsforschung – beobachtbaren *Handlungsansätze* versuchen diesen spezifischen Anforderungen des Freizeitverkehrs durch verstärkte Integrationsbemühungen gerecht zu werden. Unter dem Stichwort „Intermodalität" werden Ansätze zur verbesserten Kooperation zwischen den Verkehrsträgern im Freizeitverkehr diskutiert. Die Optimierung der informatorischen, baulich-architektonischen und organisatorischen Schnittstellen zwischen den Verkehrsträgern soll die Flexibilität, Verlässlichkeit und Bequemlichkeit des Gesamtsystems (unter Einschluss aller Verkehrsmittel) erhöhen und dadurch dazu beitragen, die Attraktivität einer ausschließlichen Automobilnutzung zu relativieren. Neben dieser intermo-

dalen Angebotsoptimierung sind auch die klassischen intramodalen Gestaltungsmöglichkeiten Gegenstand der Diskussion. Wie die Workshops gezeigt haben, bestehen noch vielfältige, bislang unausgeschöpfte Optimierungsmöglichkeiten im Bereich des öffentlichen Verkehrs (hier vor allem Busse und Bahnen im Fern- und Regionalverkehr) hinsichtlich verbesserter zielgruppenspezifischer Angebote, optimierter Reise- und Logistikketten, Reise-Entertaiment und „Delaytainment". Theoretisch kann die Umsetzung solcher intra- wie intermodaler Angebotsverbesserungen durch die Anwendung im Rahmen von so genannten Raumpartnerschaften zwischen Quell- und Zielregionen von Freizeitverkehrsströmen oder auch zwischen temporären oder dauerhaften Event- und Erlebnisdestinationen verbessert werden. Hier sind weitere Forschungsergebnisse ebenso abzuwarten wie hinsichtlich der forschungspraktisch bislang vernachlässigten Frage, ob sich Freizeit- und Ferienregionen – mit oder ohne Einbindung in eine Raumpartnerschaft – auch als Mobilitätskompetenzregionen für alternative und umweltfreundliche Verkehrstechnologien wie Elektro- oder Wasserstofffahrzeuge usw. konturieren lassen (Stichwort „Mobilitätsspielplätze"). Wie auch immer die Handlungsansätze und Maßnahmen im Einzelnen aussehen werden, insgesamt ist davon auszugehen, dass eine Verbesserung von Verkehrsträgern und Verkehrsangeboten nach Maßgabe der Bedürfnisse im Freizeitverkehr auch eine generelle Verbesserung der Versorgungsqualität moderner Verkehrssysteme hinsichtlich Flexibilität, Individualität, Sicherheit, Bequemlichkeit und Zielgruppenspezifität mit sich bringen wird. Gleichwohl wird man auch weiterhin mit einer prinzipiellen Autoaffinität des Freizeitverkehrs wie aller anderen Verkehrszwecke rechnen müssen. Deswegen sollten schließlich die forschungs- und verkehrspolitischen Initiativen im Mobilitätssektor die gleichzeitig umsetzbare Option einer konsequenten technologiepolitischen Initiative zur Verbesserung von Antriebs- und Fahrzeugalternativen nicht verstellen.

Literatur

Brannolte, U., Axhausen, K., Dienel, H.-L. und Rade, A. (Hrsg.) (1999): Freizeitverkehr. Innovative Analysen und Lösungsansätze in einem multidisziplinären Handlungsfeld. Dokumentation eines interdisziplinären Workshops des Bundesministeriums für Bildung und Forschung am 10./11. Dezember in Bonn. Berlin.

Buhr, R., Canzler, W., Knie, A., Rammler, S. (1999): Bewegende Moderne. Fahrzeugverkehr als soziale Praxis. Berlin.

Dierkes, M. und Rammler, S. (2000): „Die weite Ferne nebenan?" Freizeitmobilität und Tourismus im Spannungsfeld zwischen globalem Wachstum und Nachhaltigkeit. Überlegungen für ein neues Forschungs- und Politikfeld. In: ifmo – Institut für Mobilitätsforschung (Hrsg.): Freizeitverkehr. Aktuelle und künftige Herausforderungen und Chancen. Berlin, S. 169–209.

ifmo – Institut für Mobilitätsforschung (Hrsg.) (2000): Freizeitverkehr. Aktuelle und künftige Herausforderungen und Chancen. Berlin.

1 Was empfinden Menschen als Freizeit? – Emotionale Bedeutung und Definition[1]

Wolfgang Fastenmeier, Herbert Gstalter und Ulf Lehnig
*Mensch-Verkehr-Umwelt, Institut für Angewandte
Psychologie, München*

Einleitung

Für die Begriffe „Freizeit", „Freizeitverkehr" bzw. „Freizeitmobilität" existiert keine eindeutige und allgemein anerkannte Definition, und zwar weder im Verwaltungs- noch im Wissenschaftskontext. Die damit verbundene „Beliebigkeit des Freizeitphänomens" (Tokarski 2000) spiegelt sich in einer großen Anzahl von Freizeitdefinitionen wider. In der Verkehrsstatistik wird der Freizeitverkehr in der Regel als *Restkategorie* behandelt, d. h. als Freizeitverkehr werden *ex negativo* alle Fahrten definiert, die weder der Alltagsmobilität noch dem Urlaub (Freizeitverkehr mit mehr als vier Übernachtungen) zuzuordnen sind (eine Übersicht zu diesen formalen Zuordnungen liefert Lanzendorf 1996). Häufig werden auch die verschiedensten Fahrten zum Zweck der Erledigung (Einkäufe bzw. „Erlebniseinkäufe") allesamt in Freizeitkategorien zusammengefasst oder ehrenamtliches Engagement und private Kontakte werden unterschiedslos der Freizeit zugeordnet. Zängler (2000) weist angesichts dessen, „dass auch dem Einkaufsverkehr viele heterogene Aktivitäten pauschal zugeordnet werden", darauf hin, dass mit einer solchen Definition „die nicht genau definierten Fahrt- bzw. Wegezwecke einen

Freizeit, Freizeitverkehr – eine Restgröße der Verkehrsstatistik?

---

1 Das diesem Beitrag zugrunde liegende Vorhaben wurde mit Mitteln des BMBF (Förderschwerpunkt „Freizeitverkehr") unter dem Förderkennzeichen 19M0004D gefördert.

Graubereich von über 50% der Personenverkehrsleistung" (S. 2) ergeben.

Umgekehrt wiederum wird der Freizeitbegriff sehr eng gefasst, wie etwa in der äußerst differenzierten Systematik von Aktivitäten der bundesdeutschen Zeitbudgetstudie (Statistisches Bundesamt 1995). Ebenfalls differenzierte Aktivitäten mit Freizeit- und Mobilitätsbezug zählen Hautzinger (1994), Opaschowski (1991) und Zängler (2000) auf. In Befragungen und Tiefeninterviews zeigt sich zudem, dass sich bestimmte Tätigkeiten nicht ohne weiteres als Freizeit- oder Pflichttätigkeiten einstufen lassen: So wird beispielsweise die Beschäftigung mit kleinen Kindern von den einen als typische und schönste Freizeitbeschäftigung empfunden, von anderen hingegen als Obligationszeit von ihrer frei verfügbaren Zeit abgezogen (Fastenmeier und Gstalter 1997). Ähnliche Zuordnungsprobleme ergeben sich aus der Befragung „Mobilität '97" in Bayern: Nicht jede Fahrt im Freizeitverkehr wird disponibel durchgeführt; Freizeitmobilität hängt mit unterschiedlich disponiblen Aktivitäten zusammen (Zängler 2000).

Negative vs. Positive Definitionsansätze

Gegenüber den negativen Freizeitdefinitionen, die Freizeit als alles das verstehen, was sie nicht ist, also nicht Arbeit und nicht Obligations- oder Reproduktionszeit (Schlaf, Einkauf, Hauswirtschaft usw.), versuchen positive Freizeitdefinitionsansätze die subjektive Sichtweise stärker zu betonen und Freizeit nicht mehr als Restkategorie zu begreifen: Subjektive emotionale Bedeutungen, Inhalte, Motive und Erlebensweisen von Freizeit rücken stattdessen bei diesen Definitionsansätzen in den Vordergrund.

Insgesamt lässt sich festhalten: Die meisten quantitativen Erhebungen differenzieren die Freizeitmobilität nicht hinreichend genau nach Fahrtzwecken. Zudem werden selten saubere definitorische Abgrenzungen zu anderen (Fahrt-) Zwecken verwendet. Die gängigen Ansätze, Freizeit anhand objektiver Kriterien zu definieren, mögen zwar aus verkehrsstatistischer Sicht plausibel sein, sie ignorieren allerdings die Einschätzung durch das Individuum (vgl. Stengel 1988). Hier wird deutlich, dass ein dringender Bedarf an einer begrifflichen Klärung der Kategorie „Freizeit" besteht. Dies gilt insbesondere für die subjektive Beurteilung von Aktivitäten, die in den jeweils erfassten „objektiven" Freizeitkategorien in bisherigen Analysen weitgehend unberücksichtigt blieben.

Der Projektverbund ALERT hat sich zum Ziel gesetzt, für die beiden Mobilitätsformen Alltags- und Erlebnisfreizeit wissenschaftlich fundierte Erklärungs- und Gestaltungsansätze weiterzuentwickeln bzw. zu verbessern. Ein Ziel der im Folgenden kurz beschriebenen Untersuchung war es dabei, eine subjektive, aus der Sicht der Individuen erstellte Kategorisierung von „Freizeit" und „Freizeitverkehr" vorzunehmen. Diese Kategorisierung wird im Projektverlauf mit weiteren repräsentativen Untersuchungen (Haushaltsbefragungen mit Mobilitätstagebüchern, Tiefeninterviews, Zielortbefragungen) zusammengeführt. Die der Ergebnisdarstellung zugrunde liegenden Daten wurden im Rahmen einer repräsentativen bundesweiten Haushaltsbefragung (n = 960) gewonnen, die auch Freizeitbudget und Mobilitätsmuster thematisierte. Die im Folgenden beschriebenen Ergebnisse stellen lediglich Teilaspekte dieser Haushaltsbefragung vor.

Die subjektive Sicht des Individuums

Emotionale Bedeutung von Freizeit

Einem so schillernden Begriff wie „Freizeit", dem wohl jeder eine eigene Bedeutung unterlegt, kann man sich in einem ersten Schritt gut nähern, indem man prüft, welche Gefühle durch ihn wachgerufen, welche Emotionen mit ihm stärker oder schwächer verknüpft werden. Zur Messung der konnotativen Bedeutung bzw. der affektiven Qualitäten von Begriffen wie Freizeit eignet sich als Skalierungsinstrument das semantische Differential. In unserer Befragung wurde eine Liste von 16 Adjektivpaaren zur Einstufung von „Freizeit" verwendet.

Die Antwortverteilung bei den Gegensatzpaaren ergibt zwei relevante Gruppen:

Eine Gruppe zeigt Items mit einer eher zweigipfeligen Häufigkeitsverteilung. Dies signalisiert in gewissem Maß Zustimmung zu beiden Seiten der Skala. Da es sich um Gegensatzpaare handelt, scheint dieses Ergebnis zunächst paradox. Betrachtet man die Items aber näher,

Freizeit häufig ein „Sowohl als auch" …

wird verständlich, warum ein „Sowohl als auch" als Antwort möglich ist: Freizeit kann ebenso gut „spontan" wie „geplant" ablaufen, sowohl „gesellig" als auch „zurückgezogen" erlebt, gleichermaßen „sportlich" wie „geruhsam" verbracht werden. Auch auf das Gegensatzpaar „alt-neu" trifft dieser Sachverhalt zu, besteht doch Freizeit neben bekannten Routinen auch aus neuen Unternehmungen. Die emotionalen Zuordnungen der Befragten spiegeln sich auch in konkreten Freizeitaktivitäten wider. So fanden Zängler und Karg (Beitrag in diesem Band) in der Erhebung „Mobilität '97" heraus, dass die spontane Freizeitgestaltung nicht den Stellenwert hat, der ihr in der Regel beigemessen wird, und dass Freizeitaktivitäten einen hohen Planungsanteil besitzen. Zudem gilt die Spontaneitätsthese der Freizeitmobilität nicht für die Alltagsfreizeit, bei der es sich offenbar um Routineaktivitäten mit einem weitgehend festen zeitlichen Rhythmus handelt (Fastenmeier, Gstalter, Lehnig 2001).

... aber immer ein eindeutig positives (Gefühls-) Erlebnis

Die zweite und größere Gruppe zeigt eine klare Polung. Eine deutliche Mehrheit fällt auf eine Seite der jeweiligen Skala und deutet damit auf je ein Adjektiv, das für die Beschreibung von Freizeit als besonders treffend beurteilt wird. Eindeutig fällt die Beurteilung beim Gegensatzpaar „positiv-negativ" aus: Der Median ist 1, sowohl für die Gesamtstichprobe als auch für Untergruppen wie Altersklasse, Geschlecht usw. Insgesamt 62,3 % aller Bearbeiter haben sich für diese Extremeinstufung entschieden. Der Begriff Freizeit wird also nahezu uneingeschränkt von allen Befragten mit positiven Gefühlen assoziiert.

Abb. 1 zeigt die bereinigte Liste der verbliebenen 13 Gegensatzpaare. Das Ergebnis ist verblüffend eindeutig: Die positive Einschätzung des Freizeitbegriffs zieht sich durch beinahe alle angegebenen Gegensatzpaare hindurch. Als treffendste Eigenschaften stellen sich heraus: positiv, erfreulich, gesund, stark, fröhlich und abwechslungsreich. Abgerundet wird die Beschreibung durch die Begriffe „wach", „aktiv" und „erholsam". In der Mitte der Skala verbleiben – wie oben schon erwähnt – Mediane von Items, deren beide Pole zur Beschreibung von Freizeit taugen (z.B. „spontan-geplant"). Typischer-

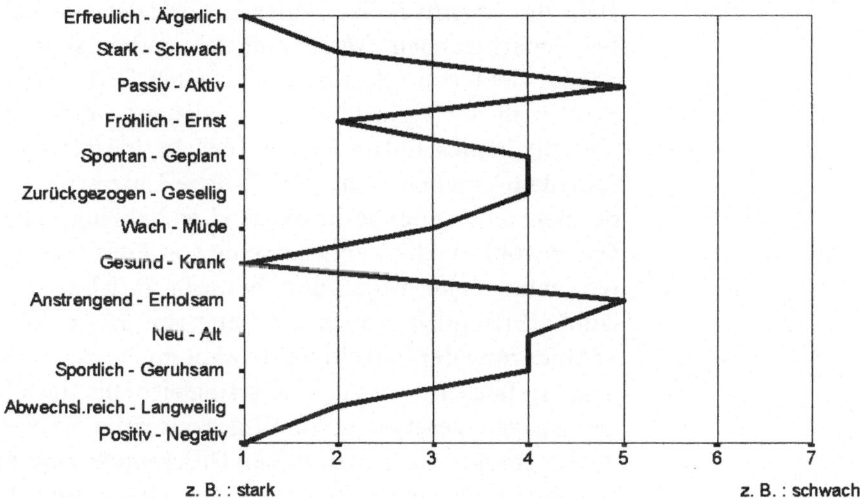

Abb. 1. Gegensatzpaare für die Beschreibung von Freizeit (Median)

weise lässt sich diesen Eigenschaftspaaren auch keine klare Zuordnung im Sinne von positiv-negativ geben.

Die große Eindeutigkeit bei der positiven Einschätzung des Freizeitbegriffs zeigt sich auch in der geringen Varianz der Einstufungen. Analysiert man getrennt nach Geschlecht, Altersgruppen, Stadt vs. Land, Milieus und weiteren soziodemographischen Teilstichproben, so ergeben sich lediglich minimale Unterschiede. Auch Befragte, die den Gruppen hoch bzw. niedrig freizeitmobil zugeordnet wurden, unterschieden sich in ihrem Antwortverhalten kaum.

Freizeitgehalt verschiedener Verkehrsmittel

Bei diesem Thema geht es nicht um die Frage, in welchem Umfang welche Verkehrsmittel tatsächlich zu welchem Freizeitzweck benutzt werden (diese Daten sind an anderer Stelle der Haushaltsbefragung erhoben worden). Wir stellen hier vielmehr sehr viel allgemeiner die Frage, welche Verkehrsmittel mit Freizeit assoziiert werden.

Die Antwortverteilung in Abb. 2 verdeutlicht, in welchem Maße verschiedene Verkehrsmittel einen Freizeitbezug für die Befragten hatten. Es ging dabei weniger um eine reale Benutzung, als vielmehr um eine mentale

Flugzeug, Schiff und Fahrrad – Verkehrsmittel mit starkem Bezug zu Freizeit

Nähe des Begriffs Freizeit einerseits und der Assoziation bei verschiedenen Verkehrsmittel andererseits. Zunächst sieht man, dass alle beurteilten Verkehrsmittel prinzipiell mit Freizeitbezügen „geladen" werden können; die beiden linken Spalten bleiben vollständig frei. Trotzdem ergeben sich beträchtliche Unterschiede bei der Beurteilung der Verkehrsmittel, wobei Flugzeug und Schiff wohl für die wenigsten eine von Freizeitaktivitäten entkoppelte Bedeutung besitzen (Stichwort „Urlaub"). Erfreulich – auch im Sinne von Strategien zur Veränderung der Verkehrsmittelwahl im Freizeitverkehr – ist die Tatsache, dass das Fahrrad gleichfalls stark freizeitbezogen gesehen wird. Vergegenwärtigt man sich die Ergebnisse des semantischen Differentials zum Freizeitbegriff und seiner extrem positiven Bedeutung, lässt sich die vorliegende Skala als eine Art Sympathierating für die einzelnen Verkehrsmittel deuten. Das Rad hat somit ein gutes Image und ließe sich möglicherweise entsprechend erfolgreich als Freizeitalternative zum motorisierten Individualverkehr bewerben.

Auto und Eisenbahn- (Fernverkehr) – als Universalverkehrsmittel nicht „freizeitspezifisch"

Das Auto fällt – aus Sicht der Mit- und Selbstfahrer – in die neutrale Mitte der Skala. Dies überrascht zunächst, ist doch das Auto zweifellos der wichtigste Träger der Freizeitmobilität überhaupt. Die Interpretation muss wohl lauten: Das Auto hat als Universalverkehrsmittel schlechthin eigentlich nichts „Freizeitspezifisches" an sich. In dieselbe Klasse fällt die Eisenbahn, während die Verkehrsmittel im Öffentlichen Verkehr (ÖV) als einzige auf der linken (also eigentlich als negativ zu beurteilenden) Seite der Skala angesiedelt sind. Dieses Ergebnis entspricht bedauerlicherweise vielen Untersuchungen über Sympathiebewertungen und Image des Nahverkehrs.

Senioren über 65 Jahren – eine Altersgruppe, für die generell Freizeit und Mobilität weniger miteinander zu tun haben

Insgesamt gibt es bei Teilgruppen der Befragten nur wenige deutliche Abweichungen von den Durchschnittseinschätzungen. Nicht unerwartet betrifft dies vor allem die Altersgruppe der Senioren über 65 Jahren. Sie assoziiert insgesamt die Begriffe Freizeit und Mobilität weniger eng miteinander und verbringt ja auch einen wesentlich größeren Anteil der freien Zeit zu Hause als andere Gruppen. Demzufolge weichen die Senioren bei fast allen beurteilten Verkehrsmitteln nach unten ab,

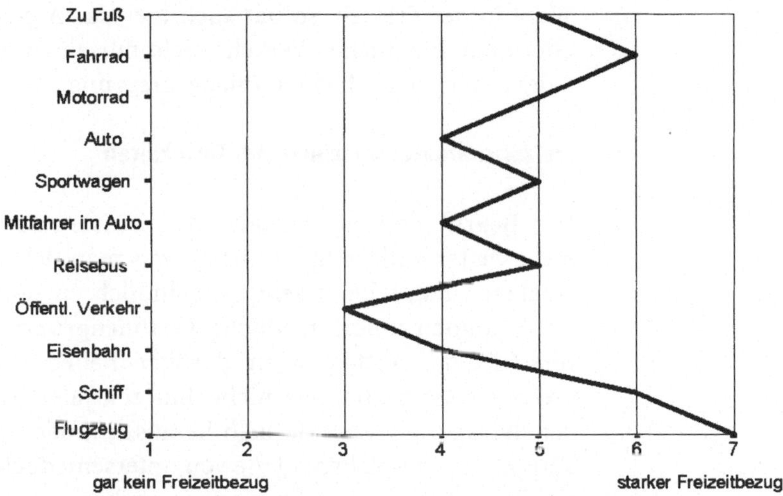

Abb. 2. Freizeitbezug bei verschiedenen Arten der Fortbewegung (Median)

d. h. sie sehen generell weniger Freizeitbezug in den beurteilten Verkehrsmitteln. Am deutlichsten sind diese Abweichungen bei solchen Verkehrsmitteln, die sportliche Komponenten enthalten: Sportwagen und Motorrad besitzen jeweils den Median 1 statt 5, Fahrrad den Median 4 statt 6. Eine Ausnahme zu dieser allgemeinen Tendenz zeichnet sich allerdings ab: Die Gruppe der Verwitweten, die mit der ältesten Altersgruppe stark konfundiert ist, assoziiert Freizeit stärker als andere mit der Situation des Beifahrerseins im Pkw. Offenbar spiegelt sich in diesem Befund die typische Praxis, dass allein stehende ältere Verwandte ab und zu mit dem Pkw zu Ausflügen abgeholt werden. Die Gruppe der Befragten, die noch keinen Berufs- oder Schulabschluss aufweisen kann, billigt dem Zu-Fuß-Gehen weniger Freizeitbezüge zu als der Durchschnitt (Median 3 statt 5). Die geringe Attraktivität dieser Fortbewegungsart bei jungen Leuten findet sich auch in anderen Befunden dieser Befragung.

Zusammenfassend lässt sich sagen: Starke Bezüge zur Freizeit werden insgesamt beim Verkehr in der Luft und auf dem Wasser gesehen. Im Straßenverkehr wird das Fahrrad am leichtesten mit Freizeitmobilität verknüpft – eher als der Sportwagen, der Reisebus und das Zu-Fuß-Gehen. Geht es aber um die Bewältigung längerer

Wege in der Freizeit, so hat auch hier das Auto gegenüber dem öffentlichen Verkehr nicht nur einen funktionalen, sondern auch einen Imagevorsprung.

Freizeitcharakter verschiedener Tätigkeiten

Der Begriff Freizeit erscheint den meisten Menschen nicht weiter erklärungsbedürftig; was man darunter zu verstehen hat, scheint selbstverständlich zu sein. Dennoch können unterschiedliche Personengruppen ganz verschiedene Auffassungen darüber haben, was zur Freizeit gehört und was nicht. Ein zentrales Anliegen der Befragung war es deshalb herauszufinden, welchen Tätigkeiten in welchem Maße von unterschiedlichen Beurteilern Freizeitcharakter zugesprochen wird. Dazu haben wir eine Liste von 59 Tätigkeiten vorgegeben und die Probanden gebeten, auf einer 11-stufigen Skala (0–10) anzugeben, inwieweit jede dieser Aktivitäten ihrer Ansicht nach einen Freizeitgehalt besitzt. Diese Liste orientiert sich an den in der Zeitverwendungsstudie des Statistischen Bundesamtes (1995) aufgeführten Tätigkeiten.

Berufliche Aktivitäten und Ausbildung definieren den Gegenpol zu Freizeit

In der folgenden Ergebnisdarstellung sind die Tätigkeiten bereits zu Kategorien geordnet, die eine inhaltliche Verklammerung ermöglichen. Diese Zuordnung bedient sich im Wesentlichen der Mediane der beurteilten Tätigkeiten.

Versucht man zunächst eine kurze Antwort auf die zentrale Frage, was Freizeit für den Einzelnen bedeutet, so könnte formuliert werden: *Freizeitcharakter wird solchen Aktivitäten zugemessen, die nicht zur Arbeit gehören und Spaß machen.* Einerseits wird also die berufliche Aktivität bzw. die Ausbildung als Gegenpol zum Freizeitbegriff empfunden, andererseits berufsbezogenen Aktivitäten Freizeitcharakter abgesprochen.

Bei den anderen Tätigkeiten hängt die Zumessung von Freizeitwert davon ab, ob sie Spaß machen oder nicht …

Die übrig bleibenden Aktivitäten werden offenbar auf einer Skala angeordnet, deren „Freizeitpol" lautet: Diese Aktivität macht (mir) Spaß, sie ist mir sympathisch und damit positiv zu bewerten. Solchen Tätigkeiten wird also subjektiv ein hoher Freizeitwert zugeordnet. Kein Freizeitwert wird dementsprechend Aktivitäten zugeschrieben, die im Sinne dieser Skala unattraktiv sind, keinen Spaß machen. Diese sehr einfache Gliederung ist einerseits äußerst plausibel, wenn man sich an den extrem positiven Assoziationsgehalt des Freizeitbegriffes erinnert, bei dem doch praktisch die Gleichung Freizeit = positiv bzw. keine Freizeit = negativ gilt. Andererseits überrascht diese Beurteilung des Freizeitgehaltes, weil sie – im Gegensatz zu Expertendefinitionen – keine Rücksicht auf die Unterscheidung zwischen Notwendigkeiten und wirklich „freien" Tätigkeiten nimmt. Es kommt für die Befragten also viel mehr darauf an, ob eine Tätigkeit gern ausgeführt wird oder nicht; weniger dagegen, ob sie durchgeführt werden muss oder nicht. So gibt es auch für Notwendigkeiten eine große Spannweite auf der Skala. Die Unterschiede in der Freiwilligkeit bei der Durchführung einer Aktivität, die bei Experten in einer analytischen Perspektive zur Trennung von Obligations- und Reproduktionszeit einerseits, Freizeit andererseits führt, spielt also für die Beurteilung des Freizeitcharakters einer Tätigkeit bei unseren Befragten kaum eine Rolle. Auch Freizeittätigkeiten sind nicht vollständig freiwillig, sondern besitzen einen großen Anteil sozialer Verpflichtung (siehe auch Zängler und Karg in diesem Band).

... weniger davon, ob sie freiwillig ausgeführt werden oder nicht

Unterschiedliche Einstufungen durch soziodemographisch beschreibbare Teilgruppen sind nicht sehr ausgeprägt. Den deutlichsten Einfluss hat die Altersgruppe der Befragten; Geschlecht, Bildungsniveau und Lebensstile variieren die Antworten kaum. Andere Variablen wie Stadt/Land oder Einkommenshöhe erzeugen praktisch nirgends nachweisbare Unterschiede im Antwortverhalten.

Was gehört zur Freizeit?

Abgesehen von den in Tabelle 1 aufgelisteten Tätigkeiten erhielt in der Gesamtstichprobe keine Tätigkeit einen Median von 8 oder größer. Die Tätigkeiten mit hohem Freizeitcharakter können somit recht kompakt in vier Gruppen gegliedert werden. Die größte Zustimmung erhält die Art von Tätigkeiten, die mit Bewegung in der Natur verbunden sind; sie weisen zwischen verschiedenen Gruppen nur sehr geringe Varianz auf. Das

Bewegung in der Natur, soziale Kontakte, Entspannung oder Sport/ Fitness haben hohen Freizeitwert ...

Tabelle 1 Was gehört zur Freizeit?

Tätigkeiten	Median
Bewegung und Natur:	
Ausflug machen	10
Ins Grüne fahren	9
Spazieren gehen	9
In den Park gehen	9
„Kontaktmobilität, Feiern und Soziales"	
Bei Freunden eingeladen	9
Mit Freunden ins Café	9
Feste besuchen	9
Ins Theater/Kino	9
Ins Restaurant	9
Freunde nach Hause	
Zum Essen einladen	8
Gesellschaftsspiele	8
„Kontemplation und Medienkonsum"	
Bücher lesen	9
Musik hören	9
Radio hören	8
Fernsehen/Video	8
Zeitungen lesen	8
Ausruhen/dösen	8
„Sport und Fitness"	
Sich körperlich fit halten	8
Aktiv Sport treiben	8

„Ausflug machen" enthält für die Seniorengruppe offenbar ein Element der Anstrengung, ihr Median liegt bei 8. Den anderen drei Items dieser Gruppe stimmen die Senioren jedoch ebenfalls in gleichem Umfang zu. Dagegen ist „Spazieren gehen" für die jüngste Altersgruppe der 14- bis 17-Jährigen offenbar weniger attraktiv (Median 7).

Den Items der zweiten Gruppe aus Tabelle 1 ist gemeinsam, dass Kontakt zu anderen Personen gesucht und mit diesen gemeinsam die Freizeit mit als angenehm empfundenen Tätigkeiten verbracht wird. Die Items „ins Theater/Kino" bzw. „Restaurant" gehen sind zwar nicht an Begleitung gebunden, dürften aber in den meisten Fällen soziale Kontakte mit sich bringen bzw. gezielt herstellen.

Die Items der dritten Gruppe sind eher als entspannende Tätigkeiten einzuordnen und setzen keine körperliche Aktivität voraus. Mit Ausnahme von Ausruhen/ Dösen bringen sie die Nutzung von Medien mit sich. Dementsprechend variieren die Einstufungen von Teilgruppen, für die die Nutzung bzw. Meidung spezifischer Medien typisch ist.

Die beiden Tätigkeiten der Gruppe „Sport und Fitness" wirken zunächst sehr homogen, wurden aber von verschiedenen Teilgruppen sehr unterschiedlich bewertet. Während die Senioren „sich fit halten" ebenso zur Freizeit rechneten wie der Durchschnitt, lehnten sie „aktiv Sport treiben" deutlich ab (Median 3). Auch hier schlägt wohl die Tendenz durch, mitteilen zu wollen: „Das tue ich nicht (mehr)." Das alternative Milieu[2] stuft beide Items eher gering ein (6 bzw. 5), auch das traditionelle Arbeitermilieu und die Befragten mit Volksschulabschluss rechnen den Sport weniger zur Freizeit (6 bzw. 5).

Was gehört nicht zur Freizeit?

Ein Blick auf das andere Ende der Skala zeigt diejenigen Aktivitäten, denen die Befragten (fast) keinen Freizeitbezug zugewiesen haben. In der Tat kommt eine Reihe von Items mit dem Median 0 vor. Die Einstufung dieser – zum Teil als Kontrollitems gedachten Tätigkeiten – zeigt, dass die Untersuchungsteilnehmer die gesamte 11-stufige Skala ausgenutzt haben. Auch diese Items haben wir zu Gruppen zusammengefasst, um den Überblick zu erleichtern (vgl. Tab. 2): Berufliche Arbeit wird offensichtlich als eine Art Gegenpol zur Freizeit definiert und die darauf bezogenen Aktivitäten werden in ihrem Freizeitcharakter entsprechend extrem niedrig eingestuft. Eine leicht abweichende Einstufung der beruflichen Aktivitäten zeigt das alternative Milieu, es billigt beruflichen Aktivitäten zumindest ein Minimum an Freizeitcharakter zu (Fortbildung 4, Dienstreisen 3, Ar-

… Beruf/ Ausbildung, politisches und soziales Engagement sowie Hauswirtschaft hingegen haben keinen oder nur geringen Freizeitwert

---

2   Um die mit unterschiedlichen Lebensstilen verbundene Freizeitorientierung erfassen zu können, orientierten wir uns am SINUS-Konzept der „sozialen Milieus" (Spiegel-Verlag 1993). Die jeweiligen typischen Merkmale dieser Milieus sind – fokussiert auf Freizeit – abgefragt worden.

Tabelle 2 Was gehört nicht zur Freizeit?

Tätigkeiten	Median
„Arbeitsbezogene Tätigkeiten"	
Arbeitsweg	0
Dienstreisen	0
Fortbildung	1
„Politisches und soziales Engagement"	
Gewerkschaftsarbeit	0
Politische Veranstaltungen	2
Pflege/Betreuung	2
„Hauswirtschaft, Einkaufen, Reparieren"	
Hauswirtschaftliche Tätigkeiten	0
Reparatur von Fahrzeugen	2
Einkaufen im Supermarkt	2
Einkaufen im Baumarkt	2

beitsweg 2). Bei den Variablen „Fortbildung" und „Arbeitsweg" sind dies die einzigen Abweichungen überhaupt. Bei den Dienstreisen weichen auch andere Teilgruppen von der Extremeinstufung ab (18- bis 25-Jährige mit Median 3, Ledige, Abiturienten, konservativ-gehobenes Milieu, traditionelles Arbeitermilieu und neues Arbeitermilieu jeweils 2).

> Der Freizeitwert von Aktivitäten wird wesentlich bestimmt durch die Milieuzugehörigkeit der Befragten

Besonders auffällig gerät die Einstufung unbezahlter Gewerkschaftsarbeit: Keine einzige Teilgruppe, auch nicht die verschiedenen Arbeitermilieus, weicht in ihrem Gruppenmedian von 0 ab. Um die Attraktivität der Gewerkschaften als Betätigungsfeld ist es zur Zeit offenbar nicht gut bestellt. Bei den politischen Veranstaltungen gibt es dagegen immerhin starke Abweichungen (Abiturienten 4, konservativ-gehobenes Milieu 5, alternatives Milieu 8). Ähnliche Abweichungen ergeben sich bei der Betreuung pflegebedürftiger Personen (konservativ-gehobenes Milieu 4, alternatives Milieu 5). In diesen Kreisen gehören soziales und politisches Engagement offenbar noch zu positiv besetzten Werten. Die Einschätzung der Reparatur von Fahrzeugen weist starke Variationen auf. Während sich das aufstiegsorientierte Milieu in dieser Kategorie nicht wiederfindet (0), erfreut sich das Reparieren von Autos im Arbeitermilieu noch immer einer gewissen Beliebtheit (neues Arbeitermilieu 4, traditionelles Arbeitermilieu 4, traditionsloses Arbeitermilieu 6). Höhere Werte erzielen auch die Männer (4) und die 14- bis 17-Jährigen (wahrscheinlich Reparaturen an Zweirädern).

Zwei der Items zum Einkaufen werden besonders wenig mit Freizeit in Verbindung gebracht: der Einkauf im Supermarkt und im Baumarkt. Während dem Supermarkt als Ort des Einkaufs für die Dinge des täglichen Bedarfs keine Untergruppe besondere Freizeitanteile abgewinnen kann, gibt es beim Baumarkt stärkere Unterschiede. Sowohl das traditionelle als auch das neue Arbeitermilieu erzielen immerhin einen Median von 4, stark abgesetzt etwa vom alternativen Milieu (0). Mehr Freizeitgehalt wird anderen Einkäufen bzw. Einkaufsorten zugewiesen (Besorgungen im Kaufhaus 3, auf dem Markt Obst und Gemüse einkaufen 3, Kleidung einkaufen 4, Schaufensterbummel 7).

Daneben existieren Aktivitäten geringen bis mittleren Freizeitcharakters. Dabei zeigt sich im Bereich „Feiern und Soziales": Gleiche oder ähnliche Aktivitäten erreichen eine deutlich geringere Freizeiteinstufung, wenn sie mit Verwandten statt mit Freunden durchgeführt werden (Verwandte zu Besuch empfangen, Verwandte besuchen, Familienfeiern usw.). Hier scheint sich der Obligationscharakter von Verwandtschaft bemerkbar zu machen. Im Gegensatz zur Verwandtschaft hat man ja bei seinen Freunden eine Wahl und somit mehr Einfluss darauf, Gleichgesinnte zu finden (auch und gerade im Freizeitverhalten). Eher gering eingestuft werden auch „aktive kulturelle Aktivitäten" wie z.B. Musizieren, kunsthandwerkliche Betätigung, Fotografieren sowie die Beschäftigung mit Pflanzen, Gartenarbeit und Haustieren.

Einfluss soziodemographischer Merkmale

Insgesamt hat uns überrascht, wie wenige Unterschiede es in der Beurteilung der Aktivitäten nach soziodemographischen Merkmalen gab. So ließen sich nirgends Stadt-Land-Unterschiede ausmachen, und nur selten spielte der Schulabschluss eine Rolle. Immerhin gab es eine Reihe überaus plausibler Unterschiede sowohl in der geschlechtsspezifischen Einstufung der Tätigkeiten

Alters- und geschlechtspezifische Unterschiede im Freizeitwert nur bei ausgewählten Aktivitäten

als auch nach Altersklassen der Befragten. Tabelle 3 zeigt Unterschiede nach Altersklassen für ausgewählte Tätigkeiten.

Generell macht sich bemerkbar, dass den in Tabelle 3 aufgeführten Tätigkeiten mit zunehmendem Alter weniger Freizeitcharakter zugesprochen wird. Dabei fallen einige Einstufungen insbesondere für die ältesten Befragten stark ab, häufig auf den Wert 0. Eine kontinuierliche Abnahme der Einschätzung als Freizeitaktivität mit zunehmendem Alter erfahren „Textilien kaufen" und „Schaufensterbummel". Diese Tätigkeiten liegen den 14- bis 17-Jährigen also offensichtlich besonders am Herzen – wohl ein Indikator dafür, wie wichtig dieser Altersklasse ein modernes „Outfit" geworden ist. Für die Textil- und Werbewirtschaft ist dieses Ergebnis sicherlich keine Überraschung.

Überrascht hat uns, dass altmodisch klingende Tätigkeiten wie „Briefmarken und Münzen sammeln" sowie „Persönliche Briefe schreiben" gerade von den jüngsten Befragten als typische Freizeitaktivitäten eingestuft wurden. Möglicherweise haben die 14- bis 17-Jährigen diese Aktivitäten in ähnliche zeitgemäßere übersetzt, wie z. B. das Sammeln modernerer Materialien oder das Versenden von Nachrichten über elektronische Post und Mobiltelefone. Es ist zu vermuten, dass die Attraktivität beider Items bei Jugendlichen auf den sozialen Kontakt zurückzuführen ist, den diese Tätigkeiten ermöglichen (wenn man zum „Sammeln" auch das Tauschen und Vergleichen von Materialien hinzuzählt). Nicht erstaunlich in der Tendenz, aber doch in der Deutlichkeit, sind die Ergebnisse der Beurteilungen des Internet; hier wird von den jüngsten bis zu den ältesten Befragten die gesamte Skala abgedeckt. Die Einstufungen dürften wohl im Wesentlichen die Altersverteilung der Eigenerfahrung mit Computern abdecken.

Insgesamt decken sich unsere Ergebnisse mit einer Reihe von Teilergebnissen anderer Studien: So hat z. B. Zängler (2000) auf Grundlage seiner Datenanalysen eine ähnliche Freizeitdefinition gefunden (Freizeit ist Abwechslung und Erholung). Darüber hinaus zeigt sich bei seinen Analysen unter anderem, dass viele Freizeitaktivitäten einen hohen Planungs- und Routinegrad aufwei-

Tabelle 3 Altersspezifische Unterschiede in der Einschätzung der Tätigkeiten (Median)

Altersgruppen Tätigkeiten	14-17	18-24	25-35	36-50	51-65	>65
Textilien kaufen	7	6	5	4	3	3
Schaufensterbummel	9	8	8	7	6	5
Im Internet surfen, Computerspiele	10	9	9	7	3	0
Briefe schreiben	8	7	6	5	5	3
Sammeln von Briefmarken, Münzen	8	6	6	6	5	0

sen und dass die Befragten bei ähnlichen Aktivitäten wie in unserer Studie zwischen Freunden und Verwandten trennen.

Schlussfolgerungen

Die hier referierten empirischen Ergebnisse können einen Beitrag zur Klärung einer Reihe umstrittener Fragen der Freizeit- und Freizeitmobilitätsforschung leisten. Im Licht dieser Erkenntnisse sowie im Vergleich zu ähnlichen Fragestellungen aus früheren Untersuchungen (z. B. Freizeituntersuchung von 1962; Scheuch 1977, zitiert bei Stengel 1988) lassen sich folgende Thesen formulieren:

- Der alte *begriffliche* Gegensatz von Arbeit und Freizeit scheint sich entgegen aller Prognosen nicht aufzulösen: Freizeit ist alles, was nicht zur Arbeit gehört und Spaß macht.
- Der Freizeitbegriff ist heute aktiver als früher besetzt; kontemplative Tätigkeiten haben zwar nach wie vor einen hohen Stellenwert, scheinen aber im Vergleich zu früher an Freizeitwert verloren zu haben.
- Die These der „Entsolidarisierung", also die Abwendung von herkömmlichen sozialen Wertvorstellungen hin zu mehr Individualismus, Hedonismus und postmaterialistischen Werten, scheint sich zu bestätigen: soziales und politisches Engagement und teilweise auch familiäre Aktivitäten werden weniger zur Freizeit gerechnet als früher.
- Freizeit ist nicht *per se* spontan: sie kann ebenso gut „spontan" wie „geplant" ablaufen.

- Das Auto ist zwar *der* Träger der Freizeitmobilität, ist aber wohl nicht *das* postulierte Freizeit- und Urlaubsmobil: Das Auto ist das Universalverkehrsmittel schlechthin, hat aber nichts Freizeitspezifisches an sich.

Literatur

Fastenmeier, W., Gstalter, H. und Lehnig, U. (2001): Subjektiver Freizeitbegriff, Freizeitbudget und Mobilitätsmuster. Berichte aus dem Institut mensch-verkehr-umwelt, Bericht Nr.1. München.

Fastenmeier, W. und Gstalter, H. (1997): Freizeitmobilität: Motive und Formen. VDI-Berichte Nr. 1317. Düsseldorf, S. 35–50.

Hautzinger, H. (1994): Mobilität verstehen: Neue Forschungen zum Freizeitverkehr. Heilbronn.

Lanzendorf, M. (1996): Quantitative Aspekte des Freizeitverkehrs. Forschungsverbund ökologisch verträgliche Mobilität (Arbeitspapier Nr. 6). Wuppertal.

Opaschowski, H. W. (1991): Freizeitstile der Deutschen in Ost und West. Hamburg.

Scheuch, E. K. (1977). Soziologie der Freizeit. In: R. König (Hrsg.): Handbuch der empirischen Sozialforschung, Bd. II. Stuttgart, S. 1–192 (zitiert nach Stengel, M. (1988): Freizeit: Zu einer Motivationspsychologie des Freizeithandelns. In: D. Frey, C. Graf Hoyos und D. Stahlberg (Hrsg.): Angewandte Psychologie. Weinheim, S. 561-584.)

Spiegel-Verlag (1993): Spiegel-Dokumentation: Auto, Verkehr und Umwelt. Hamburg.

Statistisches Bundesamt (1995): Die Zeitverwendung der Bevölkerung. Wiesbaden.

Stengel, M. (1988): Freizeit: Zu einer Motivationspsychologie des Freizeithandelns. In: D. Frey, C. Graf Hoyos und D. Stahlberg (Hrsg.): Angewandte Psychologie. Weinheim, S. 561–584.

Tokarski, W. (2000): Freizeit. In: G. Wenninger (Red.): Lexikon der Psychologie, Bd. 2. Heidelberg, Berlin, S. 63–64.

Zängler, T. (2000): Mikroanalyse des Mobilitätsverhaltens in Alltag und Freizeit. Berlin.

2   Freizeitmobilitätstypen

Konrad Götz und Steffi Schubert
*Institut für sozial-ökologische Forschung (ISOE),
Frankfurt am Main*

Forschungskontext des Beitrages

Im folgenden Beitrag werden einige vorläufige Ergebnisse aus einem Forschungsprojekt zum Thema „Ursachen von Freizeitmobilität" vorgestellt, das vom Umweltbundesamt in Auftrag gegeben wurde und vom Institut für sozial-ökologische Forschung, Frankfurt, in Zusammenarbeit mit dem Öko-Institut, Freiburg und Berlin, durchgeführt wird.

Ziele

In dem Forschungsprojekt geht es um neue Erkenntnisse über die Ursachen von Freizeitmobilität. Aus den (zielgruppenspezifischen) Ergebnissen sollen Schlüsse gezogen werden, die zu einer Minderung von Umweltbelastungen im Freizeitverkehr führen.

Projektrahmen und Untersuchungsdesign

Bei dem Projekt handelt es sich um ein interdisziplinäres Forschungsvorhaben mit einem sozialwissenschaftlichen Schwerpunkt: Das Forschungskonzept der Mobilitätsstile (Götz, Jahn, Schultz 1997) wird dabei um die Freizeitdimension erweitert bzw. erstmals auf den Freizeitverkehr angewandt. Dieser Forschungsansatz geht davon aus, dass das Verkehrsverhalten – insbesondere in der Freizeit – besser verstanden werden kann, wenn lebensstilspezifische und mobilitätsrelevante Hintergrundorientierungen (Einstellungen und Motive) erfasst und zum Gegenstand der Analyse gemacht werden.

Im sozialempirischen Teil des Projekts wurde eine erste qualitative Phase bereits abgeschlossen. Eine zweite, standardisierte Phase, basierend auf einer bundesweiten 1000er Zufallsstichprobe, ist zum gegenwärtigen Zeitpunkt (Dezember 2001) noch nicht abgeschlossen.

Neben den Fragen zu Freizeitaktivitäten, Mobilitäts- und lebensstilrelevanten Orientierungen wurde auch eine auf drei Stichtage bezogene Wegeerhebung durchgeführt: Das Verkehrsverhalten an einem Werktag wurde direkt im Anschluss an das Face-to-Face-Interview erhoben, das Verkehrsverhalten an einem Samstag und einem Sonntag wurde durch nachträgliche Telefoninterviews erfasst.

Das zweistufige empirische Design beinhaltet dementsprechend drei inhaltliche Komplexe:
- Lebensstilspezifische Orientierungen
- Bedürfnisfeldspezifische Orientierungen und Verhaltensweisen (in diesem Falle Freizeit)
- Verkehrsverhalten

Zur Definition von Freizeit

Freizeit als gewährte Auszeit

Aus Sicht der Systemtheorie

Hinsichtlich einer theoretisch abgesicherten, aber auch empirisch überprüfbaren Definition von Freizeit halten wir – obwohl ein akteursorientierter Ansatz gewählt wurde – den systemtheoretischen Freizeitbegriff von Bardmann (1986) für instruktiv. Die Systemtheorie ermöglicht einen aufschlussreichen Perspektivenwechsel, indem Handlungen nicht aus Sicht der Akteure, sondern aus der Funktionsperspektive der Systeme betrachtet werden. Aus dieser Perspektive ist Freizeit eine notwendige Auszeit[1], die die sozialen Subsysteme (hier: Arbeit, Familie) gewähren, um das Individuum von To-

---

1 Das Konzept der Auszeit, auf das sich Bardmann bezieht, entstammt alltagsethnographischen Analysen in den USA, die von Cavan (1966) als Time-out-Perioden analysiert wurden (zitiert nach Bardmann 1986: 158).

talzeitokkupation freizuhalten. Freizeit wird damit als „Rücknahme von Zeitansprüchen eines spezifischen Systems gewährt" (Bardmann 1986: 154). Diese Definition ist deshalb sinnvoll, weil sie alle normativen Implikationen sowohl der älteren, pädagogischen Freizeitdiskussion (Aufladung von Freizeit als Muße), als auch des Missverständnisses von Freizeit als Freiheit vermeidet. Das Auszeit-Konzept macht deutlich, dass zunächst nur eine Offenheit der Zeitverwendung entsteht. Systemtheoretisch ausgedrückt: Es muss Kontingenz bewältigt werden. Mit einem solchen Freizeitbegriff ist es sehr viel leichter zu verstehen, dass Freizeit ein genauso konfliktreiches, sozial ausgehandeltes, immer wieder neu abzusteckendes Feld ist wie alle anderen Zeitverwendungsformen auch (Gloor, Fierz, Schumacher 1993).

Der an das Auszeit-Konzept angelehnte Freizeitbegriff enthält außerdem einen wichtigen inhaltlichen Kern: Auch das soziale System, das Haus- und Versorgungsarbeit abverlangt, ist eines der Auszeit gewährenden Systeme. Es wird aus dieser Perspektive deutlich, dass es nicht die Tätigkeitsinhalte sind, die determinieren, was Freizeit und was Arbeit ist. Vielmehr kann dieselbe Tätigkeit für Personen in unterschiedlichen Rollenverantwortlichkeiten jeweils unterschiedliche Zeitqualitäten haben.

Freizeit als Abgrenzungsleistung

Während die systemtheoretische Definition nahe legt, Auszeit werde gewährt, zeigen die Ergebnisse der Empirie, dass es sich dabei aus Akteursperspektive um eine Organisations- und Abgrenzungsleistung handelt. Freizeit haben/nicht haben; sich eigene Zeit nehmen/nicht nehmen, das muss organisiert werden. Im empirischen Material zeigen sich mehrere grundlegende Strategien der Abgrenzung unterschiedlicher Zeitsphären, auf die hier nicht weiter eingegangen werden kann (vgl. dazu Götz, Loose, Schubert 2001: 33–38). Zusammenfassend wird aber deutlich, dass verschiedene Formen der Abgrenzung und Konstruktion von Freizeit nebeneinander existieren:

Aus Sicht des Individuums

a) die klassische Variante der „männlichen"[2] Erwerbsarbeit:
- „Freizeit fängt für mich an, wenn ich die Firma verlassen habe ..."

b) „weibliche" Formen der mehrstufigen Abgrenzung:
- „Wenn ich den Supermarkt (hier: Arbeitsplatz) verlassen habe, dann habe ich keinen Druck mehr. Dann ist zu Hause Freizeit ..., dann kann ich mir meine Arbeit einteilen, die noch zu Hause anfällt." Erst wenn diese zweite Verpflichtungsebene abgearbeitet ist, dann kann „Freizeit von Erwerbsarbeit", „Freizeit von Hausarbeit" in „Freizeit für mich", also Eigenzeit überführt werden:
- „Mal nichts zu tun, indem ich die Wohnung abschließe, mich auf's Rad setze ... oder bummeln gehe ... und mich anschließend ins Café setze ..., dass ich mit der Wohnung nichts zu tun habe, dass ich mich mal bedienen lasse."

c) bis zu Formen der selbstorganisierten Arbeit in der Freizeit:
- „Freizeit? Das ist, wenn mich keiner bei der Arbeit stört ...", sagt ein angestellter Mathematiker, der aus seinem Hobby Programmieren einen zweiten Freizeitberuf gemacht hat, den er mit seiner Partnerin teilt.

Abgrenzung als Ursache von Freizeitmobilität

Die Abgrenzung zu „anderen Zeitsphären" als wichtiges Motiv für Freizeitmobilität

Mit dem oben beschriebenen Beispiel („auf's Rad setzen") wird bereits eine wichtige Ursache von Freizeitmobilität sichtbar. Die gleiche Befragte (Supermarktverkäuferin) führt am Ende des Interviews zum Thema Freizeit aus:

„Die Wohnung abschließen und einfach weg, das ist mehr Freizeit als zu Hause. Man macht immer was, wenn man zu Hause ist."

In der Repräsentativuntersuchung wurde dieser Hypothese weiter nachgegangen. 69 % der befragten Frau-

---

2   „Männlich" und „weiblich" als soziale Konstruktion von gesellschaftlicher Weiblichkeit und Männlichkeit mit der entsprechenden Ungleichverteilung nichtbezahlter Haus- und Versorgungsarbeit.

en stimmen der Aussage zu, dass Freizeit erst dann beginnt, wenn die Hausarbeit erledigt ist (Männer 50%). Und 5% mehr Frauen als Männer stimmen dem Statement voll und ganz zu: „Zu Hause kann ich meine Freizeit kaum genießen, weil immer etwas zu tun ist."

Das hat eine wichtige Konsequenz für die Freizeitmobilität. Die Tatsache, dass zu Hause ständig die Pflicht ruft, ist ein wichtiges Motiv dafür, das Haus zu verlassen, um Freizeit zu haben.

Mobilitätsdefinition

Hinsichtlich einer problemadäquaten Bestimmung von Mobilität wird hier der im Projektverbund CITY:*mobil* entwickelte mehrdimensionale Mobilitätsbegriff verwendet. Danach bezeichnet Mobilität mehrere Dimensionen zugleich: Mobilität ist physikalische Beweglichkeit von Personen und Dingen im Raum, Mobilität kennzeichnet zugleich die sozialräumliche Erreichbarkeit von Angeboten und Gelegenheiten der Bedürfniserfüllung, Mobilität bezeichnet schließlich immer auch Positionierung im symbolischen Raum (vgl. Götz, Jahn, Schultz 1997: 8f.)

Operationalisierung der verschiedenen Dimensionen von Mobilität

Die Integration aller drei Dimensionen in die Empirie des Mobilitätsstilekonzepts bedeutet, dass sowohl das Verkehrsverhalten im Raum als auch die verschiedenen Gelegenheiten der Bedürfnisbefriedigung (in Form von Wegezwecken) sowie die Dimensionen der sozialen Positionierung (in Form von Lebensstilorientierungen) operationalisiert werden.

Was den zweiten Punkt betrifft, so ging es in der quantitativen Phase zunächst darum, Folgerungen aus bisherigen Defiziten der Verkehrsverhaltensforschung zu ziehen und eine adäquate Liste von Wegezwecken zu entwickeln. Dabei konnte auf mehrere qualitative und quantitative Projekte sowie auf Arbeiten anderer Forscher zurückgegriffen werden (Götz, Jahn, Schultz 1997: 340f.; Lanzendorf 2000). Schließlich wurde – in Anlehnung an Lanzendorf (2000) – eine Liste entwickelt, die 33 Wegezwecke enthält, davon 18 Freizeitwegezwecke.

Ergebnisse des Projekts

Freizeitwege

Die folgende Graphik (Abb. 1) zeigt die prozentualen Anteile dieser Wegezwecke bezogen auf alle in der Untersuchung erhobenen Wege (zunächst noch ohne Berücksichtigung der Entfernungen):

Der Freizeitanteil an allen Wegen beträgt 34,8 %. Dieses Ergebnis weicht – trotz einzelner Unterschiede in den verschiedenen Stichproben – nicht entscheidend von den Werten der drei letzten kontinuierlichen Verkehrserhebungen (KONTIV) ab. Hier liegt der Anteil der Freizeitwege bei 32,4 % (1976), 31,9 % (1982) und 32,9 % (1989). Die Stabilität des Freizeitwegeanteils ist, so unspektakulär es zunächst klingen mag, ein wichtiges Ergebnis. Es widerlegt nämlich die Annahme, dass ein differenzierteres Wegezweckschema zu einer signifikanten Verschiebung des Anteils der Freizeitwege führen würde, indem sich dadurch genauer zuordnen lassen würde, welche Wege zu Freizeitzwecken zurückgelegt werden und welche nicht. Dies ist nicht der Fall. Es wird vielmehr deutlich, dass die Frage der definitorischen Abgrenzung zwischen Freizeit und Nicht-Freizeit kaum eine Rolle spielt.

Ein differenziertes Wegezweckschema führt nicht zu einer signifikanten Verschiebung des Anteils von Freizeitwegen …

Wegezwecke in der Freizeit

Ein zweites wichtiges Ergebnis resultiert aus der zusammengefassten Interpretation der Wegezweck-Schwerpunkte:

Die höchste Verkehrsleistung in der Freizeit entsteht durch soziale Aktivitäten: „Verwandte besuchen/Familienfeste" sowie „Bekannte/Freunde treffen". Beachtet man außerdem, dass „Disco, Kino, Theater etc." und Besuch von „Freizeitpark, Zoo, Wildpark" sowie „Volksfest, Kirmes … " Aktivitäten sind, die zumeist mit der Familie, in der Freundesgruppe oder zumindest nicht allein ausgeübt werden, dann kann resümiert werden: Freizeitverkehr dient überwiegend der Pflege sozialer Kontakte.

… macht aber klar, dass Freizeit überwiegend der Pflege sozialer Kontakte dient

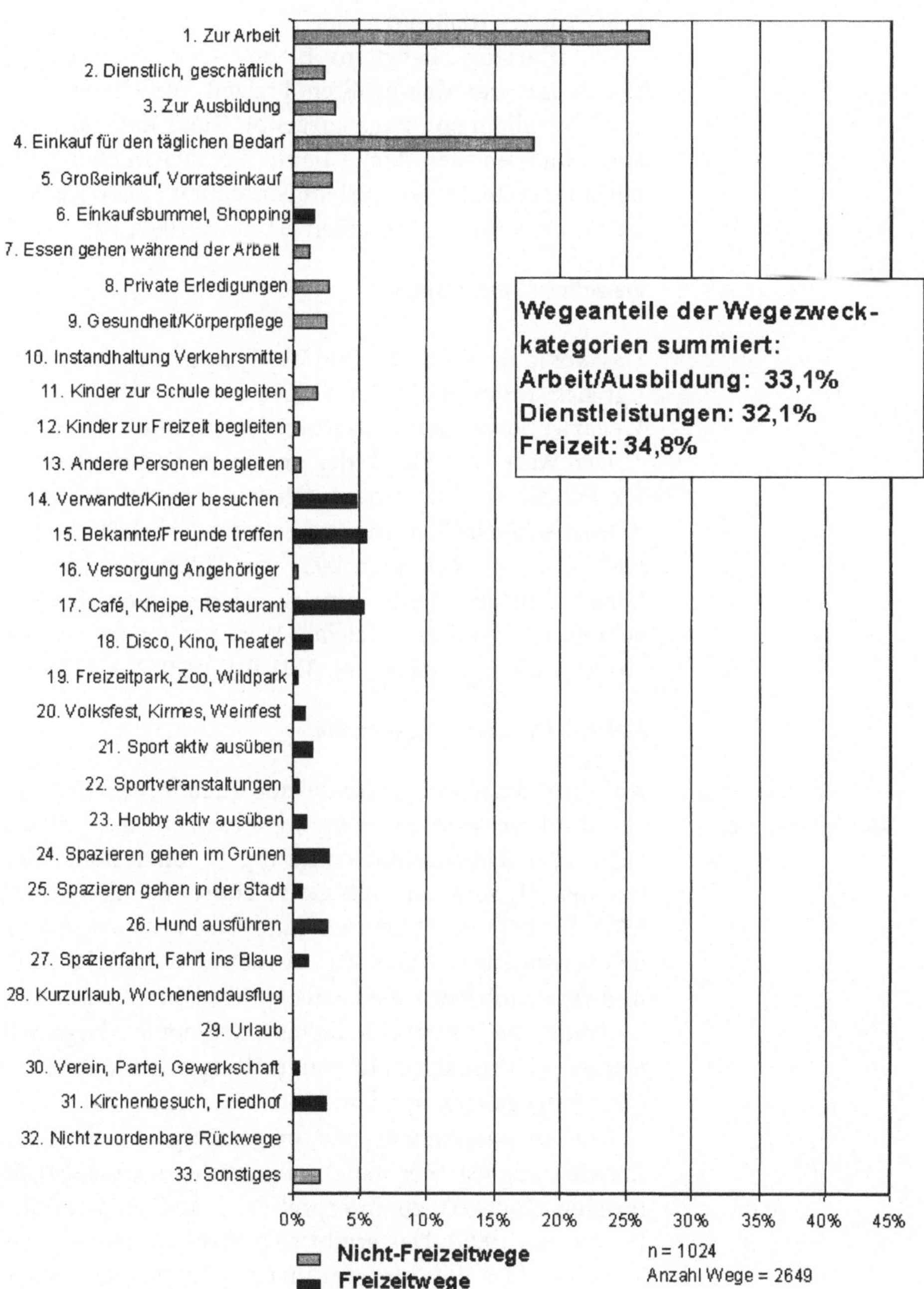

Abb. 1. Anteil der Wege nach Wegezwecken

Das Ergebnis der hohen Relevanz der Wegezwecke zur Pflege sozialer Kontakte steht in Übereinstimmung mit anderen, jüngst abgeschlossenen Untersuchungen (vgl. Zängler 2000: 85).

„Spazierfahrt, Fahrt ins Blaue" – der Freizeitwegezweck mit der drittgrößten Freizeit-Verkehrsleistung, wird vor allem sonntags ausgeübt. Diese Kategorie entspricht am ehesten dem – häufig überzeichneten – Bild der unberechenbaren „Erlebnismobilität", also des „Verkehrs um seiner selbst willen" (Heinze 1997: 19).

Freizeitverkehrsleistung

Das wenig dramatische Bild des Freizeitverkehrs bestätigt sich, wenn die Entfernungen der unterschiedlichen Wegezwecke berücksichtigt werden (vgl. Abb. 2):

Der Wert von 33,7 % der gesamten Verkehrsleistung für Freizeit – ohne Urlaubsfahrten – macht die wenig dramatische Größenordnung deutlich („Verkehr in Zahlen" weist für 1997 einen Wert von 41,8 % aus, der 7,8 % Urlaubsfahrten enthält – hinsichtlich des Alltags-Freizeitverkehrs also auf den gleichen Wert kommt wie die hier vorgelegte Studie: 34 % (vgl. BMVBW 1999: 211, 217).

Bildung der Lebensstilsegmente

Lebensorientierungen, soziale Lage, Lebensphase

Auf Grundlage der Befunde der qualitativen Untersuchungsphase wurden relevante Elemente des Lebensstils, also Lebensstilorientierungen, operationalisiert (zu den Hypothesen vgl. Götz, Loose, Schubert 2001: 59f.). Mithilfe von Faktoren- und Clusteranalysen wurden verschiedene Analysen zur Identifikation plausibler und verwendbarer Lebensstilsegmente durchgeführt.

Bevor die unterschiedlichen Segmente dargestellt werden, soll zunächst auf einige übergreifende Erkenntnisse eingegangen werden:

Die Ergebnissen wie auch die gesamtgesellschaftliche Entwicklung legen es nahe, Lebensstile im „sozialstrukturellen Kontext" zu interpretieren und zu begreifen (Konietzka 1995). Das ergibt sich insbesondere aus der Tatsache, dass die durchgeführten Analysen ein unterschiedliches Profil hinsichtlich der Entkoppelung bzw. Verkoppelung von Orientierungen und sozialer Situa-

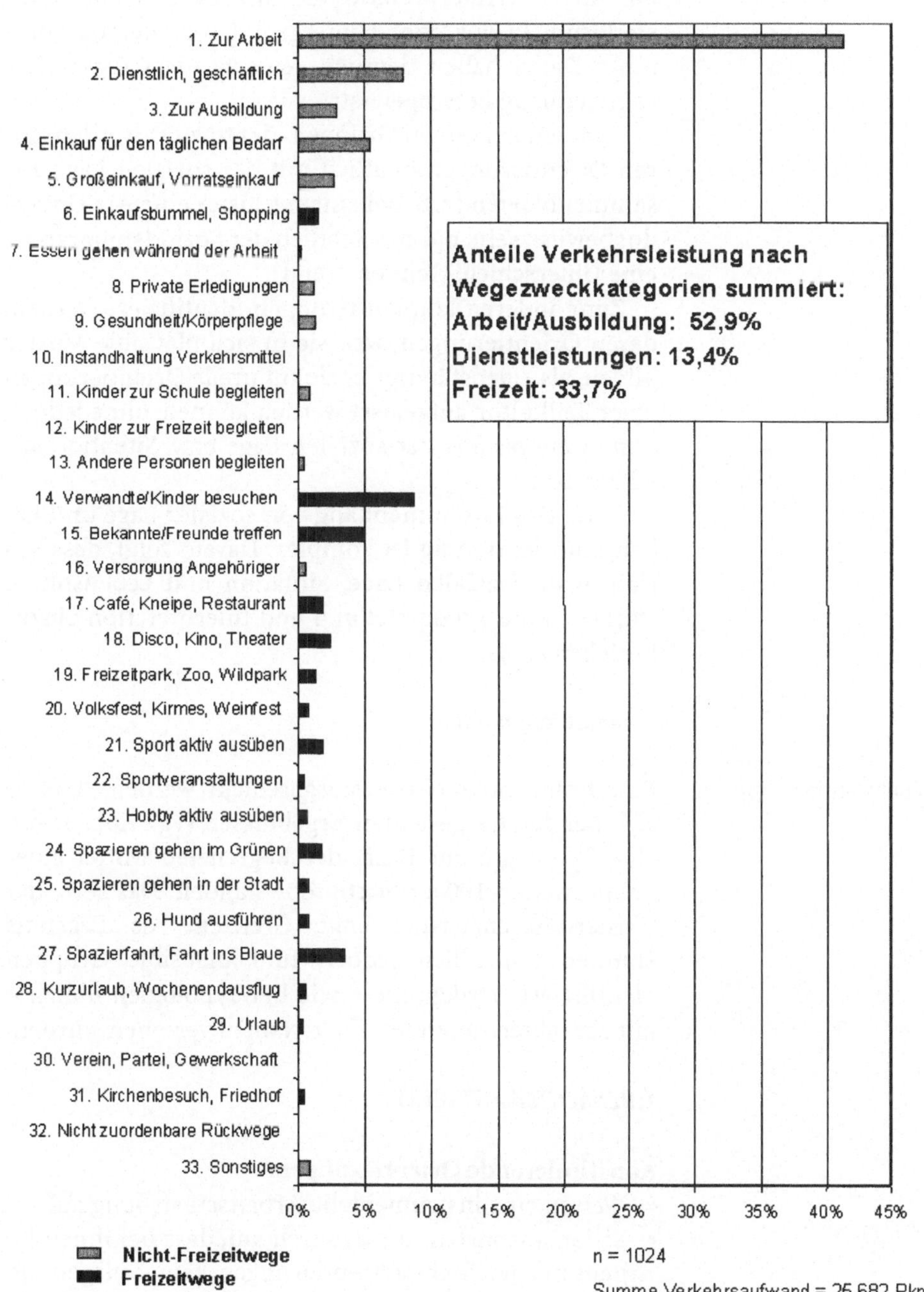

Abb. 2. Anteil der Verkehrsleistung nach Wegezwecken

tion zeigen. Zwar gingen konstituierend nur Orientierungen, also Einstellungs-Items, in die Clusterbildung ein. Aber die Interpretation der unterschiedlichen Clusterlösungen vor dem Hintergrund soziodemographischer Daten haben deutlich gemacht, dass dieser Zusammenhang heterogen ist:

Zum einen können Gruppen identifiziert werden, deren Orientierungen deutlich mit der sozialen Lage zusammenhängen (z. B. bei einem Cluster eine Art Underdogbewusstsein, das hinsichtlich der Soziodemographie eine Unterschicht-Tendenz zeigt).

Zum anderen können Gruppen identifiziert werden, deren Orientierungen, weil sie in sich plausible Muster bilden, als eigenständige soziokulturelle Orientierungen einer Teilkultur aufgefasst werden können, ohne jedoch ohne weiteres aus der sozialen Lage bzw. Situation ableitbar zu sein.

Kurz: Der Zusammenhang von sozialer Lage und Lebensstilorientierung ist komplex. Daraus folgt, dass Variablen der sozialen Lage, Situation und Lebensphase stärker in die Typdarstellung und Interpretation einzubeziehen sind.

Lebensstilsegmente

Fünf plausible Gruppen

Einschränkend muss vorausgeschickt werden, dass es sich bei den dargestellten Ergebnissen (vgl. Abb. 3) um eine Typologie auf Basis der begrenzten Mittel einer bundesweiten 1000er Stichprobe handelt. Das setzt der Clusterdifferenzierung enge Grenzen. Als Ergebnis konnten schließlich jedoch fünf plausible Gruppen identifiziert werden, die – wie bei Typologien üblich – mit charakterisierenden Kurz-Namen versehen wurden.

1. BENACHTEILIGTE (BEN)

Konstituierende Orientierungen:
* Weisen eine instrumentelle Arbeitseinstellung auf
* Fallen ansonsten nur dadurch auf, dass bei ihnen lebensstilspezifische Orientierungen kaum ausgeprägt sind, außer der Zustimmung zu dem Item: „Trinke gerne mit meinen Freunden einen über den Durst".

Soziale Situation:
- Männer sind leicht überdurchschnittlich vertreten
- Niedrige Schulabschlüsse
- Niedriges Haushaltsnettoeinkommen
- Überdurchschnittlich häufig nicht erwerbstätig
- Größter Arbeiteranteil (34%; +10%)[3]
- Größter Anteil an Sozialhilfeempfängern und Arbeitslosen

2. MODERN-EXKLUSIVE (MOD-EX)

Konstituierende Orientierungen:
- Starke Berufsorientierung und berufliche Zufriedenheit
- Exklusivitäts- und Modernitätsorientierung
- Affinität zu allem, was „in" ist, wie z.B. Aktien, Internet, exklusive Markenkleidung
- Aber auch (gemäßigte) Familienorientierung
- Offenheit für soziale Gerechtigkeit und Ökologie
- Stärkste Technikaffinität
- Beharren auf geschlechtsspezifischer Arbeitsteilung

Soziale Situation:
- Männer sind leicht überdurchschnittlich vertreten (60%)
- Mittlere bis höhere Bildungsabschlüsse
- Überdurchschnittliches Haushaltsnettoeinkommen
- Größter Anteil an Vollzeiterwerbstätigen (63%; +15%)
- ca. 2/3 leben in einer Paar- oder Familienkonstellation (+12%)
- 40% haben Kinder im Haushalt (+10%)

3. FUN-ORIENTIERTE (FUN)

Konstituierende Orientierungen:
- Individualistische Spaß-, Erlebnis- und Risikoorientierungen
- Sehr starker und positiver Bezug zu moderner Technik

---

3 Prozentzahl mit Vorzeichen gibt die Differenz gegenüber dem Durchschnitt an.

- Starker (Peer-)Gruppenbezug
- Abneigung gegenüber verwandtschaftlichen und nachbarschaftlichen Bindungen
- Bewusste Ich-Bezogenheit
- Instrumentelle Arbeitsorientierung

Soziale Situation:
- Jüngere sind deutlich überrepräsentiert
- Größter Anteil an Personen in Ausbildung und an Selbstständigen
- Höchste Bildungsabschlüsse (26% mit Hochschulreife/-abschluss; +12%)
- Höchster Singleanteil (ca. 2/3)

4. BELASTETE-FAMILIENORIENTIERTE (BEL-FAM)

Konstituierende Orientierungen:
- Sehr starker Familienbezug
- Weisen eine häusliche, nahräumliche Orientierung auf
- Leicht überdurchschnittliche Ausgabebereitschaft für umweltfreundliche Güter
- Starker Nachbarschaftsbezug
- Leiden unter Problemen mangelnder Abgrenzung von Arbeit, Hausarbeit und Freizeit
- Fühlen sich überlastet und überfordert

Soziale Situation:
- Fast 2/3 Frauen
- Höchster Anteil an Teilzeiterwerbstätigen
- 70% leben in einer Paar- oder Familienkonstellation (+14%)
- Bei nahezu 50% leben Kinder im Haushalt, bei fast 1/3 sind es sogar 2 und mehr Kinder (+12%)

5. TRADITIONELL-HÄUSLICHE (TRAD)

Konstituierende Orientierungen:
- Orientierung an Sicherheit und Vermeidung aller Risiken
- Präferenz für Langlebigkeit und Naturnähe
- Orientierung an traditionellen Werten und Tugenden
- Starke Vorbehalte gegenüber moderner Technik

Soziale Situation:

- 56% Frauen
- Überrepräsentierung der ältesten Gruppe (36% über 65 Jahre)
- 2/3 dieser Gruppe sind nicht erwerbstätig, 58% sind Rentner/innen (+33%)
- Überdurchschnittlich viele Verwitwete (27%; +12%)
- Niedrige Schulabschlüsse (71% Volks-/Hauptschule; +17%)
- Geringe Haushaltsnettoeinkommen/Renten

Freizeitverhalten

Das Freizeitverhalten, operationalisiert als Freizeitaktivitäten, die in der letzten Woche ausgeübt wurden[4], ergibt hinsichtlich vieler Aktivitäten ein plausibles und trennscharfes Bild. Signifikante Unterschiede zeigen sich bspw. bei modernen Freizeitaktivitäten wie Internet- und Computernutzung (vgl. Abb. 4): Hier weisen die FUN mit 29% Internetnutzung den höchsten Wert auf, während die TRAD mit 2% den niedrigsten Wert haben. Auch bei der Freizeitaktivität „Fest, Party besuchen" liegt der Wert der FUN mit 35,7% recht hoch, während die BEN nur einen Wert von 7,9% aufweisen. Bei Aktivitäten wie Kirchen- und Friedhofsbesuch liegen die TRAD mit 44,7% sehr hoch, während die FUN mit 5,4% den niedrigsten Wert haben. Die Orientierung der MOD-EX an sozialem Engagement bestätigt sich in der Tatsache, dass sie mit 59,3% den höchsten Wert bei der Freizeitaktivität „Engagement in Partei, Gewerkschaft etc." aufweisen, während die TRAD bei einem solchen Engagement nur mit 3,7% vertreten sind.

Unterschiede in den Freizeitaktivitäten …

Freizeitverkehrsverhalten

Wenn die Relation der Freizeitwege im Verhältnis zu allen zurückgelegten Wegen betrachtet wird, sind die Sub-

… der Zahl der Freizeitwege …

---

4   Hinsichtlich der Frageformulierung und – mit kleinen Abweichungen – auch hinsichtlich der erhobenen Freizeitaktivitäten wurde mit freundlicher Genehmigung des Freizeit-Forschungsinstituts der British American Tobacco der Methodik des „Freizeit-Monitors" gefolgt; vgl. B.A.T. Freizeit-Forschungsinstitut 1999.

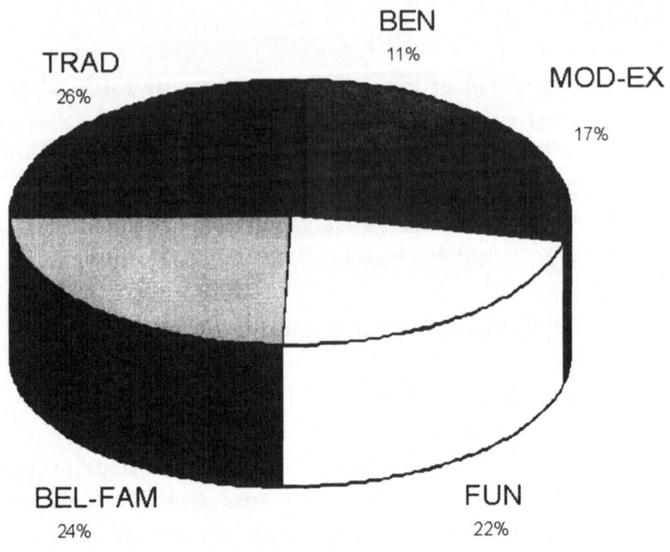

Abb. 3. Lebensstilsegmente

gruppenunterschiede zwar statistisch signifikant, aber doch weniger stark als erwartet. Es ist plausibel, dass die FUN mit 38,2 % die meisten Freizeitwege unternehmen. Den geringsten Freizeitwegeanteil haben die BEL-FAM mit nur 29,4 %. Es kann davon ausgegangen werden, dass in dieser Gruppe die Doppelbelastung durch Beruf und Versorgungsarbeit Auswirkungen auf das Freizeit(verkehrs)verhalten hat.

... der Freizeit-Verkehrsmittelwahl ...

Wird die Verkehrsmittelwahl (Modal-Split) der Gruppen hinsichtlich der Freizeitwege betrachtet, ergibt sich folgendes Bild: Den höchsten Anteil motorisierten Individualverkehrs (MIV) weisen die Gruppen BEL-FAM und MOD-EX mit 46,5 % auf. Mit einem Wert von ca. 25 % weisen die TRAD den niedrigsten MIV-Anteil auf und mit ca. 70 % den höchsten Anteil am nichtmotorisierten Verkehr – Zu-Fuß-Gehen und Fahrrad fahren – (Gesamt ca. 54 %). Den öffentlichen Personennahverkehr (ÖPNV) nutzen die FUN mit 7,8 % am häufigsten (Gesamt = 5,1 %) – hier schlägt sicherlich der überdurchschnittliche Anteil an Studenten bei dieser Gruppe zu Buche.

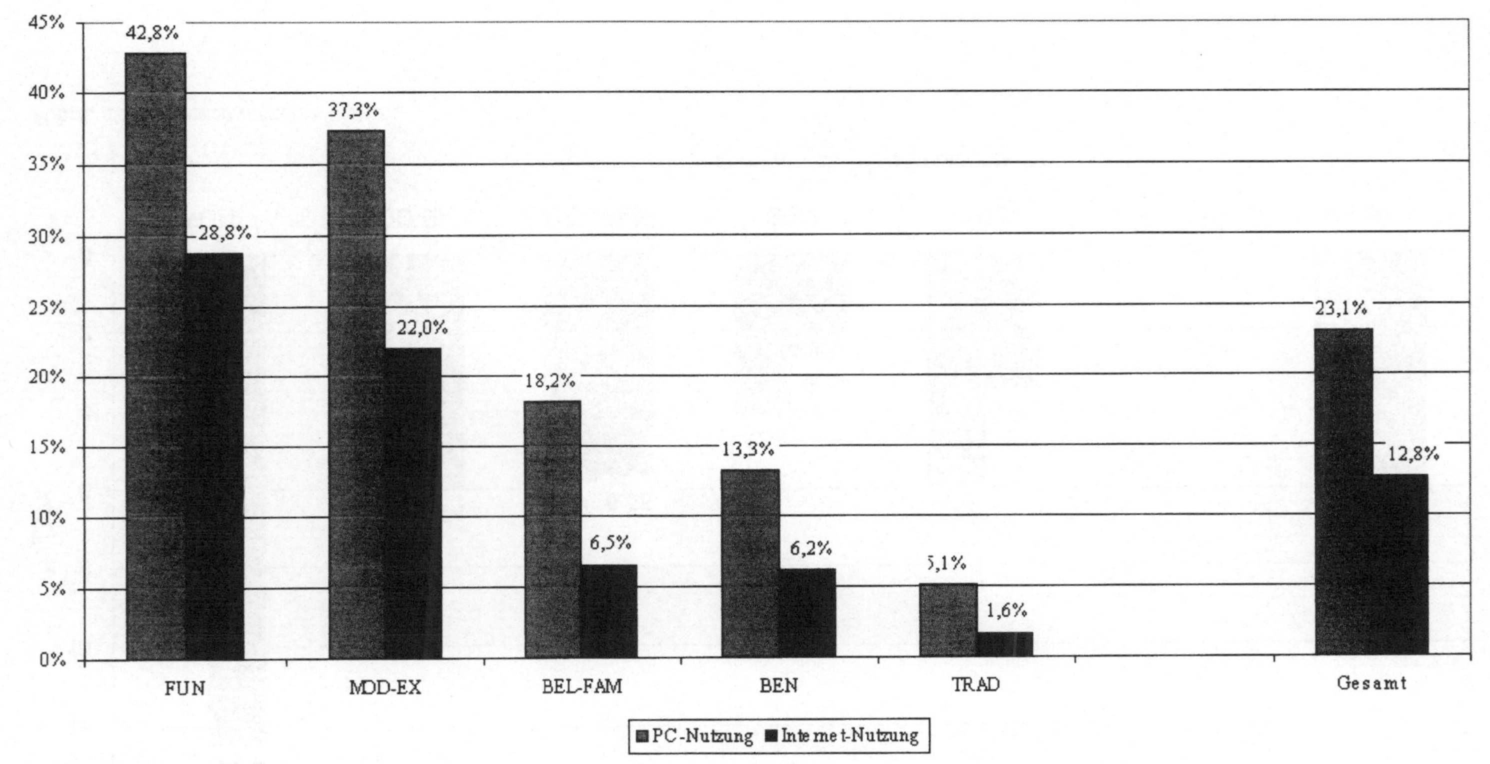

Abb. 4. Freizeitaktivitäten

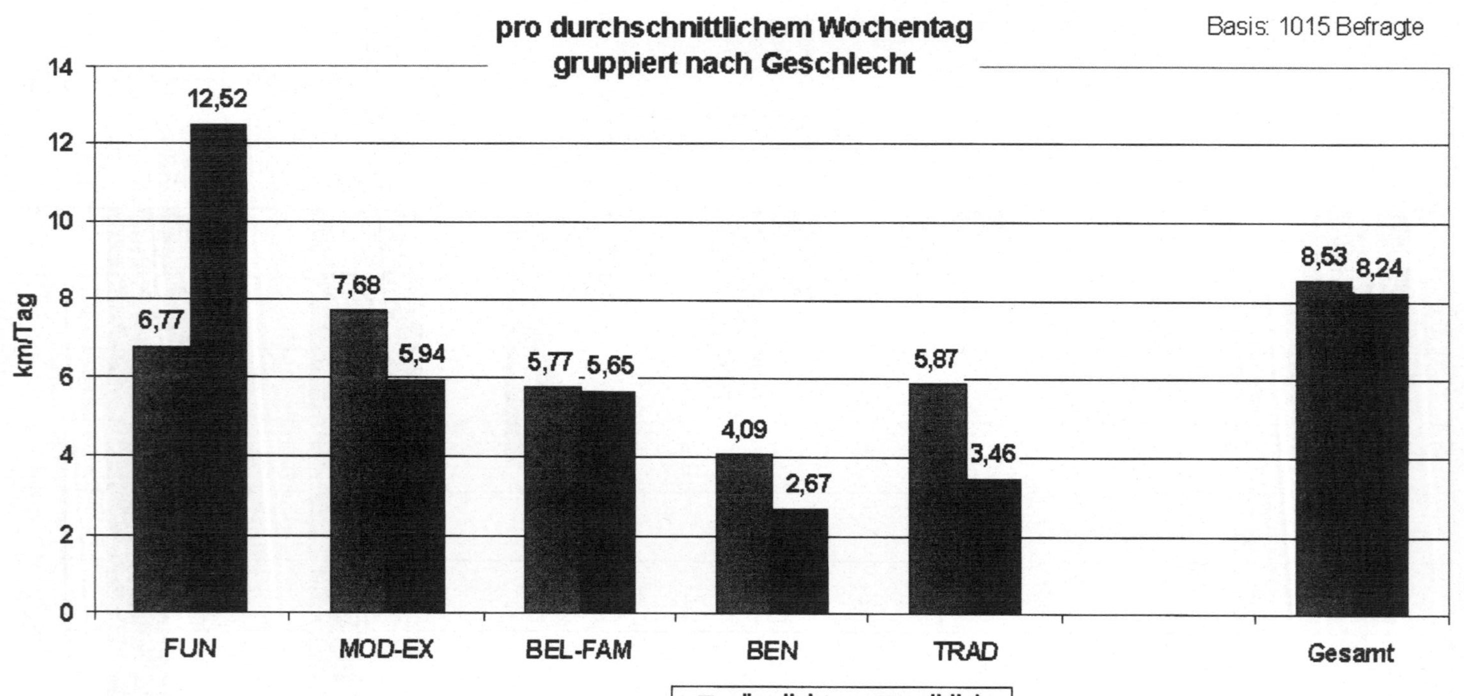

Abb. 5. MIV-Freizeitverkehrsleistung

Vergleicht man die Freizeitverkehrsleistung (Entfernung Freizeitwege in km/Woche) der Gruppen, so stabilisiert sich das Bild: Spitzenreiter sind auch bei diesem Wert die FUN mit ca. 82 km/Woche, während die BEL-FAM mit ca. 52 km/Woche und die TRAD mit ca. 51 km/Woche im Mittelfeld liegen. Die BEN haben die mit Abstand geringste Freizeitverkehrsleistung (37 km/Woche).

Zunächst nur heuristisch verwendbar (zu geringe Fallzahl in den Subgruppen), aber im Sinne der Eröffnung einer neuen Forschungsfrage wichtig, ist eine erste geschlechtsspezifische Auswertung der Lebensstilsegmente (Abb. 5). Während in der Gruppe der MOD-EX und TRAD die Männer weitere Distanzen zu Freizeitzwekken zurücklegen als die Frauen, kehrt sich das Bild bei den FUN um. Statistisch nicht hinreichend belegt, aber dennoch nicht zu ignorieren ist die Tatsache, dass dies die einzige Gruppe ist, in der die Frauen eine höhere wöchentliche Freizeitverkehrsleistung aufweisen als die Männer. In künftigen Untersuchungen mit größerer Stichprobe sollte untersucht werden, ob sich in jungen, erlebnisorientierten Milieus oder Lebensstilgruppen eine Auflösung der traditionellen Geschlechtsrollenverteilung anbahnt. Eine zweite mögliche Hypothese könnte lauten: Erst nach der Familiengründung entfalten die Faktoren der geschlechtsspezifischen Arbeitsteilung ihre Wirkung.

Vorläufiges Fazit

Die Ergebnisse dieses Projekts und anderer Studien machen deutlich: Die Problematik des *alltäglichen* Freizeitverkehrs ohne Urlaubswege ist – zumindest was die quantitativen Ergebnisse und Relationen der Wege angeht – weniger dramatisch, als gelegentlich in der Literatur angeführt wird (vgl. z. B. die kultur- und jugendkritischen Ausführungen in Opaschowski 1995: 21).

Die Beweggründe des Freizeitverkehrs sind erklärbar und plausibel. Freizeitverkehr ist demnach vor allem hinsichtlich der sozialen Integration und der Jugend-Sozialisation auch nicht einfach ersetzbar (vgl. dazu auch Tully 1998: 200).

Freizeit-Verkehrsangebote müssen äußerst heterogene Ansprüche berücksichtigen

Das macht es aber nicht einfacher, Maßnahmen in Richtung Nachhaltigkeit in diesem Bereich zu entwikkeln. Im Gegenteil: Bei der Planung muss auf äußerst heterogene Ansprüche, Orientierungen und Lebenslagen Bezug genommen werden.

Verallgemeinert man die Ergebnisse dieses Projekts, dann müssen (zumindest) die folgenden wichtigen Dimensionen des Lebensstils und der sozialen Lage bei der Gestaltung von Maßnahmen im Bereich von Freizeitverkehrsangeboten berücksichtigt werden:

- Soziale Aufwertung/soziale Integration
- Distinktion und Exklusivität
- Erlebnis/Abwechslung
- Entlastung
- Sicherheit
- Nahräumlichkeit

Literatur

Bardmann, T. M. (1986): Die mißverstandene Freizeit. Freizeit als soziales Zeitarrangement in der modernen Organisationsgesellschaft. Stuttgart.

Bundesministerium für Verkehr, Bau- und Wohnungswesen (BMVBW) (1999): Verkehr in Zahlen 1997. Bonn.

Cavan, S. (1966): Liquor License: An Ethnography of Bar Behaviour. Chicago (zitiert nach Bardmann 1986).

BAT (British American Tobacco) Freizeit-Forschungsinstitut (1999): Daten zur Freizeitforschung. Freizeit Monitor 1999. Hamburg.

Gloor, D., Fierz, G., Schumacher, B. (1993): Freizeit, Mobilität, Tourismus aus soziologischer Sicht. Bern.

Götz, K., Jahn, T., Schultz, I. (1997): Mobilitätsstile. Ein sozial-ökologischer Untersuchungsansatz. Forschungsbericht Stadtverträgliche Mobilität, Band 7. Frankfurt a. M.

Götz, K., Loose, W., Schubert, S. (2001): Forschungsergebnisse zur Freizeitmobilität. ISOE-DiskussionsPapiere Nr.7. Frankfurt a. M.

Heinze, G. W. (1997): Freizeit und Mobilität. Hannover.

Konietzka, D. (1995): Lebensstile im sozialstrukturellen Kontext. Opladen.

Lanzendorf, M. (2000): Freizeitmobilität. Unterwegs in Sachen sozial-ökologischer Mobilitätsforschung. Trier (Anhang).

Opaschowski, H. W. (1995): Freizeit und Mobilität. Hrsg. von B.A.T. (British American Tobacco) Freizeit-Forschungsinstitut. Hamburg.

Tully, C. J. (1998): Rot, cool und was unter der Haube. München.

Zängler, T. W. (2000): Mikroanalyse des Mobilitätsverhaltens in Alltag und Freizeit. Berlin.

3 Motive der alltäglichen Freizeitmobilität

Thomas W. Zängler und Georg Karg
Wirtschaftslehre des Haushalts, Technische Universität München

Einführung

Die Freizeitmobilität, nach ihrem Wesen ausschließlich durch die Handlungen von privaten Haushalten bestimmt, ist maßgeblich an der Entstehung des Personenverkehrs beteiligt. Verkehrsstatistik und Verkehrsplanung verwenden jedoch das Verkehrssegment „Freizeitverkehr" bisher im Wesentlichen nur als undifferenzierte Restgröße. Für die Beschreibung, Erklärung oder gar Veränderung des Mobilitätsverhaltens in der Freizeit ist das äußerst unbefriedigend.

Ein Beitrag aus Sicht der Sozialökonomik des Haushalts zur Klärung der Bedeutung der privaten Haushalte für die Entstehung von Freizeitverkehr erscheint daher sinnvoll.

Der vorliegende Beitrag beschränkt sich auf die alltägliche Freizeitmobilität (ohne Urlaub) und ihre Motive. Er hat folgenden Aufbau: Zunächst wird definiert, was hier unter Freizeit, Alltag, Mobilität und Motiven verstanden wird. Danach wird ein Modell zur Abbildung von Freizeitmobilität geschildert. Anschließend wird die Methode vorgestellt, mit der Informationen über diese Mobilität und ihre Motive gesammelt wurden, und schließlich werden einige Ergebnisse vorgestellt.

> Freizeitverkehr – keine undifferenzierte „Restgröße"

Definitionen

In einem inter- oder multidisziplinären Workshop ist der Gebrauch der Begriffe zu erklären und – wenn möglich – zu vereinheitlichen. Zu diesem Zweck möchten

> Enger und weiter Freizeitbegriff

wir die Bedeutung der Begriffe in unserem Ansatz vorstellen und gegebenenfalls zur Diskussion stellen.

Freizeit: Freizeit ist die Zeit eines Tages, in der keine Arbeit zu verrichten ist. In Abhängigkeit von der Definition von Arbeit (eng, weit) resultieren unterschiedliche Freizeitbegriffe (weit, eng). In Anbetracht der Würdigung von hauswirtschaftlicher, erzieherischer, pflegerischer und ehrenamtlicher Arbeit in und durch private Haushalte verwenden wir eine weite Definition von Arbeit und eine entsprechend enge Definition von Freizeit (z. B. Besuche, private Telefonate, Geselligkeit, Lesen, Fernsehen, Spielen, Computerspiele, Freizeitsport, Musik, Nichtstun)[1].

Freizeitmobilität im Alltag

Handlungen mit Freizeitcharakter werden ab vier Übernachtungen außer Haus als *Urlaub* bezeichnet. Unter *Alltag* wird alles zusammengefasst, was nicht zu Freizeit und Urlaub gerechnet wird. Die alltägliche Freizeit ist folglich temporal in den Alltag eingebettet.

Für die Aussagekraft des Freizeit-Begriffs ist es unseres Erachtens weniger entscheidend, ob er positiv (vgl. Zängler 2000: 213–215) oder negativ (vgl. Karg, Zängler, Schulze 2000: 96–99) formuliert wird. Wichtig für das Verständnis von Mobilität und Verkehr ist es unserer Ansicht nach, dass Freizeit eng definiert wird und die Freizeitaktivitäten ausreichend differenziert betrachtet werden.

Mobilität (vgl. Zängler 2000: 19–22): Mobilität ist die Ortsveränderung (Bewegung) von sozialökonomischen Mikroeinheiten eines geographischen Raumes (Personen oder Sachen) während einer zeitlichen Periode nach ihrer Art und ihrem Umfang. Im Gegensatz zu Verkehr[2] ist Mobilität die Betrachtung von Bewegung im Raum aus der *Sichtweise der bewegten Einheit* selbst.

Beispiele:

Disaggregierte Form: Anzahl, Zwecke, Distanzen und Zeitdauern von Wegen einer bestimmten Person an einem bestimmten Tag.

---

1   Siehe hierzu auch die Aktivitätenlisten der Zeitbudgeterhebung 1991 und Mobilität '97 (Ehling und Schweitzer 1991: 207|f., 281–283; Zängler 2000: 212–215).
2   Verkehr ist der messbare Durchfluss von Verkehrsmittel-Einheiten bezogen auf einen bestimmten Verkehrsweg (disaggregiert) oder bezogen auf einen geographischen Raum.

Aggregierte Form: Anzahl, Zwecke, Distanzen und Zeitdauern von Wegen der deutschen Wohnbevölkerung im Jahr 2000.

Freizeitmobilität im Alltag ist folglich die Mobilität der Menschen in der Tageszeit, in der keine Arbeit zu verrichten ist, und in der Zeit des Jahres, in der kein Urlaub stattfindet.

Motive: Nach Heckhausen (1980) steht der Begriff Motiv als Sammelname für so unterschiedliche Bezeichnungen wie Bedürfnis, Beweggrund, Trieb, Neigung, Streben usw. „Bei allen Bedeutungsunterschieden im einzelnen verweisen alle diese Bezeichnungen auf eine ‚dynamische' Richtungskomponente. Es wird eine Gerichtetheit auf gewisse, wenn auch im einzelnen recht unterschiedliche, aber stets wertgeladene Zielzustände angedeutet." (S. 24) Diese Zielzustände sind noch nicht erreicht, ihre Erreichung wird aber angestrebt. Die Mittel und Handlungen mit Bezug zur Freizeitmobilität können dabei sehr vielfältig sein. Die demonstrative Nutzung von Verkehrsmitteln oder eine bestimmte Fortbewegungsart können selbst zur Befriedigung von Motiven beitragen. Wichtig ist aber auch die Transportfunktion, die erst die Befriedigung von Motiven an Zielorten ermöglicht.

Da sich Motive auf eine überdauernde, *latente* Handlungs-Disposition beziehen (vgl. Kröber-Riel 1996: 57) wäre es angebracht, auch die *Motivation* als *manifesten* Vorgang bei der akuten Verhaltensgenese in die Diskussion um das Mobilitätsverhalten[3] einzubeziehen.

Modell

Im Folgenden wird das Sozialökonomische Modell des Mobilitätsverhaltens (SMM) vorgestellt. Darin werden Handlungen von Personen vom Standpunkt der Sozialökonomik des Haushalts aus betrachtet (vgl. Abb. 1).

Aus den Motiven der Personen (Haushaltsmitglieder) werden die Ziele des privaten Haushalts abgeleitet. Die

Motive, Motivation

Sozialökonomisches Modell des Mobilitätsverhaltens

---

3 In diesem Zusammenhang sei auf einen Beitrag von Höger (1999) verwiesen. Er stellt darin ein motivationspsychologisches Rahmenmodell zur Erklärung des Mobilitätsverhaltens vor (S. 4).

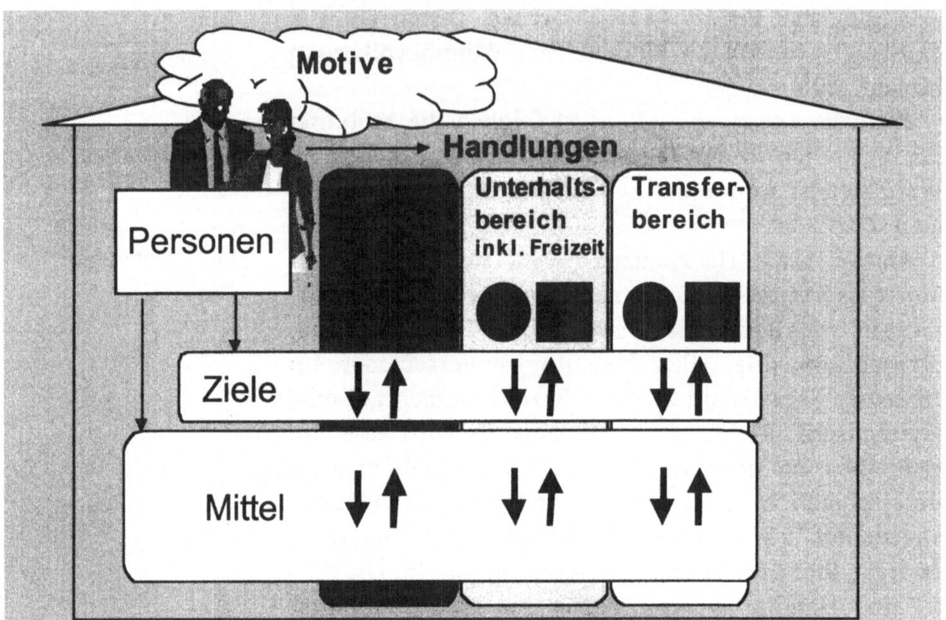

Abb. 1. Differenzierung der Mobilität privater Haushalte nach Handlungsbereichen
(B: Bewegung im Raum, A: Aktivität am Zielort)

Mittel, die dem Haushalt zur Verfügung stehen, werden zur Erreichung der Ziele eingesetzt. Die Handlungen privater Haushalte werden in drei Bereiche unterteilt. Diese sind der Erwerbsbereich, der Unterhaltsbereich und der Transferbereich.

Handlungsbereiche privater Haushalte

Der *Erwerbsbereich* umfasst alle Handlungen, die dem gegenwärtigen und künftigen Erwerb von Einkommen dienen.

Der *Unterhaltsbereich* stellt den zentralen Handlungsbereich dar und umfasst die Handlungen, die dem Unterhalt der Haushaltsmitglieder dienen. Im Einzelnen unterscheiden wir hier zwischen den Aktivitätengruppen Information, Beschaffung, Produktion, Konsum und Entsorgung. Die Aktivitäten in der Freizeit werden dem Konsum zugeordnet, da die anderen Aktivitätengruppen der oben genannten engen Definition von Freizeit widersprechen.

Der *Transferbereich*[4] umfasst die Handlungen, die aktiv oder passiv dem Transfer von Diensten, Geld oder Gütern dienen. Empfänger dieser Transfers sind z. B. andere private Haushalte, Verbände, Vereine, Parteien und Kirchen. Aktivitäten in diesem Bereich werden sonst in der Regel pauschal der Freizeit zugeordnet (z. B. ehrenamtliche Arbeit).

Sofern die genannten Aktivitäten außer Haus stattfinden, erfordern sie Mobilität und erzeugen Verkehr. Insofern unterscheiden wir bei Haushalten zwischen der Erwerbs-, Unterhalts- und Transfermobilität. Freizeitmobilität ist daher Teil der Unterhaltsmobilität privater Haushalte.

Nach Delhees (1975: 9, 98–100) werden Motive nicht direkt gemessen. Vielmehr wird das realisierte Verhalten gemessen. Dadurch kann auf Art und Stärke der Motive geschlossen werden. Ferner sind in unserem Modell Variablen integriert, die weitere Aussagen über das Wesen von Motiven in der Freizeitmobilität zulassen. Dies sind z. B. Angaben zur subjektiven Beurteilung der Verkehrsmittelwahl, der Annehmlichkeit des Weges oder der Dringlichkeit und Fristigkeit der Aktivität am Zielort.

Methode

Die empirischen Informationen über die alltägliche Freizeitmobilität privater Haushalte wurden aus den Daten der Erhebung Mobilität '97 (Zängler 2000) gewonnen. Es handelt sich hierbei um eine schriftliche Befragung privater Haushalte und ihrer Mitglieder zu ihrer gesamten Mobilität (ohne Urlaub). Die Fragen zur Mobilität wurden abgeleitet aus dem Sozialökonomischen Modell des Mobilitätsverhaltens und in einem Mobilitätstagebuch zusammengestellt. Darin wird zwischen Bewegung im Raum und Aktivitäten an den jeweiligen Zielorten unterschieden (Abb. 2).

Der jeweilige Weg ermöglicht eine Aktivität bzw. die Aktivität erfordert einen Weg.

Freizeitmobilität ist Teil der Unterhaltsmobilität privater Haushalte

Schriftliche Befragung privater Haushalte

---

4   Die Ergebnisse von Fastenmeier, Gstalter, Lehnig (Beitrag in diesem Band) können die Einführung eines eigenen Handlungsbereichs empirisch stützen: „Politisches und soziales Engagement" ist nach der subjektiven Bewertung durch ihre Studienteilnehmer eindeutig nicht der Freizeit zuzuordnen.

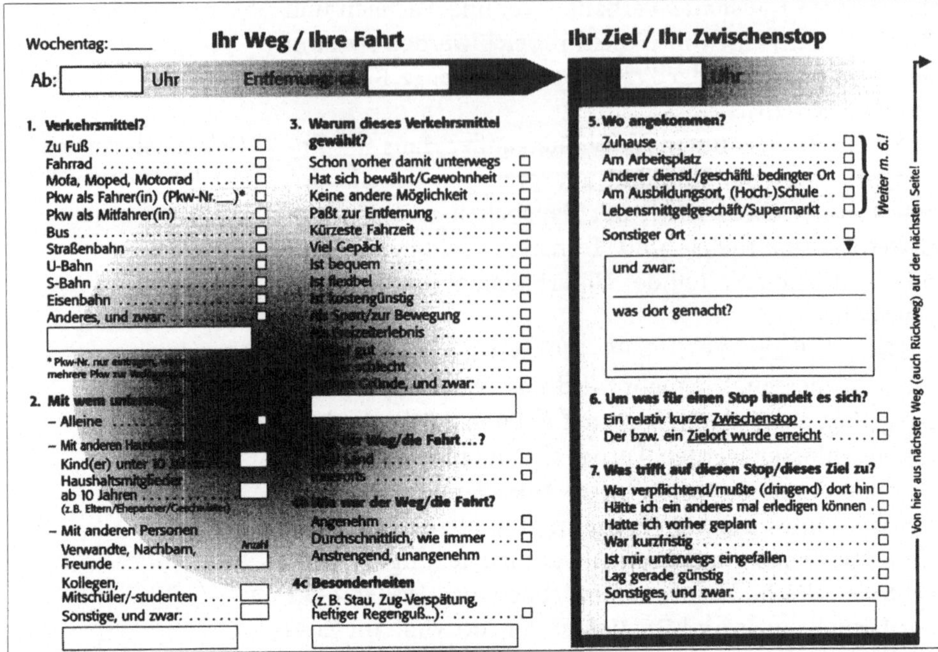

Abb. 2. Erfassung der Mobilität (Wege und Aktivitäten) im Mobilitätstagebuch

Mit dem Mobilitätstagebuch wurden zu jedem Weg folgende Merkmale erfragt:

- die zeitliche Einordnung,
- das verwendete Verkehrsmittel,
- die Art und Anzahl der Personen, die gemeinsam unterwegs waren,
- der Grund für die Verkehrsmittelwahl und
- die subjektive Empfindung des Weges.

Zu jeder Aktivität am Zielort wurden erfragt:

- die zeitliche Einordnung,
- die Art der ausgeführten Aktivität,
- die Art des Zielorts und
- die subjektive Dringlichkeit und Fristigkeit der Aktivität.

Zusätzlich wurden in einem Personen- und Haushaltsfragebogen Personen- und Haushaltsmerkmale erfragt.

Die Haushalte wurden in folgender Weise ausgewählt. Grundgesamtheit war jener Teil der Bevölkerung Bayerns im Jahr 1997, der deutschsprachig und mindestens zehn Jahre alt war. Der Stichprobenumfang (netto) betrug 2.167 Personen in 986 privaten Haushalten.

Die Erhebung wurde in Zusammenarbeit mit der Infratest Burke Verkehrsforschung durchgeführt. Für die Analyse der objektiven und subjektiven Mobilitätsvariablen auf der Wegeebene standen 21.474 Fälle zur Verfügung.

Ergebnisse

Zunächst wird gezeigt, welche Bedeutung die Freizeitmobilität im Rahmen der gesamten Mobilität privater Haushalte hat. Dann wird sie weiter in einzelne Aktivitätengruppen differenziert.

Schließlich werden aus dem realisierten Verhalten Motive für die Freizeitmobilität abgeleitet. Die Aussagen über die Motive werden durch die Analyse subjektiver Variablen zu Bewegung im Raum und Aktivität am Zielort ergänzt.

Struktur der Freizeitmobilität

Als Mobilitätsvariable werden die kumulierten Entfernungen [Pkm] verwendet, die in den verschiedenen Handlungsbereichen zurückgelegt wurden. Abb. 3 gibt eine Vorstellung von der Größenordnung der verschiedenen Mobilitätsbereiche in einem Haushalt:

Unterhalt ca. 60 % der kumulierten Distanzen (alle Wege)

Freizeit ca. 60 % der kumulierten Distanzen im Unterhaltsbereich

Dies impliziert, dass ca. ein Drittel der alltäglichen Mobilität von Haushalten auf Freizeitaktivitäten zurückzuführen ist.

Im Folgenden wird gezeigt, warum die Haushalte in der Freizeit mobil sind und wohin sie sich bewegen.

Abbildung 4 ist zu entnehmen, dass dazu die Freizeitaktivitäten unterteilt werden können in Aktivitäten, die primär mit sozialer Interaktion (z.B. Kontakt zu Verwandten, Freunden, Essen gehen mit der Familie, Feste) verbunden sind, und solche, die sekundär mit sozialer

> Etwa ein Drittel der Alltagsmobilität entfällt auf Freizeitaktivitäten

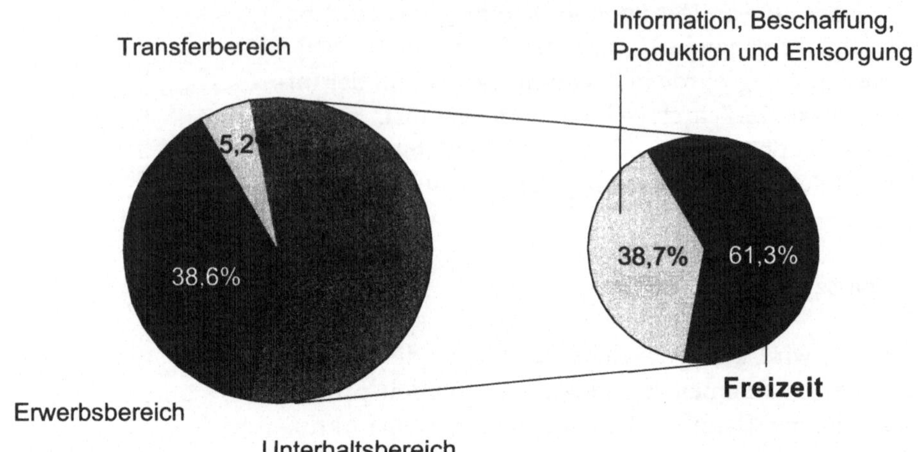

n = 13.545 Wege

Abb. 3. Kumulierte Distanzen nach Handlungsbereichen bzw. Aktivitätengruppen (ohne Nachhausewege)

Freizeitmobilität –
„sozialer Kitt der
Gesellschaft"

Interaktion verbunden sind (z. B. Sport treiben, kulturelle Angebote nutzen).

Aktivitäten mit primärer sozialer Interaktion verursachen mehr als 50 % der Freizeitwege. Das Gleiche gilt auch für die Distanzen, allerdings kommt es zwischen den Segmenten zu Verschiebungen, da seltenere Aktivitäten auch mit langen Anfahrtswegen verbunden sein können. Das Gesamtverhältnis zwischen den beiden Aktivitätengruppen verschiebt sich allerdings nicht (vgl. Karg, Zängler, Schulze 2000: 102). Frühere Vermutungen zur herausragenden Bedeutung der sozialen Kontakte für die Freizeitmobilität (z. B. Eisner, Lamprecht, Stamm 1993: 44–46 und Fuhrer, Kaiser, Steiner 1993: 84) können mit diesen Ergebnissen empirisch belegt werden.

Freizeitmobilität dient daher vorrangig als sozialer Kitt der Gesellschaft. Andere Funktionen treten dahinter zurück. Berücksichtigt man, dass soziale Interaktion ein wesentlicher Bestandteil unseres Lebens ist, dann ist jener Teil der Freizeitwege, der mit starker sozialer Interaktion verbunden ist, *per se* obligatorisch für eine Gesellschaft. Dies ist bei mehr als der Hälfte der Wege der Fall.

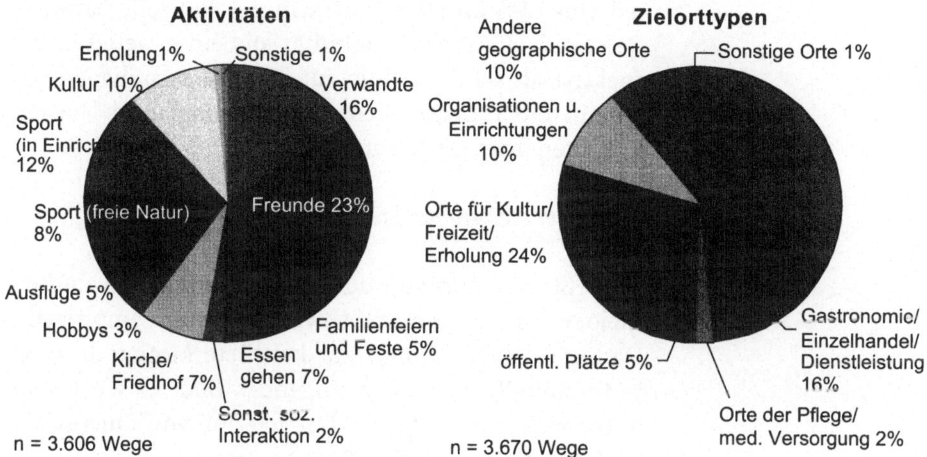

Abb. 4. Wege in der Freizeit nach Aktivitäten bzw. Zielorttypen[5] (ohne Nachhausewege)

Abbildung 4 verdeutlicht zudem die Bedeutung der Zielorte in der Freizeitmobilität. Bei den Zielorttypen fällt auf, dass ein Drittel auf private Wohnungen bzw. auf private Grundstücke entfallen. 16 % entfallen im Wesentlichen auf die Gastronomie. Klassische Ziele für Freizeit, Erholung und Kultur haben lediglich einen An-

---

5 *Private Wohnung/Grundstück*: Wohnung von Verwandten oder Freunden, Ferienwohnung/Campingstellplatz, Schrebergarten/Fischteich, Zweitwohnung
Gastronomie/Einzelhandel/Dienstleistung: Lebensmittelgeschäft/Supermarkt, Bekleidungsgeschäft/Sportgeschäft, Gärtnerei/Blumengeschäft/ Baumarkt, Kaufhaus/Einkaufszentrum/Möbelhaus, Friseur/Kosmetik-Studio usw., Handwerksbetrieb, Werkstatt/Tankstelle/Waschanlage (nur Kfz), Café/Bistro/Eisdiele/Imbiss/Kneipe, Hotel/Restaurant/Gasthaus/ Lokal
Orte der Pflege/med. Versorgung: Arzt, Apotheke, Krankenhaus, Altenheim
Bank/Post/Behörden/öffentliche Plätze: Bank, Post, Behörde, Bahnhof/ Flughafen, Friedhof, Dorfplatz/Spielplatz, Parkplatz/Parkhaus
Orte für Freizeit und Erholung/kulturelle Orte: Freie Natur (z. B. Wald, See), Sportplatz, Sport-/Turn-/Reithalle, Tierpark, Zoo, Freizeitpark, Disco/Tanzlokal, Fitnesscenter/Schwimmhalle, Kino/Konzerthalle/ Theater, Museum/Besichtigungsorte/Botanischer Garten, Jugend-/Gemeindezentrum
Organisationen u. Einrichtungen: Eigener Arbeitsplatz, Partei, Kirche/ Pfarrzentrum, Feuerwehr, Bürgerzentrum/VHS/Musikschule/Stadtbücherei, Schule/Hochschule, Kindergarten/Hort, Arbeitsstätte (für nicht dort Angestellte), Dienstlich/geschäftlicher Ort
Andere geographische Orte: Ballungsraum, Städte/Großstädte, Zentrum/Innenstadt, Ausflugsort, Kurzreiseziel (Zängler 2000: 216–218).

teil von 24% an allen Zielen in der Freizeit. Damit erweist sich die Freizeitmobilität aus einer weiteren Perspektive als sehr gerichtet auf die im Raum dispers verteilten und individuellen Möglichkeiten und Notwendigkeiten ihrer Gestaltung.

Motive der Freizeitmobilität

Schließt man nun von der Art der Aktivitäten und der Zielorte in der Freizeit sowie von ihrer empirischen Häufigkeit (vgl. Abb. 4) auf konkrete Motive der Freizeitmobilität, ergibt sich folgendes Bild. Es wird dabei unter anderem die Motivklassifikation von Murray (zit. nach Heckhausen 1980: 102) verwendet.

- Bedürfnis nach direktem menschlichem Kontakt, menschlicher Nähe, Sexualität
- Bedürfnis nach sozialem Anschluss und danach, unter Leuten zu sein
- Bedürfnis nach kulturellen und kultischen Handlungen
- Prestige, soziale Anerkennung, Selbstdarstellung
- Tapetenwechsel
- Luxus/Sparsamkeit
- Körperliche Leistung
- Unabhängigkeit
- Fürsorglichkeit
- Leidvermeidung
- Sinnenhaftigkeit
- Wissensdrang
- (...)

Eisner, Lamprecht, Stamm (1993: 41–43) schlagen folgende vier Motivbündel vor, die die Motive der Freizeitmobilität weiterhin grob systematisieren sollen:

1. Zielerreichung (Zielort/-situation steht im Vordergrund),
2. Flucht/Distanzierung (negative(r) Ausgangsort/-situation steht im Vordergrund),
3. expressive Motive (Mobilität wird lediglich Ausdruck für Prestige u. ä.) oder
4. kognitiv-ästhetische Motive (Bewegung selbst wird als wertvoll erlebt).

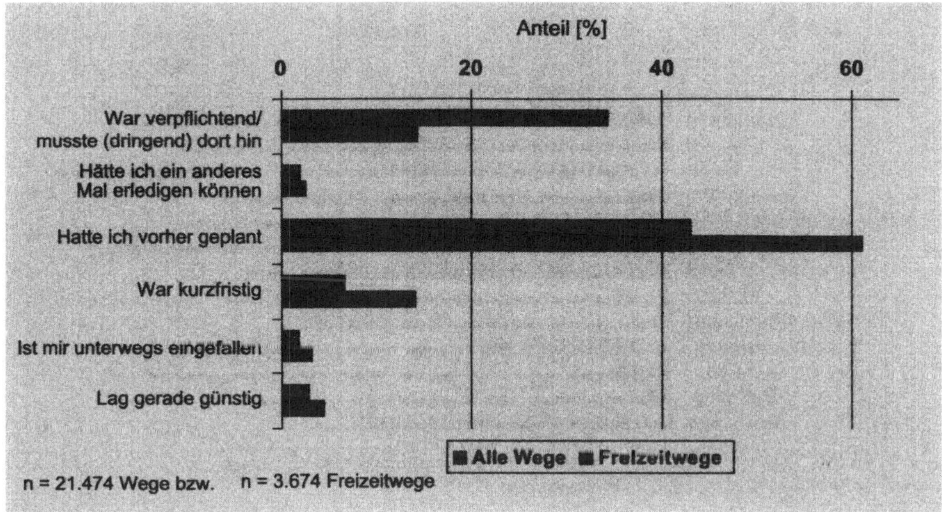

Abb. 5. Subjektive Bewertung von Aktivitäten

Abbildung 5 zeigt, wie die Befragungsteilnehmer die Freizeitaktivitäten subjektiv bewerten. Dabei stellt sich heraus, dass Freizeitaktivitäten erwartungsgemäß im Vergleich zu allen Aktivitäten als weniger dringlich eingestuft werden. Allerdings zeigen die Werte auch, dass man bei der Freizeitmobilität nicht pauschal von Beliebigkeit der Verhaltensgenese sprechen kann. Dann müsste der Anteil der als dringend empfundenen Freizeitaktivitäten marginal sein. Die subjektive Einschätzung der Freizeitaktivitäten nach ihrer zeitlichen Disponibilität (Item: „Hätte ich auch ein anderes Mal erledigen können") zeigt, dass sich Freizeitmobilität offensichtlich nicht *per se* für temporale Verlagerung empfiehlt.

Freizeitmobilität ist nicht per se zeitlich disponibel

Ein überraschendes Bild ergibt sich bei der Frage nach der Spontaneität der Freizeitmobilität. Freizeitaktivitäten übertreffen sogar deutlich den Durchschnitt aller Aktivitäten an Planung (61 %). Der Anteil an kurzfristigen Aktivitäten liegt zwar erwartungsgemäß weit über dem Durchschnitt. Mit einem Anteil von 14 % hat die spontane Freizeitgestaltung jedoch nicht den Stellenwert, der ihr in der Regel beigemessen wird. Das kommt auch in den beiden weiteren Items („Ist mir unterwegs eingefallen" und „Lag gerade günstig") zum Ausdruck.

Freizeitmobilität wird in der Regel geplant

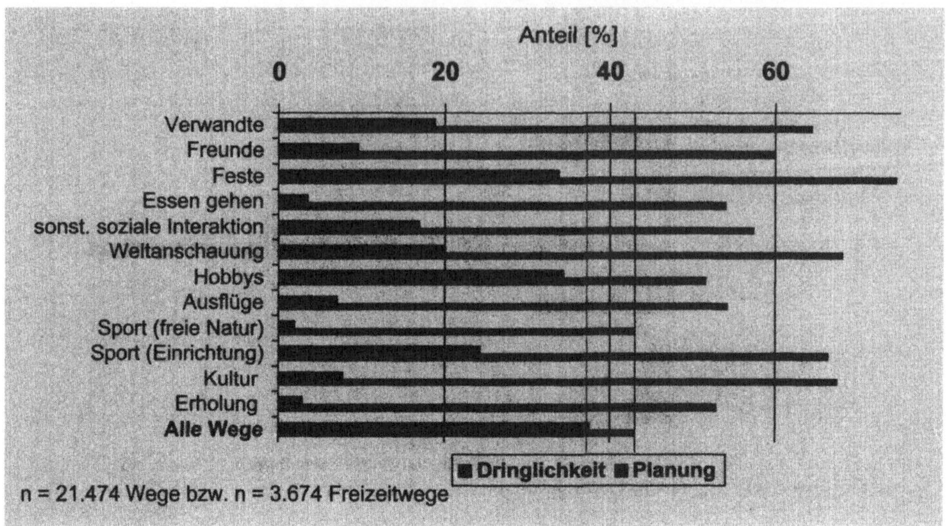

Abb. 6. Subjektive Bewertung von Aktivitäten nach Dringlichkeit bzw. Planung

Analysiert man die subjektive Bewertung der Dringlichkeit bzw. der Planung von Freizeitaktivitäten differenzierter, ergibt sich folgendes Bild: Für jede Aktivitätengruppe wird der Anteil der Wege angegeben, an deren Ziel eine Aktivität durchgeführt wurde, die als dringlich bzw. geplant bewertet wurde (Abb. 6). Auffällig ist hier, dass sich Freizeitaktivitäten hinsichtlich ihrer subjektiven Bewertung sehr stark unterscheiden. Auch hier ist wiederum zu erkennen, dass Aktivitäten, die mit anderen Personen durchgeführt werden, einerseits als dringlicher empfunden werden als Aktivitäten, für die das nicht zutrifft. Die Notwendigkeit zur Absprache von Zeit und Ort sorgt andererseits für einen hohen Planungsanteil. Insgesamt ergibt sich ein Bild, das Freizeitmobilität mit einem hohen Anteil an sozialer Verbindlichkeit darstellt. Freizeitdefinitionen, die Freiheit von sozialen Verpflichtungen voraussetzen, sind aus unserer Sicht daher nicht zielführend, da sie wesentliche Motive für das Freizeitverhalten nicht berücksichtigen. Dies deckt sich mit den Folgerungen von Fastenmeier, Gstalter, Lehnig (Beitrag in diesem Band), die aufgrund ihrer empirischen Ergebnisse ebenfalls die strikte definitorische Trennung von Freizeit und Obligationszeit ablehnen.

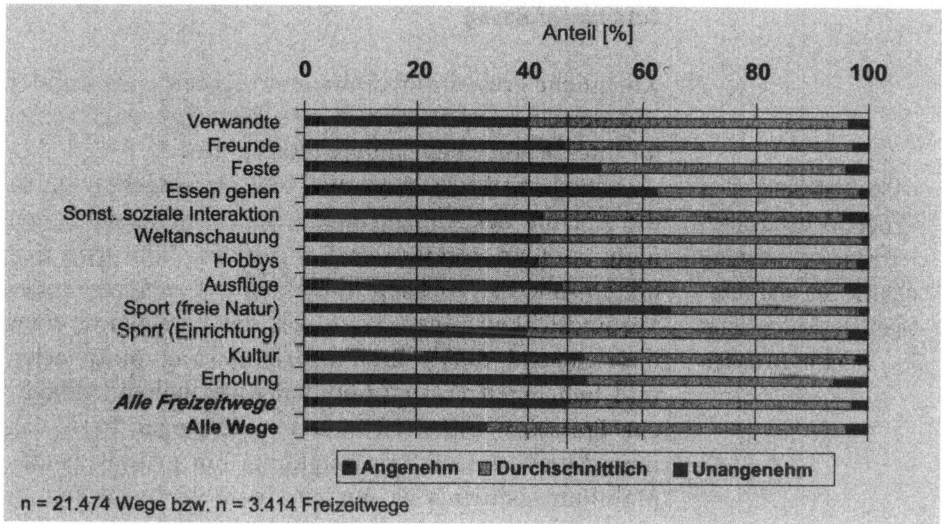

Abb. 7. Subjektive Empfindung von Wegen in der Freizeit

Abbildung 7 zeigt, wie Freizeitwege empfunden werden. Es fällt auf, dass über 50 % der Freizeitwege als höchstens durchschnittlich beurteilt werden. Im Vergleich zu allen Wegen zeigt sich dennoch erwartungsgemäß ein überdurchschnittlich hoher Anteil an angenehmen Wegen[6]. Besonders hoch ist dieser bei „Sport in der freien Natur", weil dort die Bewegung im Raum selbst das (gewollte) Naturerlebnis ist.

Um diese Ergebnisse zu deuten, führen wir die Annahme ein, dass die Annehmlichkeit eines Weges in der Freizeit auch die Bindung an das benutzte Verkehrsmittel begründet. Daraus folgt, dass die Erfahrung von angenehmen Wegen die Bindung an ein Verkehrsmittel verstärkt, während die Erfahrung von unangenehmen Wegen die Bindung an ein Verkehrsmittel schwächt. Die Erwartung eines positiven Eindrucks könnte dann als ein Motiv für die bevorzugte Wahl eines bestimmten Verkehrsmittels in der Freizeit durch eine Person angeführt werden.

Überdurchschnittlich hoher Anteil an angenehmen Wegen

---

6   Bei den angenehmen Wegen ist der größte Anteil nach Verkehrsmitteln absolut im motorisierten Individualverkehr (MIV) bzw. relativ bei den Wegen zu Fuß zu finden. Unangenehme Wege sind über alle Verkehrsmittel selten (Karg, Zängler, Schulze 2000: 107).

Zusammenfassung

Alltägliche Freizeitmobilität dient vorrangig als sozialer Kitt der Gesellschaft. Hinter dem Bedürfnis nach sozialer Interaktion treten andere Motive zurück.

Die Vorstellung einer überwiegend durch Erlebnisorientierung motivierten und beliebigen Freizeitmobilität ist nicht zu halten

Alltägliche Freizeit erweist sich als eingebunden in die Abläufe des Alltags. Sie ist daher im Wesentlichen nicht spontan, sondern vorher geplant. Zählt man den hohen Anteil an sozialen Kontakten mit entsprechender Verbindlichkeit hinzu, lässt sich die Vorstellung einer überwiegend durch Erlebnisorientierung motivierten und beliebigen Freizeitmobilität nicht halten. Alltägliche Freizeitmobilität ist vielmehr heterogen bezüglich ihrer Motive und ihrer Gestaltung. Ein grundlegendes Mobilitätsbedürfnis ist nur zu einem geringen Teil an der Entstehung von Freizeitverkehr beteiligt.

Folgende Inhalte sollten unseres Erachtens in eine Forschungsagenda zur Freizeitmobilität aufgenommen werden:

- Abstimmung der an der Diskussion beteiligten Disziplinen über den Gebrauch der Begriffe.
- Klärung der Zusammensetzung der Motivation des Mobilitätsverhaltens in der Freizeit (intrapersonal).
- Klärung der Abläufe zur Ermöglichung und Organisation der Freizeitmobilität in/zwischen privaten Haushalten und zwischen privaten Haushalten und Anbietern auf dem Freizeitmarkt (interpersonal).
- Klärung des Beitrags der Freizeitmobilität zur Kompensation von Individualisierung und Globalisierung.

Neben diesen auf alle Freizeitsegmente zutreffenden Fragestellungen sehen wir aufgrund unserer Ergebnisse einen besonders wichtigen künftigen Forschungsgegenstand in der Analyse und gegebenenfalls Veränderung der Kontaktmobilität, was auch die neueste Schweizer Studie zum Freizeitverkehr einfordert. „Dabei sind über das Verkehrsverhalten und den Modalsplit keine Untersuchungen[7] bekannt. (...) Mehr als Hypothesen können

---

7 Unsere Beiträge (Zängler 2000: 84–86; Karg, Zängler, Schulze 2000: 95–109) konnten dem Autor bei Berichtlegung noch nicht bekannt gewesen sein.

aber nicht formuliert werden. Bezüglich Verwandten- und Bekanntenbesuche besteht eine speziell große Forschungslücke" (Meier 2000: 102f.).

Literatur

Delhees, K. H. (1975): Motivation und Verhalten. München.

Ehling, M. und von Schweitzer, R. (1991): Zeitbudgeterhebung der amtlichen Statistik: Beiträge zur Arbeitstagung vom 30. April 1991. Wiesbaden.

Eisner, M., Lamprecht, M. und Stamm, H. (1993): Freizeit und Freizeitmobilität in der modernen Gesellschaft. In: U. Fuhrer (Hrsg.): Wohnen mit dem Auto: Ursachen und Gestaltung automobiler Freizeit. Zürich, S. 33–52.

Fuhrer U., Kaiser, F. G. und Steiner, J. (1993): Automobile Freizeit: Ursachen und Auswege aus der Sicht der Wohnpsychologie. In: U. Fuhrer (Hrsg.): Wohnen mit dem Auto: Ursachen und Gestaltung automobiler Freizeit. Zürich, S. 77–93.

Heckhausen, H. (1980): Motivation und Handeln: Lehrbuch der Motivationspsychologie. Berlin.

Höger, R. (1999): Motivation und Verhalten: Psychologische Aspekte der Mobilität. In: M. Nehring und M. Steierwald (Hrsg.): Verhaltensänderung im Verkehr: Restriktionen versus Soft-Policies (Arbeitsbericht Nr. 147 der Akademie für Technikfolgenabschätzung in Baden-Württemberg). Stuttgart, S. 3–12.

Karg, G., Zängler, T. und Schulze, A. (2000): Freizeitmobilität im Alltag. In: ifmo – Institut für Mobilitätsforschung (Hrsg.): Freizeitverkehr: Aktuelle und künftige Herausforderungen und Chancen. Berlin, S. 95–109.

Kroeber-Riel, W. (1996): Konsumentenverhalten. 6. Aufl. München.

Meier, R. (2000): Daten zum Freizeitverkehr: Methodische Analysen und Schätzungen zum Freizeitverkehr (Materialien des NFP 41 „Verkehr und Umwelt", Materialband M19). Bern.

Zängler, T. W. (2000): Mikroanalyse des Mobilitätsverhaltens in Alltag und Freizeit. Berlin.

4 Freizeitverkehr älterer Menschen im Kontext sozialer Motive – Die Studien AEMEÏS und FRAME

Georg Rudinger und Elke Jansen
Zentrum für Evaluation und Methoden, Universität Bonn

Der relative Anteil älterer Menschen an der Gesamtbevölkerung der Bundesrepublik Deutschland nimmt stetig zu (vgl. Rudinger und Kleinemas 1999). 2020 werden die über 60-Jährigen 25 % der Gesamtbevölkerung stellen (Sommer 1994). Der Anteil der Führerscheininhaber(innen) unter den zukünftigen Älteren wird erwartungsgemäß höher sein als heute, so dass der Anteil der Älteren am motorisierten Individualverkehr (MIV) insgesamt ebenfalls steigt (Kaiser 2000). Da das Zeitbudget in der Regel nach der Pensionierung mehr Kapazität für Aktivitäten gerade im Freizeitbereich aufweist und Freizeit in hohem Maße zur Verbesserung der Lebensqualität im Alter beitragen kann (Kolland 2000, Rudinger und Thomae 1993), verdient gerade die Gruppe älterer Verkehrsteilnehmer(innen) bei Analysen und Prognosen des Freizeitverkehrs besondere Berücksichtigung.

> Der Anteil der „Über 60-Jährigen" am motorisierten Individualverkehr steigt. Ihr Mobilitätsverhalten verdient deshalb besondere Berücksichtigung bei der Analyse und Prognose von Freizeitverkehr

Freizeitverkehr entsteht immer dann, wenn eine Freizeitaktivität ausgeübt wird, der nicht innerhalb der Grenzen des eigenen Wohnraums bzw. Grundstücks nachgegangen werden kann. Auch wenn die Freizeitaktivitäten Älterer überwiegend so genannte „Indoor-Aktivitäten" umfassen (Breuss et al. 1994), wie z. B. Fernsehen, Tageszeitung lesen oder Radio hören, gehen Senior(inn)en vielfältig Aktivitäten nach, die außerhäusliche Mobilität bedingen, wie beispielsweise Besuche bei Freunden und Verwandten, Essen oder Spazieren gehen (vgl. BAT 2000).

Aus interaktionistischer Perspektive wird die Entstehung und die Form des Freizeitverkehrs auf den Einfluss von *Personenmerkmalen* (etwa Motiven oder individuellen Mobilitäts- und Freizeitgewohnheiten), aktuellen *situativen Gegebenheiten* sowie *allgemeinen Rahmenbedingungen* zurückgeführt, wie die Verfügbarkeit von freizeit- oder verkehrsbezogenen Wahlmöglichkeiten (Echterhoff 1999). So kann angenommen werden, dass etwa bei der freizeitbezogenen Verkehrsmittelwahl Gewohnheiten und Bedürfnisse ebenso bedeutsam sind wie die aktuellen Witterungsbedingungen und das regionale Verkehrsmittelangebot.

Wenn ein älterer Mensch Essen gehen will, geht er dann zu Fuß, wenn er seinem Körper etwas Gutes tun will, oder nutzt er den Bus, wenn die Haltestelle um die Ecke liegt, oder fährt er mit dem Auto, weil er die meisten Strecken automobil „bewältigt"? Es wird häufig angenommen, dass gerade die Mobilitätsgewohnheiten einen großen Einfluss auf aktuelle – so auch freizeitbezogene – Mobilitätsentscheidungen haben (Jansen 2001).

Im vorliegenden Beitrag werden nach einer einleitenden Betrachtung von Motiven der Freizeit und Freizeitmobilität das aktuelle Mobilitätsverhalten älterer Deutscher und die Veränderungen ihrer Mobilitätsgewohnheiten innerhalb der letzten zehn Jahre beschrieben. Weiterführend wird auf Aspekte sozial motivierter Freizeitmobilität älterer Menschen im Zusammenhang mit der Verkehrsmittelwahl eingegangen. Ein Ausblick auf ein Forschungsvorhaben zum Freizeitverkehr älterer Menschen wird diesen Artikel abrunden.

Motive der Freizeit und Freizeitmobilität

Freizeitaktivitäten und Freizeitmobilität liegen multikausale Motivbündel zugrunde

Im Rahmen traditioneller psychologischer Forschung werden auch im Kontext der Freizeit zwei grundlegende Arten von Motiven oder Bedürfnissen unterschieden: einerseits das Motiv zum Ausgleich eines Mangels (Defizitansatz), wie z. B. eines Mangels an körperlichen Aktivitäten oder sozialen Kontakten, und andererseits das Motiv zur Erweiterung des Erlebens und Handelns (hedonistischer Ansatz) (Echterhoff 1999), beispielsweise das Bedürfnis nach Verbesserung von Sozialkontakten. Dieser Klassifikation, die primär Quantitäten oder interaktionistische Dynamiken berücksichtigt, stehen

Differenzierungen von Motiven zur Seite, die sich auf qualitative oder inhaltliche Aspekte konzentrieren. Diese oft listenförmigen Aufzählungen variieren stark in ihrem Umfang und Abstraktionsgrad (vgl. als Überblick Fastenmeier, Gstalter, Lehnig 2001). Eine umfangreiche, jedoch sehr abstrakte Auflistung findet sich beispielsweise bei Opaschowski (1979), der acht Freizeitmotive unterscheidet, die von Rekreation über Edukation bis hin zur Enkulturation reichen.

Neuere Forschungsansätze gehen davon aus, dass Freizeitaktivitäten und Freizeitmobilität nicht ein einzelnes Motiv, sondern multikausale Motivbündel zugrunde liegen (Echterhoff 1999). Im Projekt ALERT wurden etwa vier freizeitbezogene und mobilitätsrelevante Motivbündel postuliert: „Erregung", „Autonomie", „Natur" und „soziale Motive". Diesen Motivbündeln wurden Einzelmotive und spezifische Freizeitaktivitäten zugeordnet (Fastenmeier, Gstalter, Lehnig 2001). Das soziale Motivbündel, das im Zusammenhang mit der Freizeitmobilität älterer Menschen noch von besonderem Interesse sein wird, umfasst sowohl das Bedürfnis nach Kontakt wie nach Sicherheit und Geborgenheit als auch die so genannte soziale Flucht, d.h. die „Flucht vor Einsamkeit und Langeweile". Freizeitaktivitäten, die diesem Motivbündel zugeordnet werden, reichen von geselligen Zusammenkünften über private Besuche bis hin zu Besuchen von Freizeitparks.

Im Bereich der Mobilitätsforschung findet sich eine grundlegende Unterscheidung zwischen so genannter primärer und sekundärer Mobilität. In motivationstheoretischen Begriffen stellt erstere einen reinen Selbstzweck dar, sie befriedigt das Bedürfnis nach freier Bewegung im Raum. Letztere ist ein Mittel zum Zweck und steht im Dienste der Befriedigung anderer Bedürfnisse, wie beispielsweise besagter Freizeitmotive oder -motivbündel.

Die konkrete Gestaltung der Freizeit ist ebenso wie die Formen des Freizeitverkehrs bei Menschen aller Altersklassen sehr vielfältig. Im Zusammenhang mit mobilitätsauslösenden Motiven bzw. Motivbündeln wurden von Lücking und Meyrat-Schnee (1994; zitiert nach Fastenmeier, Gstalter, Lehnig 2001) verschiedene Arten der Freizeitmobilität unterschieden, wie die *Erholungs-,*

> Sekundäre Mobilität ist ein Mittel zum Zweck und dient u. a. der Befriedigung von Freizeitmotiven ...

Sport-, Erlebnis-, Luxusmobilität und die so genannte *Kontaktmobilität.* Bei der *Erholungsmobilität* steht etwa die Suche nach Entspannung im Vordergrund, bei der *Erlebnismobilität* der Wunsch nach Abwechslung und etwas Neuem (Fastenmeier, Gstalter, Lehnig 2001). Die *Kontaktmobilität* umfasst alle Freizeitwege, die zur Pflege sozialer Kontakte zurückgelegt werden, wie die Besuche von Freunden und Verwandten, oder eine Teilnahme an Aktivitäten und Veranstaltungen, die primär durch den Wunsch nach sozialem Kontakt motiviert ist. Vielfältigen Formen des Freizeitverkehrs können soziale Motive zugrunde liegen. Private Besuchsfahrten sind hierbei diejenigen Segmente des Freizeitverkehrs, die auf der Ebene der Erscheinungsformen, d.h. ohne vertiefende Informationen über die konkrete Motivation der betreffenden Personen, als sozial motivierte Arten des Freizeitverkehrs betrachtet werden können.

Bei der Freizeitmobilität älterer Menschen ist es gerade die durch sozial motivierte Freizeitaktivitäten bedingte Mobilität, der besondere Aufmerksamkeit geschenkt werden sollte. Demographische Prognosen weisen nicht nur auf eine stetige Zunahme der älteren Bevölkerungsgruppen hin, sondern auch auf eine starke Zunahme von Single-Haushalten. So wird davon ausgegangen, dass z.B. im Jahr 2015 70% der Gesamthaushalte 1- bis 2-Personenhaushalte darstellen (Voigt 1996). Aufgrund der längeren Lebenserwartung werden in Zukunft verstärkt ältere Frauen Einpersonenhaushalte unterhalten (Otto 1993). So liegt es nahe, dass die Pflege von Sozialkontakten gerade unter älteren Menschen immer mehr Raumüberwindung notwendig machen und sich dies auch weiterhin in zunehmendem Freizeitverkehr niederschlagen wird.

Mobilitätsverhalten älterer Menschen in Deutschland

Das Mobilitätsverhalten älterer Menschen weist – ähnlich wie in der Gesamtbevölkerung – in den letzten Jahrzehnten generell einen Trend hin zu einer verstärkten „Automobilisierung" auf.

Dies belegt eine große repräsentative Studie, die zum Ende der Jahrtausendwende am Psychologischen Institut der Universität Bonn durchgeführt wurde (Jansen 2001). Im Rahmen des Projektes mit Namen AEMEÏS („_Ae_ltere _M_enschen _i_m _S_traßenverkehr") wurden im Auftrag der Bundesanstalt für Straßenwesen (BASt) über 2000 (n = 2.032) Menschen im Alter von 55 bis 94 Jahren in den neuen und den alten Bundesländern zu ihrem Mobilitätsverhalten sowie mobilitätsrelevanten psychologischen und soziologischen Aspekten wie beispielsweise der Gesundheit und dem sozialen Netz befragt.

Hier zeigte sich, dass gut jede(r) zweite über 55-jährige Deutsche (55 %) unabhängig vom Verkehrs- oder Mobilitätszweck in erster Linie einen Pkw nutzt, sei es als Fahrer(in) oder Beifahrer(in) (Jansen 2001).

Objektive Kenngrößen der Automobilisierung

Diese zunehmende Bedeutung der Automobilität im Mobilitätsverhalten älterer Menschen tritt deutlich zutage, wenn die Ergebnisse der AEMEÏS Studie mit den Befunden einer infas-Erhebung aus den 80er Jahren (Hartenstein et al. 1990) kontrastiert werden. Sie spiegelt sich hierbei nicht nur objektiv im Anstieg der Führerscheinbesitzer in dieser Altersgruppe wider, sondern auch in einer zunehmenden subjektiven Bindung an das Auto. Diese subjektive Bindung zeigt sich in der Überzeugung, etwa Orte der Versorgung oder Freizeitgestaltung, wenn überhaupt, nur mühsam ohne Pkw erreichen zu können.

Auf dem Hintergrund objektiver Kenngrößen der Mobilität zeigt sich, dass heute erheblich mehr Menschen über 55 Jahre mit einem Pkw auf Deutschlands Straßen unterwegs sind als noch vor zehn Jahren – wie in Abb. 1 veranschaulicht. Während Ende der 90er Jahre jede(r) zweite ältere Deutsche einen Führerschein besaß, tat dies zehn Jahren zuvor nur gut jede(r) dritte (90er Jahre: 51 %; 80er Jahre: 37 %).

Obwohl weiterhin unter den älteren Verkehrsteilnehmern häufiger Männer als Frauen Auto fahren, sitzt heute immerhin in jedem dritten Pkw, der von einem Menschen über 55 Jahren gefahren wird, eine Frau am Steuer (90er Jahre: 31 %; 80er Jahre: 22 %). Auch hinsichtlich des Pkw-Besitzes „holen die Frauen auf". Der

Der Anteil der Führerscheinbesitzer an den „Über 55-Jährigen" ist stark gestiegen

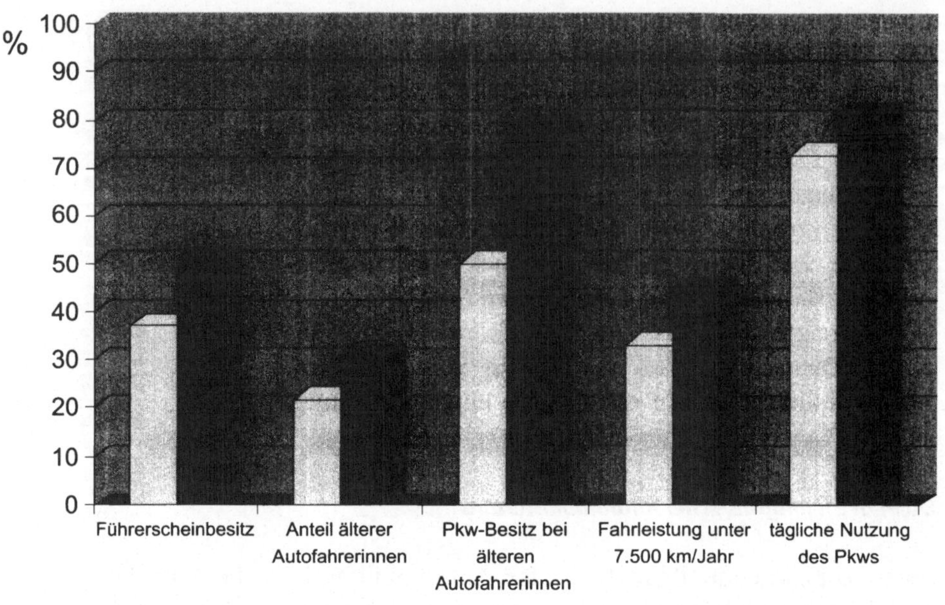

Abb. 1. Veränderungen der automobilen Eckdaten bei älteren Autofahrer/innen innerhalb der letzten 10 Jahre (infas-1986; AEMEÏS-1998)

Pkw-Besitz unter älteren Autofahrerinnen ist von 50 % im Jahr 1986 auf 78 % in den 90er Jahren gestiegen.

Die älteren Autofahrer(innen) sind Ende der 90er Jahre häufiger als vor zehn Jahren mit ihrem Pkw auf deutschen Straßen unterwegs, legen aber in der Regel kürzere Strecken zurück. Acht von zehn älteren Autofahrer(inne)n greifen heute täglich auf ihren Pkw zurück, während dies vor zehn Jahren nur sieben von zehn taten (90er Jahre: 81 %; 80er Jahre: 73 %). Während in den 80er Jahren nur jede(r) dritte ältere Autofahrer(in) weniger als 7.500 km im Jahr mit dem Pkw zurücklegte, liegt der Anteil der „Wenigfahrenden" in den neuen wie den alten Bundesländern heute bei ca. 45 % (80er Jahre: 33 %).

Subjektive Bindung an das Auto

Die Nutzung des ÖPNV ist in dieser Altersgruppe rückläufig

Diese Konzentration auf den Pkw geht einher mit einer sehr geringen Nutzung des öffentlicher Personennahverkehrs (ÖPNV).

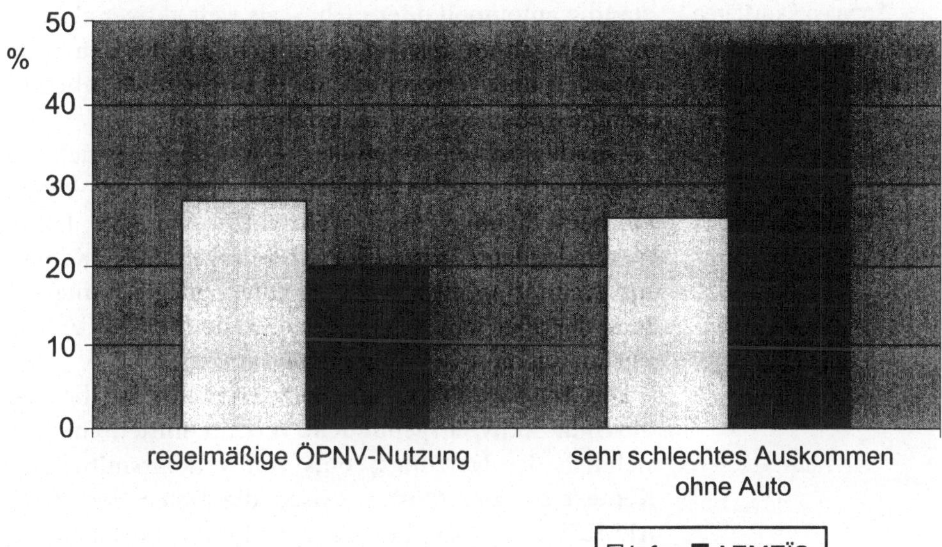

Abb. 2. Veränderungen der ÖPNV-Nutzung und der Bindung an das Auto bei älteren Menschen innerhalb der letzten 10 Jahre (infas – 1986; AEMEÏS - 1998)

Wie in Abb. 2 veranschaulicht, nutzt Ende der 90er Jahre nur gut jede(r) fünfte Ältere regelmäßig Angebote des ÖPNV (90er Jahre: 22%; 80er Jahre: 28%). Heute sind die Hauptnutzer der öffentlichen Verkehrsangebote unabhängig vom Wohnort primär ältere Frauen und diejenigen Älteren beiderlei Geschlechts, die in großstädtischen Regionen angesiedelt sind.

Auch wenn beispielsweise im Rahmen der täglichen Einkäufe ein großer Teil der Mobilität von Älteren Ende der 90er Jahre zu Fuß gestaltet wird, ist es nicht verwunderlich, dass sich immer weniger ältere Menschen vorstellen können, ohne Auto auszukommen. Heute glauben fast die Hälfte (47%) der über 55-jährigen Autofahrer(innen), die alltäglich zu überwindenden Distanzen nur sehr schlecht ohne ein Auto bewältigen zu können, während dies vor zehn Jahren nur jede(r) Vierte (26%) annahm.

Freizeitmobilität älterer Menschen im Kontext sozialer Motive

Im Kontext der Freizeitaktivitäten weisen die Ergebnisse des Projekte AEMEÏS die heutigen Älteren – selbst-

Sozialen Aktivitäten gehen die Älteren heute häufiger nach als noch vor 10 Jahren

ständig automobil oder nicht – als weit aktiver als noch vor zehn Jahren aus, sei es hinsichtlich Besuchen bei Freunden und Verwandten, sei es hinsichtlich abendlichen Ausgehens oder Urlaubsfahrten.

Gerade sozialen Aktivitäten – wie dem Besuch von Freunden (F) und Verwandten (V) – gehen die Älteren von heute häufiger nach. Während in den 80er Jahren maximal jede(r) Dritte (F/V: 31 %) regelmäßig Kontakt mit Freund(inn)en und Verwandten pflegte, unterhält Ende der 90er Jahre gut jede(r) Zweite (F:55 %, V:51 %) regelmäßig diese Sozialkontakte (Jansen 2001).

Die Art bzw. Form des Freizeitverkehrs ist bedingt durch die aktivitätsgebundene Verkehrsmittelwahl. Hinsichtlich des Nutzungsprofils von Verkehrsmitteln im Kontext sozialer Motive weisen die Daten der Studie AEMEÏS auf freizeitbezogene Mobilitätsmuster älterer Menschen hin.

Besuche bei Familienangehörigen

Besuche bei Familienangehörigen erfolgen meist mit dem Auto

Beim Besuch von Familienangehörigen stellt sich bei allen über 54-Jährigen neben dem Zu-Fuß-Gehen das Auto als Mittel der Wahl heraus: Insgesamt greift bei Verwandtenbesuchen gut jede(r) zweite Ältere auf einen Pkw zurück, sei es, indem er/sie selbst fährt (42,5 %), oder indem er/sie sich mitnehmen lässt (12,0 %). Jede(r) Dritte geht jedoch zu Fuß (31,9 %).

Je nachdem, ob ein älterer Mensch sich (noch) selbst hinter das Steuer eines Pkw setzt oder bei der Nutzung eines Automobils auf Mitfahrgelegenheiten angewiesen ist, zeigen sich durchaus unterschiedliche Ausprägungen automobiler Präferenzen. Wie in Abb. 3 veranschaulicht, besuchen ältere Autofahrer(innen) ihre Verwandten überwiegend, indem sie sich selbst an das Steuer setzen (75,8 %).

Kein anderes Fortbewegungsmittel wird in diesem Zusammenhang auch nur annähernd so häufig genutzt. Mit zunehmendem Alter werden für die noch selbstständig automobilen Älteren Mitfahrgelegenheiten attraktiver. Über 74-jährige Autofahrer(innen) greifen bei Verwandtenbesuchen seltener auf den eigenen Pkw (68,5 %) zurück und lassen sich dafür deutlich häufiger

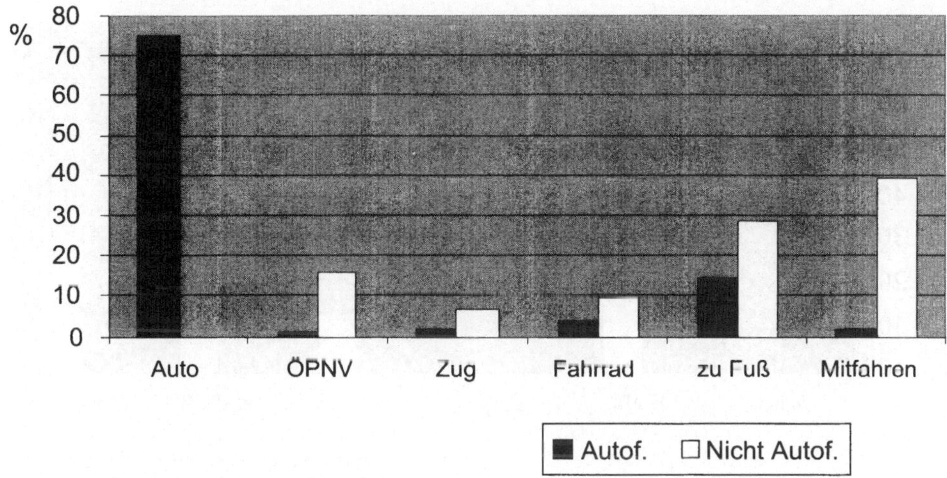

Abb. 3. Verkehrsmittelwahl bei Verwandtenbesuchen (AEMEÏS) – Autofahrer/innen (n = 1.220) vs. Nicht-Autofahrer/innen (n = 725)

als die jüngeren von anderen im Pkw mitnehmen (10,5 %). Nicht mehr selbstfahrende Personen greifen, wenn sie Familienmitglieder besuchen, stärker auf Mitfahrgelegenheiten zurück (39 %) als auf öffentliche Verkehrsangebote (ÖPNV: 15,6 %, Bahn: 6,8 %) oder nicht motorisierte Fortbewegungsarten (Zu-Fuß-Gehen: 28,3 %).

Besuche bei Freunden oder Bekannten

Auch beim Besuch von Freunden oder Bekannten werden anfallende Distanzen von älteren Deutschen ebenfalls *en gros* automobil bewältigt. Gut jede(r) vierte über 54-Jährige (27,7 %) geht bei dieser Gelegenheit jedoch am liebsten zu Fuß.

Wie in Abb. 4 veranschaulicht, zeigt sich hier bei differenzierter Betrachtung ein wesentlicher Unterschied zur Verkehrsmittelwahl Älterer im Kontext der Verwandtenbesuche. Bei der Pflege ihre Kontakte zu Freund(inn)en oder Bekannten gehen nicht (mehr) selbstständig automobile Ältere in erster Linie zu Fuß (41,0 %). Erst an zweiter Stelle rangiert die Nutzung von Mitfahrgelegenheiten (25,7 %). Die Präferenzen dieser beiden Fortbewegungsarten verhalten sich bei älteren Nicht-Autofahrer(inne)n je nachdem, ob Familienmit-

Eine differenziertere Verkehrsmittelwahl erfolgt anlässlich von Besuchen bei Freunden/ Bekannten ...

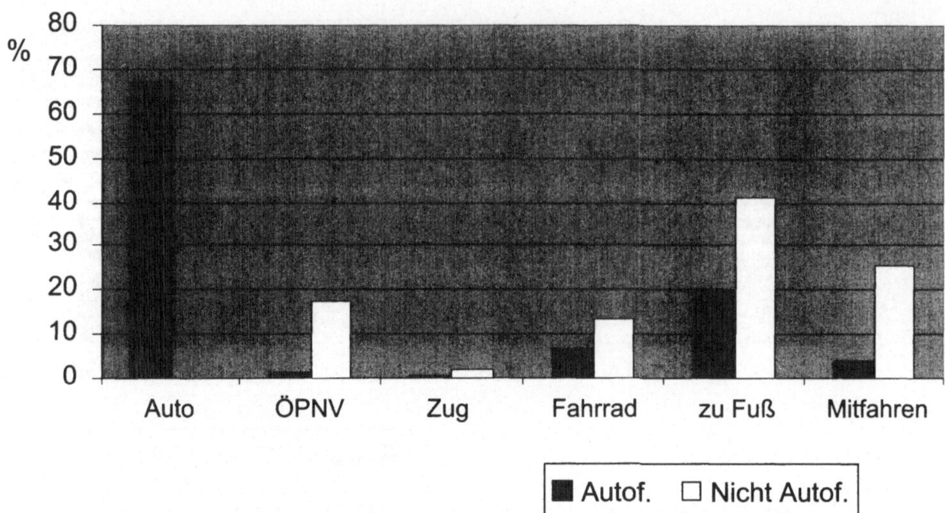

Abb. 4. Verkehrsmittelwahl bei Besuchen von Freunden und Bekannten (AEMEÏS) – Autofahrer/innen (n = 1.214) vs. Nicht-Autofahrer/innen (n = 709)

glieder oder Freunde und Bekannte besucht werden sollen, spiegelbildlich zueinander.

Eine zentrale Ursache hierfür kann in der *räumlichen Struktur des sozialen Netzes* gesehen werden. Bei gut zwei Dritteln der über 55-jährigen Befragten ist der beste Freund bzw. die beste Freundin in der näheren Umgebung wohnhaft (unter 10 km Entfernung). Nur bei 7 % liegt die zu überbrückende Distanz bei über 50 km. Die Verwandten wohnen etwas weiter verstreut. Fast 20 % der Verwandten, mit denen der intensivste Kontakt gepflegt wird, leben über 50 km vom Wohnort der Befragten entfernt. Es scheint so, dass auch im Alter Freundschaften eher wohnortnah geschlossen oder aufrechterhalten werden, wohingegen das soziale Netz der Verwandtschaftsbeziehungen „von Natur aus" mehr oder weniger dispers angelegt ist.

Beim Besuch von Freund(inne)n und Bekannten nimmt – anders als bei Verwandtenbesuchen – mit zunehmendem Alter die Nutzung des eigenen Pkw nicht kontinuierlich ab. Das Auto wird hier nicht von den jüngsten (54- bis 64-Jährige: 65,8 %), sondern von der mittleren Altersgruppe der (noch) selbstständig automobilen Älteren am häufigsten benutzt (65- bis 74-

Jährige: 71,9%). Bei den jüngsten Alten ist der Anteil derjenigen Personen, die zu Fuß gehen, um Freunde und Bekannte zu besuchen, erstmals bei den Autofahrer(inne)n größer als bei den Nicht-Autofahrer(inne)n.

Freizeitmobilität mit unspezifischer Motivstruktur

Ein ähnliches Bild zeigt sich auch beim „abendlichen Ausgehen", in dessen Mittelpunkt häufig soziale Aspekte des Miteinanders stehen: Auch hier sind es die 65- bis 74-jährigen Autofahrer(innen), die am stärksten zum Anwachsen des automobilen Freizeitverkehrs beitragen. Darüber hinaus zeigt sich bei allen Älteren, die nicht (mehr) selbstständig automobil sind, ein weit stärkerer Rückgriff auf den ÖPNV und eine ausgeprägtere Gewohnheit zu Fuß zu gehen als bei ihren autofahrenden Altersgenossen.

... und beim „abendlichen" Ausgehen

Mögliche Ursachen freizeitbezogener Mobilitätsmuster älterer Menschen

Bei der Erklärung dieser Unterschiede könnte der Radius der üblichen Freizeitaktivitäten ebenso bedeutsam sein wie die mentale Landkarte der Mobilitäts- oder Verkehrsmöglichkeiten, d.h. etwa die subjektive Einschätzung der Zielerreichbarkeit mithilfe verschiedener Fortbewegungsarten.

Vorteil des automobilen Mobilitätsradius ...

Es wäre möglich, dass automobile Ältere aufgrund des ihnen zur Verfügung stehenden größeren Mobilitätsradius Affinitäten zu Kinos, Restaurants, Schwimmbädern oder Tanzlokalen entwickeln, die in größeren Entfernungen zur eigenen Wohnung angesiedelt sind. Hier ist jedoch die Wirkrichtung unklar: Führt ein potentiell größerer, da automobiler Mobilitätsradius zu einem „ausladenderen" Netz freizeitbezogener Standorte, oder forcieren weitere Distanzen eine automobil ausgerichtete Freizeitmobilität?

Es wäre jedoch auch Folgendes denkbar: Obwohl der Ort einer Abendveranstaltung z.B. mit dem Bus oder zu Fuß ebenso gut wie mit dem Pkw zu erreichen ist, kann ein Mensch sich für die erprobte Fortbewegungsart entscheiden, da eine Alternative für ihn subjektiv gar nicht präsent ist. Die AEMEÏS-Erhebung zeigte, dass Ältere, die (noch) selbstständig Auto fahren, die Möglichkeiten, alltägliche Dinge zu Fuß oder per Bus oder Bahn erledigen zu können, weit schlechter einschätzen als Nicht-Autofahrer(innen) (Jansen 2001). Dies könnte darauf zurückzuführen sein, dass Nicht-Autofahrer(innen) häufiger als Autofahrer(innen) „gezwungen" sind, ihre Erledigungen ohne Pkw zu machen, und sich so eine andere Landkarte „ergangen" oder via ÖPNV „erfahren" haben. Im Gegensatz dazu könnten ältere Autofahrer(innen) die Erreichbarkeit von Freizeitzielen ebenso wie von alltäglichen Versorgungsstätten zu Fuß oder via ÖPNV-Angebote möglicherweise unterschätzen.

Es bleibt jedoch festzuhalten, dass Freizeitverkehr bei älteren Menschen – ähnlich wie in der Gesamtbevölkerung – vermehrt automobilen Verkehr meint, auch wenn bei nicht selbstständig automobilen Älteren – je nach Art der Freizeittätigkeit und der zu überwindenden Distanz – auch nichtautomobiler Verkehr induziert wird.

Das Auto als Freizeitmobil der Älteren?

Automobile Präferenzen zeigten sich in der Studie AEMEÏS auch in Freizeitbereichen, die nicht primär mit sozialen Motiven assoziiert sind: Jede(r) zweite über 55-Jährige (50%) unternimmt häufig Ausflugsfahrten mit dem Pkw. 42% der Älteren fahren häufig mit dem Auto zu Veranstaltungen. 35% der befragten Personen fahren mit dem Pkw in den Urlaub, wobei die Anzahl der regelmäßigen Urlaube in den letzten zehn Jahren zugenommen hat. Ende der 90er Jahre fährt in den neuen wie den alten Bundesländern gut jede(r) zweite über 55-Jährige regelmäßig in den Urlaub.

Ob die außerhäuslichen Freizeitaktivitäten älterer Menschen nun primär sozial motiviert sind oder ihnen der Wunsch nach Erholung oder Abwechslung zugrunde liegt, sie werden wohl auch in den nächsten Jahrzehnten den Freizeitverkehr wachsen lassen und formen.

Freizeitverkehr älterer Menschen – Ein Ausblick

Bereits seit über zwanzig Jahren befasst sich die Gerontologie mit dem Thema „Freizeit". Anfänglich stand die Deskription von Freizeitverhalten älterer Menschen wie z.B. ihre Kontakte mit anderen im Vordergrund (Schmitz-Scherzer 1975). In der neuen gerontologischen Forschung wird die eigenständige Dimension der Altersfreizeit hervorgehoben (Kleiber und Ray 1993, Tokarski 1989). Durch eine den Bedürfnissen entsprechende Freizeitgestaltung schöpft der ältere Mensch die Möglichkeiten für ein sinnerfülltes und zufriedenes Leben aus und verbessert dadurch aktiv seine Lebensqualität (Kolland 2000).

Im Rahmen der Mobilitätsforschung fand die Zielgruppe älterer Menschen unter der Perspektive ihrer Sicherheit (Emsbach und Friedel 1999, Tränkle 1994) und des Erhalts der Mobilität als Basis einer aktiven und unabhängigen Lebensführung in den 90er Jahren auf nationaler wie internationaler Ebene mehr Beachtung (BMFSFJ 2001, Mollenkopf, Marcellini, Ruoppila 1997, Tacken et al. 1999). Dagegen wurde älteren Menschen bislang im verkehrswissenschaftlichen Forschungsschwerpunkt „Freizeitverkehr" nur wenig Aufmerksamkeit geschenkt.

Diesem Thema widmet sich das interdisziplinäre Forschungsteam des Projekts FRAME (<u>F</u>reizeitmobilität <u>ae</u>lterer <u>M</u>enschen) unter Leitung des Zentrum für Evaluation und Methoden der Universität Bonn (ZEM). Hier wird der Frage nachgegangen, wie das aktuelle Mobilitätsverhalten älterer Menschen in Verbindung mit einer breiten Palette an außerhäuslichen Freizeitaktivitäten aussieht, durch welche Faktoren die zugrunde liegenden Mobilitätsentscheidungen beeinflusst werden und mit welchen Problemen sich Senior(inn)en bei der Realisation ihrer Freizeitwünsche konfrontiert sehen. Die Grundlage für entsprechende Analysen bietet eine repräsentative Haushaltsbefragung bei 4.500 Menschen ab 60 Jahren aus drei raumstrukturell unterschiedlichen Regionen. Aufgrund der großen Spannbreite der außerhäuslichen Freizeitaktivitäten, die im Rahmen der Befragung thematisiert werden, ist durch das Projekt

FRAME ein Beitrag zur Spezifikation der Quantität und Form der verschiedenen Arten des Freizeitverkehrs zu erwarten. Es werden insgesamt zwanzig verschiedene Freizeitaktivitäten zur Einschätzung angeboten, etwa hinsichtlich der Häufigkeit ihres Ausübens innerhalb der letzten zwölf Monate, des präferierten Zielortes und der mit der Distanzüberwindung verbundenen Verkehrsmittelwahl. Sie reichen von Spaziergängen und Ausflügen mit dem Auto (*Erholungsmobilität*) über das aktive Sporttreiben und den Besuch von Sportveranstaltungen (*Sportmobilität*), den Besuch von kulturellen Veranstaltungen, Essen und Tanzen gehen (*Erlebnismobilität*) bis hin zu den Besuchen von Freunden, Verwandten und Seniorentreffs (*Kontaktmobilität*). Die Ergebnisse dieser Befragung werden im Herbst 2002 vorliegen.

Literatur

BAT-Freizeit-Forschungsinstitut GmbH (2000): Freizeit-Monitor 2000. Daten zur Freizeitforschung – Repräsentativbefragung in Deutschland. Hamburg.

BMFSFJ (Hrsg.) (2001): Dritter Bericht zur Lage der älteren Generation in der Bundesrepublik Deutschland: Alter und Gesellschaft. [WWW document]. URL: www.bmfsfj.de/top/sonstige/Aktuelles/ix4748_27124.htm

Breuss, E., Dienstl, M., Gruber, K. et al. (1994): Freizeit, Bildung und Selbsthilfe im Alter. In: Ch. Kliepera, A. Schabmann, A. Al-Roubaie et al. (Hrsg.): Psychosoziale Probleme im Alter. Wien, S. 185–198.

Echterhoff, W. (1999): Motive der Freizeitmobilität. In: U. Brannolte, K. Axhausen, H.-L. Dienel et al. (Hrsg.): Freizeitverkehr. Innovative Ansätze und Lösungsansätze in einem multidisziplinären Handlungsfeld. Dokumentation eines interdisziplinären Workshops des BMBF. Berlin, S. 89–98.

Emsbach, M. und Friedel, B. (1999): Unfälle älterer Kraftfahrer. In: Zeitschrift für Gerontologie und Geriatrie, Bd. 32, S. 318–325.

Fastenmeier, W., Gstalter, H., Lehnig, U. (2001): Erklärungsansätze zur Freizeitmobilität und Handlungskonzepte zu deren Beeinflussung. Unveröffentlichter Forschungsbericht des Instituts für Angewandte Psychologie, Mensch-Verkehr-Umwelt, München.

Hartenstein, W., Schulz-Heising, J., Bergmann-Gries, J. et al. (1990): Lebenssituation, Einstellung und Verhalten älterer Autofahrer und Autofahrerinnen. In: Schriftenreihe der Bundesanstalt für Straßenwesen, Reihe Unfall- und Sicherheitsforschung Straßenverkehr, Heft 79.

Jansen, E. (2001): Ältere Menschen im künftigen Sicherheitssystem Straße/Fahrzeug/Mensch. In: Schriftenreihe der Bundesanstalt für Straßenwesen. Mensch und Sicherheit, Heft M 134.

Kaiser, H. J. (2000): Mobilität und Verkehr. In. H.-W. Wahl und C. Tesch-Römer (Hrsg.): Angewandte Gerontologie in Schlüsselbegriffen. Stuttgart, S. 261–268.

Kleiber, D. A. und Ray, R. O. (1993): Leisure and Generativity. In: J. R. Kelly (Hrsg.): Activity and Aging. London, S. 100–125.

Kolland, F. (2000): Freizeit. In. H.-W. Wahl und und C. Tesch-Römer (Hrsg.): Angewandte Gerontologie in Schlüsselbegriffen. Stuttgart, S. 178–183.

Mollenkopf, H., Marcellini, F., Ruoppila, I. (1997): Keeping the Elderly Mobile – A Comparative European Research Project on the Mobility of Elderly Citizens. In: H. Mollenkopf und F. Marcellini (Hrsg.): The Outdoor Mobility of Older People – Technological Support and Future Possibilities. European Commission, COST A5. Luxembourg: Office for Official Publications of the EC, S. 7–19.

Opaschowski, H. W. (1979): Einführung in die freizeitkulturelle Breitenarbeit. Methoden und Modelle der Animation. Bad Heilbrunn.

Otto, J. (1993): Die älter werdende Gesellschaft. Bundesministerium für Bevölkerungsforschung. Materialien zur Bevölkerungswissenschaft, Heft 80. Bonn.

Rudinger, G. und Kleinemas, U. (1999): Germany. In: J. J. F. Schroots, R. Fernandez Ballesteros und G. Rudinger (Hrsg.): Aging in Europe. IOS Press, S. 49–63.

Rudinger, G. und Thomae, H. (1993): The Bonn Longitudinal Study of Aging: Coping, Life Adjustment, and Life Satisfaction. In: P. B. Baltes und M. M. Baltes (Hrsg.): Successful Aging: Perspectives from Behavioural Science. Cambridge, S. 265–295.

Schmitz-Scherzer, R. (1975): Alter und Freizeit. Stuttgart.

Sommer, B. (1994): Entwicklung der Bevölkerung bis 2040. Ergebnis der achten koordinierten Bevölkerungsvorausberechnung. In: Wirtschaft und Statistik, Heft 7, S. 497–503.

Tacken, M., Marcellini, F., Mollenkopf, H. et al. (Hrsg.) (1999): Keeping the Elderly Mobile. Outdoor Mobility of the Elderly: Problems and Solutions. The Netherlands TRAIL Research School Conference Proceedings Series P99/1. Delft.

Tokarski, W. (1989): Freizeit und Lebensstile älterer Menschen. Kasseler Gerontologische Schriften, Bd. 10. Kassel.

Tränkle, U. (1994) *(Hrsg.)*: Autofahren im Alter. Bonn.

Voit, H. (1996): Entwicklung der Privathaushalte bis 2015. Ergebnis der Haushaltsvorausberechnung. In: Wirtschaft und Statistik, Heft 9, S. 90–96.

5 Konsum oder Kontrast? Freizeitverkehr als Beziehung zwischen urbanen und ländlichen Räumen

Hans-Peter Meier-Dallach
Institut Cultur Prospektiv, Zürich

Die Tourismusforschung konzentriert sich auf die Bedürfnisse erholungssuchender Menschen aus Ballungszentren. Der folgende Beitrag sucht hinter den Freizeitverkehrsströmen die Bezüge der Menschen zu ihrem jeweiligen Raum. Freizeitverkehr beschreibt eine Beziehung zwischen Räumen, dem Quell- und dem Destinationsraum. Im Folgenden werden die Spannungen aufgezeigt, die entstehen, wenn Menschen an einem Ort Freizeitkonsum suchen, der für die ansässige Bevölkerung ein Heimatraum ist. Schwerpunkt der Untersuchung ist der Schweizer Alpenraum.

Zwischen Konsumparadies und Heimat

In den letzten Jahren hat sich der Freizeitverkehrsstrom von den Ballungsräumen der Städte in die Feriengebiete der Alpen verändert. Freizeit wird heute stärker als früher durch Marktstrategien angeboten und verkauft. Fast alle Regionen der Schweiz haben in den letzten Jahren Marketing-Konzepte lanciert, um im wachsenden Konkurrenzdruck des internationalen Wettbewerbs als attraktiver Markt zu bestehen. In den Zielgebieten entstehen Spannungen zwischen Freizeitgruppen und der einheimischen Gesellschaft. Diese Spannungen werden in der Forschung bislang kaum berücksichtigt und bilden den Schwerpunkt der im Folgenden dargestellten Untersuchung.

Consumer's paradise. Freizeitverkehr ist ein Markt, der durch ständig veränderte Bedürfnisse und sich differenzierende Angebote angetrieben wird. Ihm liegt als

Freizeit im Fokus des Marketing

Landschaft als Oberfläche für Angebote und Attraktionspunkte

Menschenbild das utilitär orientierte Individuum zugrunde. Grenzen, die im Freizeitereignis überschritten, Räume, die durchfahren oder bereist werden, spielen in den Augen der Reisenden und der profitierenden Zielorte nur eine geringe Rolle. Sie sind – in der Schweiz in Täler gelegene – Korridore und kennen nur die Schattenseiten des Freizeitverkehrs zwischen Quelle und Destination in Form von Immissionen und Abwertung des Gebiets. Zielorte hingegen definieren sich als Erreichbarkeit von Attraktionspunkten. Im Rückblick auf die Debatte im Institut für Mobilitätsforschung kann man diesen „enträumlichten" Ansatz als „Amerika-Modell" bezeichnen, wie es Scheuch (2000) nicht ohne Ironie dargestellt hat.

Der Konkurrenzdruck zwischen den verschiedenen Regionen im Alpenraum hat das „consumer's paradise" forciert und, wie das Marketing Management betont, erzwungen. Landschaften werden zu Oberflächen von Angeboten und Attraktionspunkten, was am besten und anschaulichsten in Werbebildern sichtbar wird.

Landschaft ist aber auch Wohnraum

Home space. Die Zielräume sind aber – wie die Korridore – zugleich Wohnräume für Menschen. Der Freizeitverkehr schafft Beziehungen zwischen Menschen aus dem Ballungsraum und der Einwohnerschaft in ländlichen Zielgebieten. Freizeitverkehr ist eine Verflechtung, die harmonisch oder disharmonisch wahrgenommen werden kann. Das Marktgeschehen ist eine „Oberfläche", die wichtig ist, aber nur die Spitze des Eisbergs erfasst. Was dem flüchtigen Besucher entgehen kann: Unter dieser Oberfläche lebt eine Bevölkerung mit einer Bindung an den Ort und einer lokalen Identität. Dieses Raumverständnis wurde durch Hoggart (2000) dem Reisen pointiert zugrunde gelegt: als Plädoyer für ein „Kultureuropa". Er bezweifelt, dass man im Stil der Busvisite zu Kulturdenkmälern, wie sie heute angeboten wird, Kontraste zwischen Kulturen überhaupt erleben kann.

Touristischer Zielraum vs. Ort für lokale Identifikation

Lokale Bindung und Eigenständigkeit. Die Einwohner fühlen sich im touristischen Zielraum daheim, unter sich, und sie möchten dort bleiben. Die Bindung an den Ort, die lokale Identifikation, bleibt auch heute, in Zeiten der Mobilität, wichtig. Wir haben entlang einer der

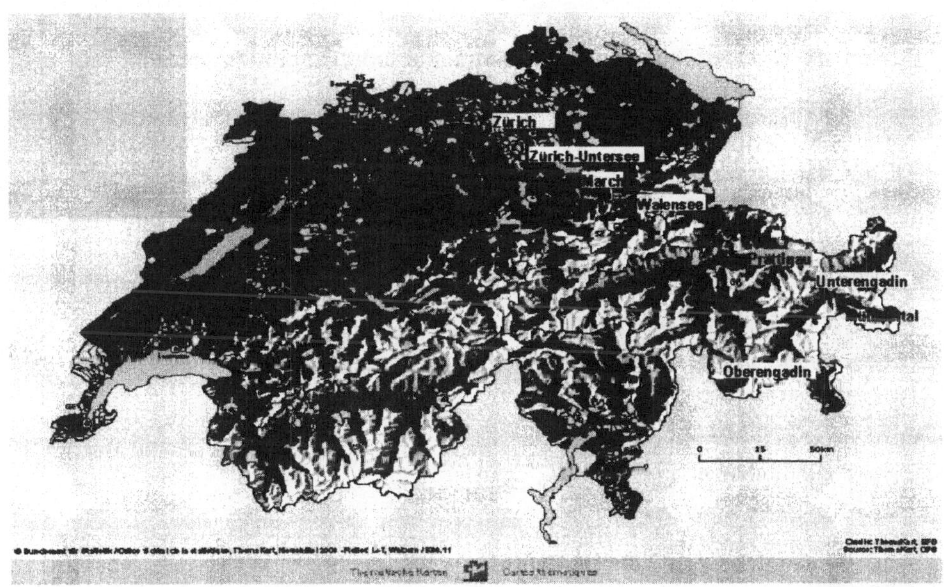

Abb. 1. Die südöstliche Achse der Freizeitmobilität vom Quellraum Zürich in den Zielraum des Engadins

wichtigsten Freizeitmobilitätsrouten in der Schweiz die lokale Identifikation der 20-Jährigen anhand eines aktuellen Datensatzes untersucht. Diese Route führt vom Ballungsraum Zürich durch die agglomerisierten Gemeinden des unteren Zürichseeufers, des Obersees und der March in die Talschaft Walensee-Sarganserland und von dort durch das Prättigau ins Unterengadin und ins Oberengadin (Abb. 1). Diese Route ist besonders interessant, weil durch die Eröffnung des Vereinatunnels vor zwei Jahren für den öffentlichen Personennahverkehr (ÖPNV) wie für den motorisierten Individualverkehr (MIV) eine markante Erschließungsverbesserung der großen touristischen Angebotsarena im südöstlichen Teil der Hochtäler des Engadins erfolgte.

Die lokale Identifikation der 20-jährigen Bewohner ist in den folgenden Darstellungen (Abb. 2) anhand einfacher Indikatoren entlang dieser Route dargestellt. Es zeigt sich durchgehend ein U-förmiges Muster. Im Ballungsraum Zürich und in den urbanisierten Tourismusgebieten des Oberengadins sind die lokalen Identitäten am tiefsten. Schon am oberen Zürichsee und in der March zeigen die Indikatoren demgegenüber eine stär-

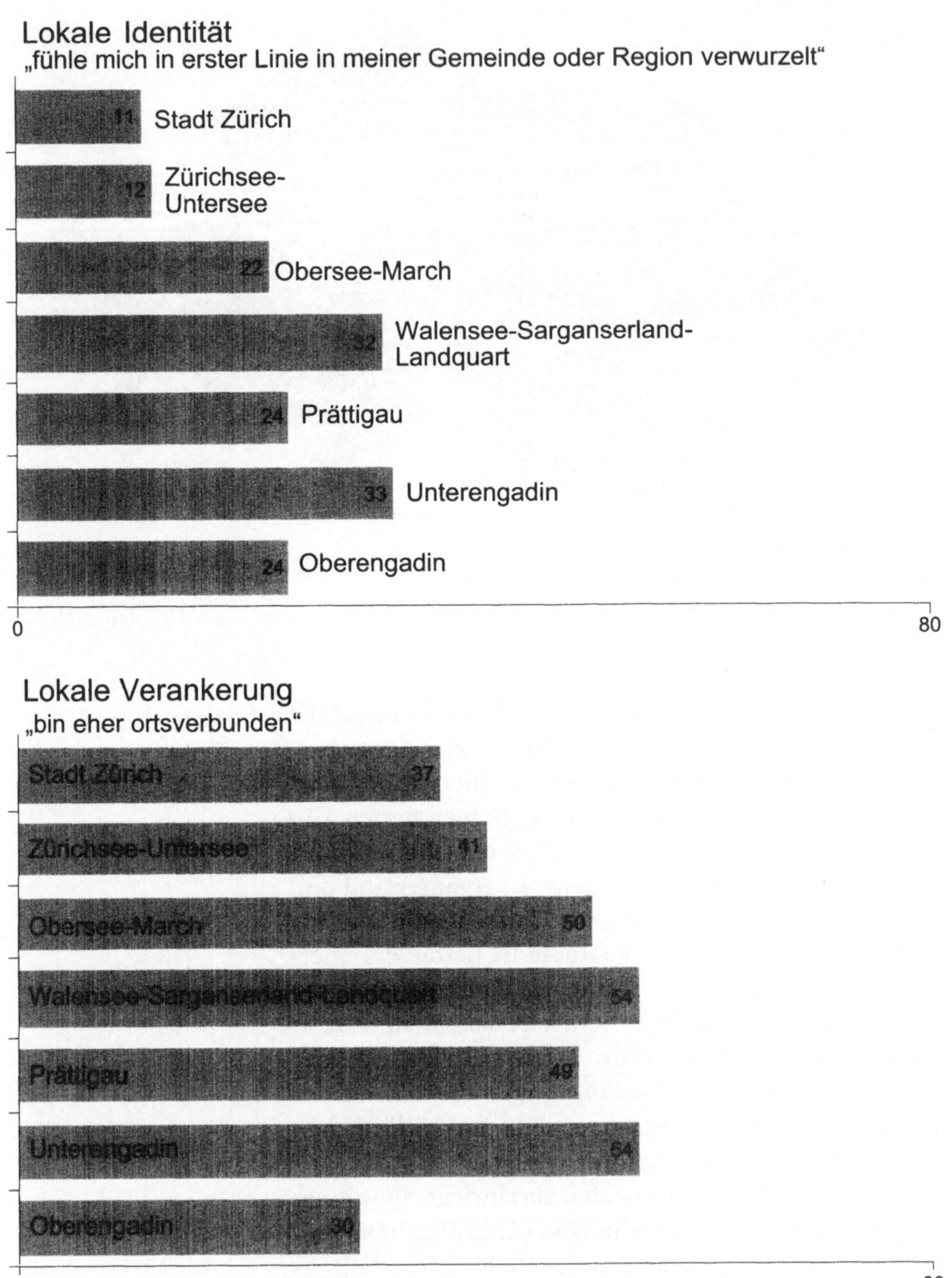

Abb. 2. Die Route zwischen Zürich und Oberengadin nach Indikatoren der lokal-regionalen Identifikation (Quelle: ch-x Jugendbefragung, cultur prospectiv 2000)

kere lokale Identifikation an. Dem entspricht, dass bereits Reisende in der beginnenden Neuzeit die Grenze zum Walensee (See der „Welschen") landschaftlich wie kulturell als Zäsur beschrieben[1]. In dieser Talschaft ist die lokale Identifikation denn auch heute stark ausgeprägt. Ebenso stark sind die lokalen Bindungen im Prättigau, das via Vereina mit dem Unterengadin verbunden ist. Bemerkenswert hoch sind die lokalen Identifikationen außerdem im Unterengadin, einer Tourismusrandregion. Im Zentrum für Tourismus, im Oberengadin, hingegen sinken die Identifikationswerte der jugendlichen Bevölkerung abrupt ab.

Die Regionen Walensee-Sarganserland, touristisch als Marketingraum „Heidiland" bekannt, das Prättigau und besonders das Unterengadin möchten in der Zukunft ihre kulturelle Eigenständigkeit verstärken. Alle drei Regionen sind Tourismusperipherien, d.h. Gebiete mit starker touristischer Ausrichtung, aber einer zugleich ortsverhafteten Bevölkerung, die ihre Lebensoptionen auch auf andere Sektoren ausrichtet, besonders auf das Gewerbe, die Industrie und die Landwirtschaft.

Tourismuszentren und –peripherien. Tourismus ist nicht gleich Tourismus. Wird eine Region oder ein Ort zu einem Tourismuszentrum, einer Monokultur, verändern sich die Lebensperspektiven und -haltungen der Bevölkerung. Gesamtschweizerisch zeigt sich dies im Entwicklungswunsch der 20-Jährigen für ihren Ort in der Zukunft. In der Tourismusperipherie will man in erster Linie die Eigenständigkeit wahren, während in den Tourismuszentren der Schutz der Landschaft an erste Stelle rückt (Abb. 3). In der Tourismusperipherie wahrt die einheimische Bevölkerung die Perspektive, selbstständig zu bleiben und unabhängig von den Außeninteressen über die wichtigsten Domänen des Gemeinwesens entscheiden zu können.

In der Tourismusperipherie will man nicht nur landschaftlicher, sondern sozialer Kontrastraum bleiben.

Tourismuszentrum vs. Tourismusperipherie

---

1   „Walenstadter See, tief, hellgrün, Großartigkeit der Gebirgsnatur, fast senkrechte Felswände, von den nackten Hörnern der sieben Kurfirsten überragt" sind Stichworte, mit denen im Baedeker landschaftliche Kontraste eines Gebiets hervorgehoben werden (Baedeker 1901: 55).

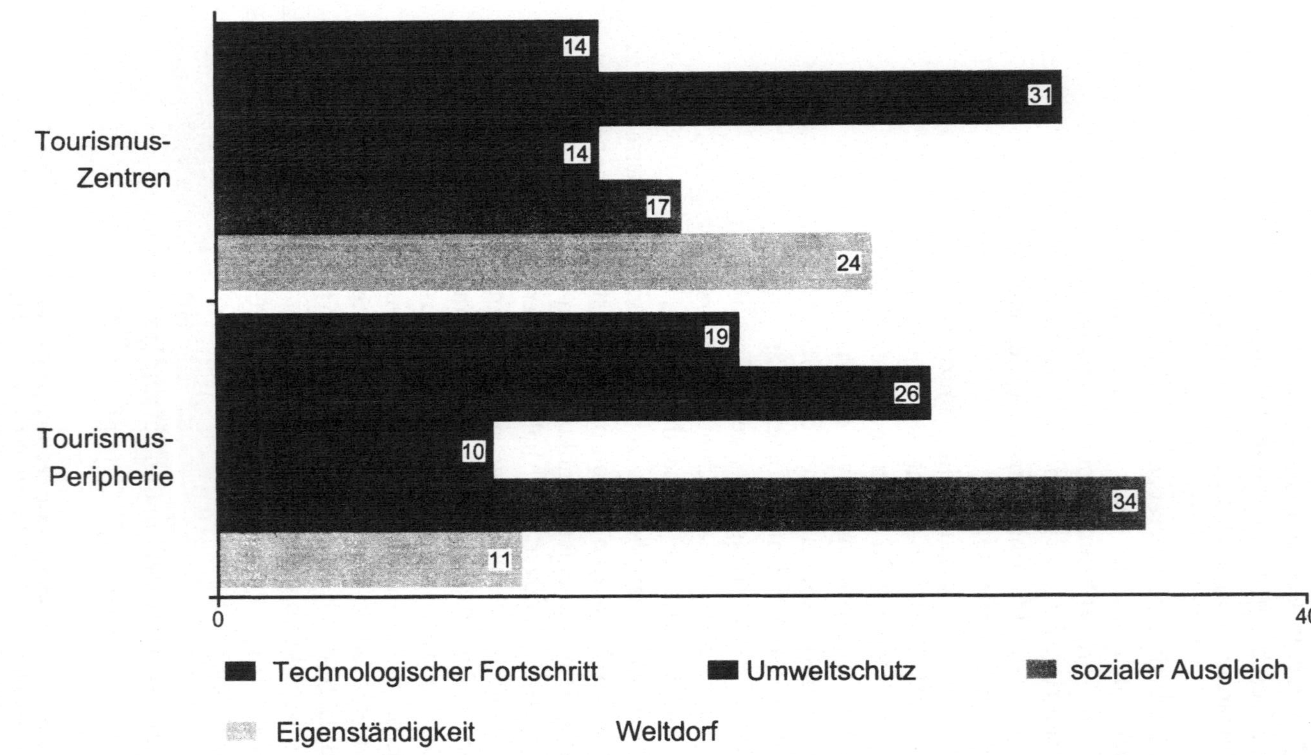

Abb. 3. Entwicklungswünsche im gesamtschweizerischen Vergleich zwischen Tourismuszentren und Tourismusperipherien (Quelle: ch-x Jugendbefragung, cultur prospectiv 2000)

Garantie dafür ist die Eigensteuerung. In den Tourismuszentren sind die Außeninteressen hingegen meist so dominant, dass die Perspektive Eigensteuerung unrealistisch wird. Man konzentriert sich auf die Sicherung der wichtigsten Ressource, der Landschaft der Region. Sie ist die einzige Chance, um in einer Hinsicht Kontrastraum zu bleiben – als Landschaft. Hauptsorge in den Tourismusstädten ist denn auch der Verlust der kulturellen Eigenart und der Kontraste, der überlieferten Traditionen, durch kulturelle Nivellierung[2].

Die Tatsache, dass sich diese Unterschiede in der jüngsten Generation, bei den 20-Jährigen, aufzeigen lassen, widerspricht der verbreiteten Auffassung, dass sich der Trend zur Modernisierung ubiquitär durchsetzt. Modernisierung heißt übersetzt in touristische Entwicklungsperspektiven, das „consumer's paradise" zu übernehmen, den eigenen Ort und die Region als Angebotsoberfläche möglichst vielen und interessanten Freizeitflüchtigen zu öffnen und zur Verfügung zu stellen. Zwischen den beiden Extrema des Entwicklungsgefälles – den urbanen Stadträumen, den Quellräumen des Freizeitverkehrs, auf der einen Seite und den touristisch stark genutzten Zentren in den Alpen, den Zielregionen, auf der anderen Seite – betonen die ländlich gebliebenen kleineren Tourismusgemeinden ihre Eigenständigkeit und ihre Grenzen. Es ist erstaunlich, wie facettenreich und stark der Wille geblieben ist, „unter sich" zu bleiben und sich als territoriale Gesellschaft zu sehen.

Zielräume zwischen Interessen und Identität

Eines der Mittel, das in den letzten Jahren zur Modernisierung des Alpenraums als einer Angebotsoberfläche lanciert wird, ist die Homepage. Tatsächlich lässt die Homepage dasjenige perfekt zu, was zum Ideal des

Internationales Marketing Modell vs. lokal rückgebundenem Tourismus

---

2   Im Alpenraum bilden die Sprachgrenzen ein wesentliches Element der Kulturkontraste. Im Unterengadin spricht man das Vallader, im Oberengadin das Puter. Beides sind Idiome der rätoromanischen Sprache. Während das Vallader noch als intakte Sprachkultur wahrgenommen und gesprochen wird, in der Peripherie, ist das Puter in den Tourismuszentren des Oberengadins schwach geworden, was sich in der Einstufung der Überlebenschancen der Idiome in der Bevölkerung spiegelt (vgl. Gloor, Hohermuth, Meier 1996: 54).

„consumer's paradise" gehört: Man kann von überall her in kurzer Zeit die Angebotspakete via Links offen legen. Die Destinationen sind elektronisch gleichberechtigte Attraktionspunkte. Räumliche Grenzen und territoriale Gesellschaften sind irrelevant oder höchstens Beiwerk, um auf die Attraktionspunkte für den Besucher zu verweisen. Die auf Angebotsstrategien ausgerichtete Elite dieser Orte und Räume setzt deshalb umso lieber auf die virtuelle Darstellung, als diese gleichsam als Anschauung und Erziehung für das „consumer's paradise" wirken kann.

Aber auch die oben festgestellte Revitalisierung des eigenen Raums als „home space" setzt sich im virtuellen Bild durch, und zwar genau in jenen Orten und Regionen, die stärkere lokale Identifikationen aufweisen. Es sind auf unserer Route die kleineren Tourismusgemeinden der Peripherie. Beispiele dafür, wie Orte in ihre Selbstdarstellung auf der Homepage diese Sicht des Raumes einbringen, findet man in typischer Weise. Obwohl Mitglied der Tourismsregion „Heidiland", setzt der Ort Walenstadt seine landschaftlichen Ikonen ins virtuelle Bild. Die Silhouette der Berge wird auf der Homepage aufbewahrt: Man will mehr sein als eine Angebotsoberfläche – Gedächtnis. Pointiert setzt sich der Hauptort des Prättigaus Schiers als ein aus um die Kirche geschartes Gedächtnis aus Stein in Szene. Ardez, ein kleiner Ort in Hanglage im Unterengadin, präsentiert sich virtuell als kompakte Gemeinschaft, symbolisiert durch das historische Ortsbild. Erst die großen Tourismuszentren, wie z.B. St. Moritz oder Davos, setzen sich anders in Szene: als Angebotslandschaft im Sinn des „consumer's paradise".

Für lokalen und kommunikativen Freizeitverkehr. In der Heidilandstudie (cultur prospectiv 1999: 57–59) zeigt sich, dass die Bevölkerung auch in den Tourismusperipherien den Fremdenverkehr nicht ablehnt. Sie will vielmehr eine andere Ausrichtung: den lokal rückgebundenen Tourismus. Mit überwältigender Mehrheit wird der lokale Tourismus als beste Chance für den Freizeitverkehr dem internationalen Marketing Modell vorgezogen (Abb. 4). Wichtig bleiben an zweiter Stelle die Sektoren außerhalb des Tourismus, das Gewerbe, die

Fördern sollte der eigene Wohnort …

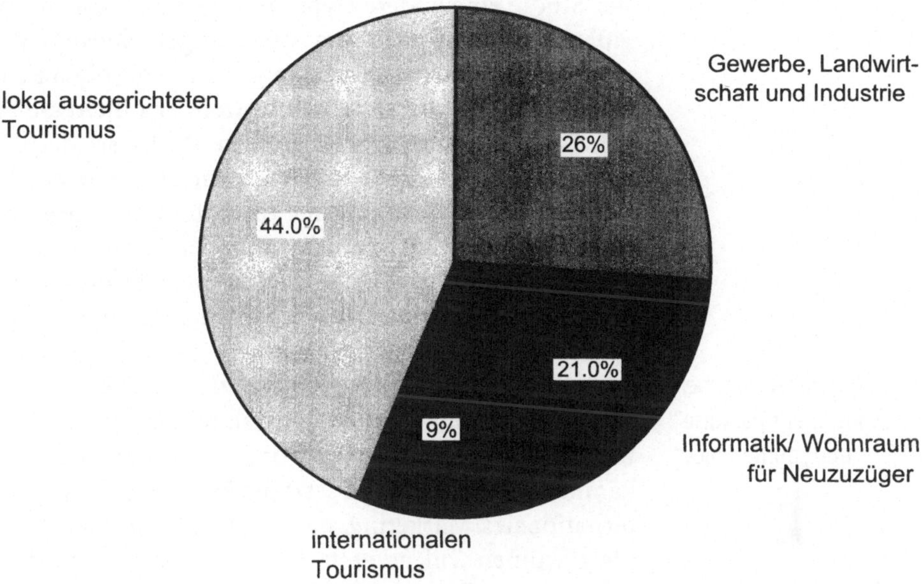

Bevorzugte Typen von Besuchern im eigenen Wohnort

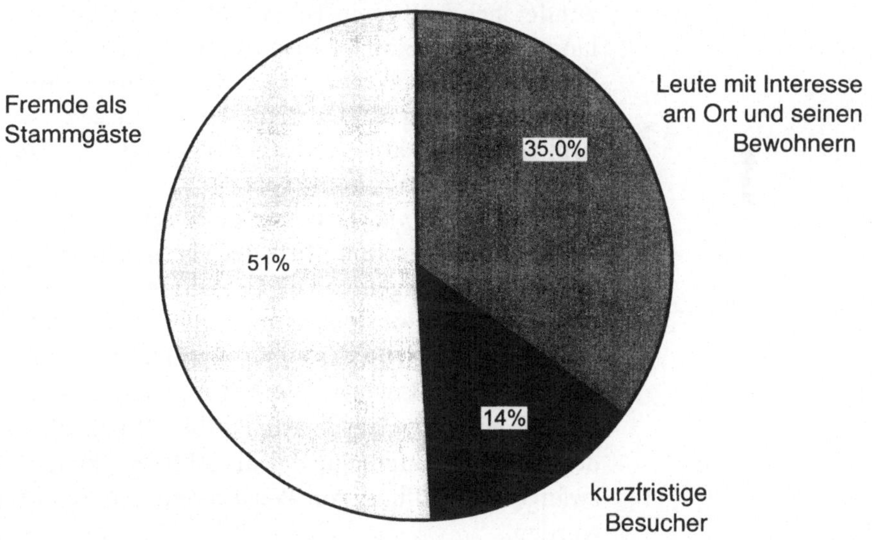

Abb. 4. (a) Die Entwicklungswünsche für den eigenen Wohnort in der Region Sarganserland-Walensee („Heidiland") und (b) Die Nachfrage in der Bevölkerung nach Typen von Besuchern

Industrie und Landwirtschaft. Zudem bestätigt sich in der Studie eine andere Hypothese. In der Tourismusperipherie ist man nicht am kurzfristigen Konsumenten interessiert, sondern an Stammgästen und/oder an Leuten, die am Ort und an seinen Bewohnern Interesse zeigen. Nicht einen möglichst großen Markt, sondern interessante Zielgruppen möchte man als Besucher bewerben. Es ist konsequent, dass Tourismusorte mit einer Eigenidentität spezielle Wünsche an die sie besuchenden Gruppen prägen. Qualitative Interviews belegen, dass ein kommunikativer Stil im Tourismusverkehr hier besonders nachgefragt wird.

Der Konflikt zwischen „consumer's paradise" und „home space"

Am Fallbeispiel dieser Region zeigt sich ein grundsätzlicher Konflikt, der in Tourismusorten und -gebieten oft nur schwer im Verborgenen gehalten werden kann. Auf der einen Seite setzt die Elite ein offensives internationales Marketing, das wie hier Asien und Übersee gewinnen will, an erste Stelle. Auf der anderen Seite will die Bevölkerung den lokal ausgerichteten Tourismus, der zugleich die nicht-touristischen Perspektiven des Auskommens fördert. Die Auseinandersetzung entzündet sich in diesem Fall am Marketing Label „Heidiland". Von der Elite lanciert, stößt es auf Widerstand in der breiten Bevölkerung. Der Hintergrund dieser Auseinandersetzung ist letztlich der Gegensatz zwischen dem Interesse am „consumer's paradise" und dem Wunsch nach dem „home space".

Versteckte Konflikte. Bemerkenswert ist, dass der versteckte Konflikt schon Mitte der 90er Jahre in repräsentativen Befragungen von elf Gemeinden aus vier Kantonen festgestellt werden konnte (Hohermuth und Meier-Dallach 1996). Neun der elf Orte präferierten die Eigensteuerung und Eigenständigkeit im ökonomischen und im demographischen Bereich (Abb. 5) gegenüber modernen Entwicklungen, die als Abhängigkeiten, Sachzwänge und Abfluss von Wertschöpfungen empfunden wurden.

In den Gemeinden der deutschsprachigen Schweiz wird der „sesshaften Bevölkerung, die hier ihre Wurzeln" hat, eine hohe Bedeutung zugesprochen. In der Mehrzahl ziehen sie diese Optionen dem modernen Wunsch („Leute, die Verdienst und Entwicklung brin-

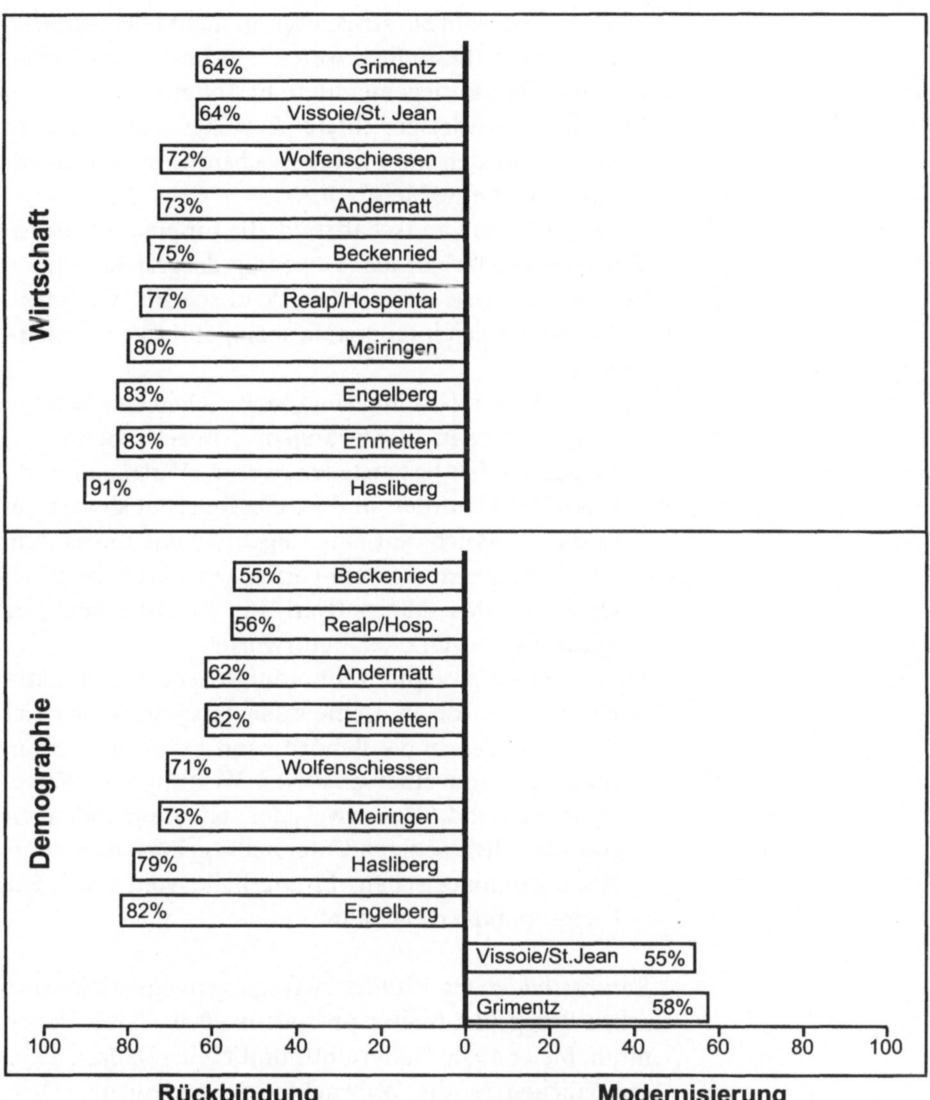

Rückbindung

Demografie: ... in erster Linie sind die drei Pfeiler der heutigen Wirtschaft zu festigen: Tourismus, Gewerbe und Landwirtschaft.

Wirtschaft: ... eine sesshafte Bevölkerung fördern, die hier ihre Wurzeln hat.

Modernisierung

Wirtschaft: ... neue Berufe im Industrie- und computersektor für die Jungen und zusätzliche Arbeitsplätze für die Frauen hereinholen.

Demographie: ... neue Leute hereinholen, die Verdienst und Entwicklung bringen.

Abb. 5. Präferenzen der Gemeinden für Rückbindung oder Modernisierung in den Bereichen Wirtschaft und Bevölkerung

gen") vor, obwohl sie strukturell in nicht leichten Situationen waren (besonders waren von Rezessionserscheinungen Peripheriegemeinden betroffen). Die Option für eine vorwärtsgerichtete Bevölkerungspolitik erreicht nur in den zwei französischsprachigen Gemeinden im Wallis eine Mehrheit.

Eingriffe ins Landschaftsbild, die für eine offensivere Tourismuswirtschaft als notwendig dargestellt wurden, beurteilten diese Gemeinden skeptisch bis ablehnend. Dabei zeigen sich interessante soziopolitische Konstellationen:

- Die größte Ablehnung von touristischen Landschaftseingriffen (z.B. Planierungen, Schneekanonen) war in Gemeinden festzustellen, wo das Vertrauen in die Gemeindebehörden und in die Tourismusinvestoren und die Aussicht auf eine ungebrochene touristische Tourismusexpansion am geringsten waren. In diesen Orten werden Alternativen zur touristischen Entwicklung am stärksten befürwortet.

- Die größte Akzeptanz für touristische Landschaftseingriffe wurde in Gemeinden festgestellt, wo sich das Vertrauen in die Behörde und in die Tourismusinvestoren mit einer positiven Wertung des Wachstums verband. Nur zwei der elf Gemeinden im französischsprachigen Unterwallis gehörten zu dieser zukunftseuphorischen Minderheit, von uns „Ski-Kleinrepubliken" genannt.

Kontrastbilder im Wandel. Befragungen im schweizerischen Berggebiet (cultur prospectiv 2000; Gloor, Hohermuth, Meier 1996; Hohermuth und Meier-Dallach 1996) ermöglichen es, die Wahrnehmung des eigenen Ortes und Raumes im Rückblick, heute und in der Erwartung für die Zukunft festzustellen. Bei der heute erwachsenen Bevölkerung mit einem Erinnerungshorizont in die 50er und 60er Jahre findet man als positives Bild des Ortes Erinnerungen an den intakten Kontrastraum. Die Vergangenheit ist im Ort noch Gegenwart. Der Ort erweckt den Eindruck eines „Kristalls" (Abb. 6). Es sind die Elemente vor den ersten Modernisierungsschüben, die in diesem Erinnerungsbild dominieren: alte Kernsiedlungen, Naturstraßen, sprachlich stark abgegrenzte Dialekte,

Zyklen der Entwicklung

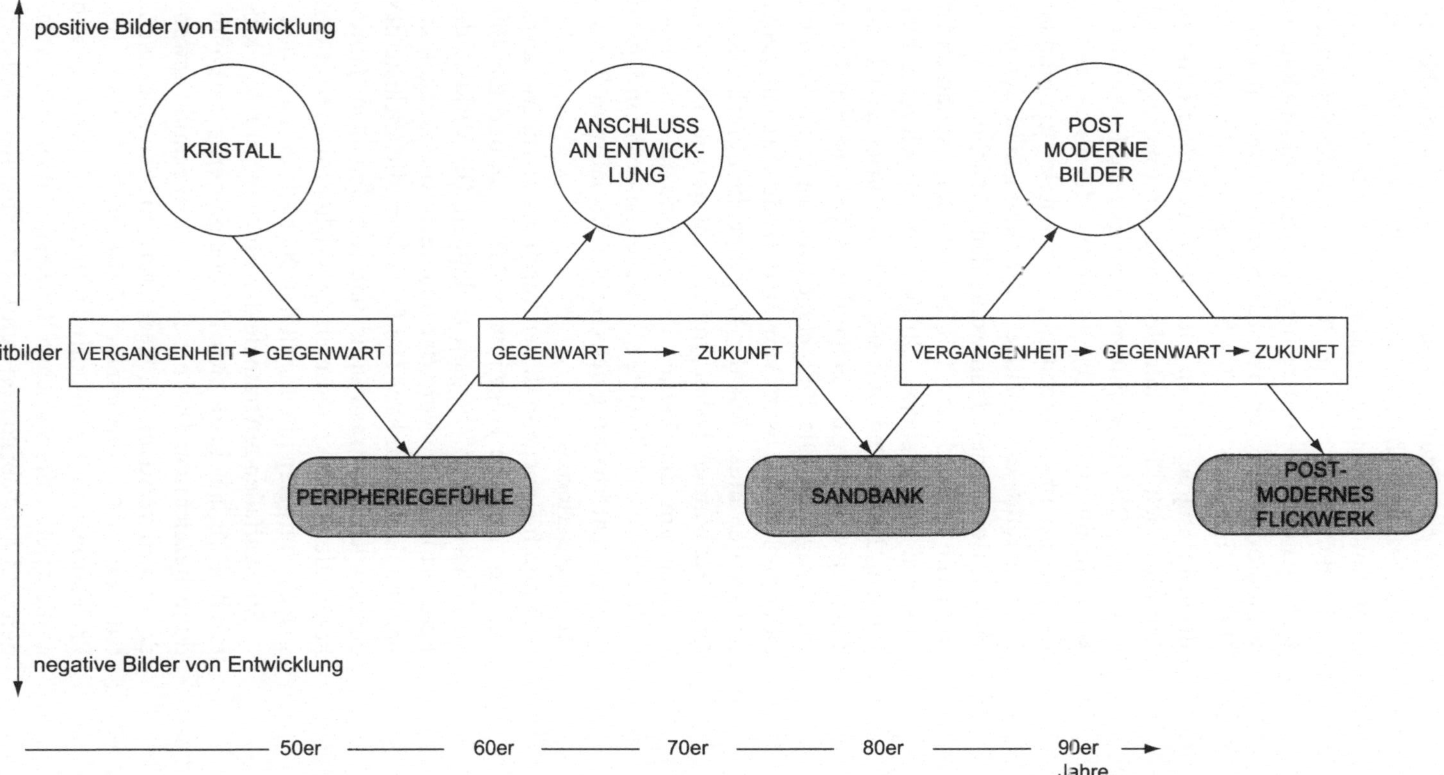

Abb. 6. Die Zyklen der Entwicklung des Bildes vom eigenen Ort im schweizerischen Berggebiet

Formen der autarken Landwirtschaft. Dieses Bild des Ortes bezieht sich meist auf alle – also die landschaftlichen, kulturellen und sozialen – Kontraste des Raumes.

Im Berggebiet wird im Rückblick auf die Vergangenheit aber auch die andere, negative Deutung des Raumes wahrgenommen: er ist rückständig und peripher (Meier-Dallach 1998). Im Zuge der einsetzenden Modernisierung der späten 60er und frühen 70er Jahre akzentuiert sich dieses Bild des isolierten unterentwickelten Ortes. Die große Auswanderungswelle Jugendlicher setzt ein und mit ihr die Furcht vor der Entvölkerung des Alpenraums. So entsteht als Gegenbild zum intakten Kontrastraum das positive Entwicklungsbild der peripheren Gemeinden. Man wollte den „Anschluss" an die moderne Entwicklung mit Mitteln der nachholenden Modernisierung suchen. Straßen und Verkehrserschließungen, Neubauten und schließlich touristische Landnutzungen waren die Folge dieses gewandelten Bildes im Berggebiet. Die Zeitperspektive war: Die Zukunft zählt auch dann, wenn Vergangenes, der Kristall, geopfert werden muss. Aus der Vergangenheit ererbte Kontraste schwinden. Dabei ging es nicht um alte Fassaden, sondern um den Verlust der lebensfähigen Sozialgemeinschaft, weil die Orte mit der abwandernden Jugend die Aufrechterhaltung der ererbten Sozial- und Berufsstruktur verloren.

Schon früh begann dieser Anschluss an die Modernisierung sichtbare Folgen zu hinterlassen, und das Bild „making modern" begann zu kippen. Die Verluste der Eigenart traten hervor: War man nicht vom Kristall zur Sandbank abgesunken? Die Einsicht in die Verluste des ehemaligen Kontrastraums hat seit den 80er Jahren kontinuierlich zugenommen. In welcher Phase befinden sich die Berggemeinden seit den 90er Jahren bis heute?

Eine auffallende Strategie des Umgangs mit dem kulturellen Verlust ließe sich als postmoderne Imagebildung bezeichnen. Die neueste Medientechnik anwendend wird versucht, die Gegenwart mit Versatzelementen aus der verlorenen Vergangenheit und mit Projektionen in die Zukunft darzustellen. Dies zeigt sich an Beispielen, die zwischen der Restauration von Fassaden und der Fabrikation von Ersatzsymbolen variieren.

Die landschaftlichen, kulturellen und sozialen Kontraste werden sekundär rekonstruiert – hier spielen die virtuellen Medien eine wichtige Rolle – und in die Zukunft hineinprojiziert. Die vergessene Entwicklungsmetapher scheint wieder auf: als Anschluss an die virtuell gespiegelte Globalisierung. Allerdings wankt auch dieses Bild. Die Wahrnehmung des eigenen Ortes als virtueller Schein- und nicht als wirklicher Kontrastraum führt erneut zu einem negativen Bild: zum postmodernen Flickwerk. Die Suche nach dem Echten und Verlorenen beginnt neu. Und hier spielen die Kontakte mit den Besuchern von außen, den Touristen, eine große Rolle. Denn sie sind es, die aus Lebenswelten fliehen, denen sie hier am Kontrastort gerade nicht begegnen wollen.

Freizeit als Beziehung zwischen Räumen

Freizeitverkehr transportiert Menschen von einer Quelle in Zielgebiete. Es handelt sich dabei aber nicht nur um einen Tausch von Menschen. Es entsteht eine Konfrontation der Wahrnehmungen über und Erwartungen an den eigenen Ort und den fremden, der besucht wird. Reisende suchen z.B. ein abgelegenes Bergdorf, um seine Kontraste zu entdecken. Die Einheimischen des Dorfes aber leben in der Erwartung, endlich den Anschluss an die moderne Entwicklung zu finden. Flüchtige aus dem Glasturm einer City stoßen im verlassenen Dorf auf Menschen, die den globalen Anschluss suchen. In Paradoxien dieser Art sind subtile Konflikte angelegt. Wir möchten sie hier als zwei Szenarien etwas grobkörniger auslegen.

Konsumbeziehung. Das „consumer's paradise" hat sich durchgesetzt, Quell- und Zielgebiete sind seine Anhänger geworden; es herrscht Akzeptanz auf beiden Seiten. Die Beziehung zwischen beiden Gebieten ist in diesem Sinne eine Marktbeziehung. Die Bilder und Erwartungen der Einheimischen bezüglich ihres Ortes spielen nur insofern eine Rolle, als sie den Erwartungen und Nachfragen der Besuchenden gegenüber ihrem Ort möglichst entsprechen sollten. Man verkauft die von den Besuchern erwarteten Bilder und hält das eigene Bild zurück, bis sich vielleicht in der Zwischensaison

Szenarien der Beziehung zwischen Räumen …

… Akzeptanz der Konsumbeziehung …

eine Nische bietet, nach den eigenen Vorstellungen leben zu können.

Komplementärer Raum. Konsumbeziehungen können sich auf der Oberfläche abspielen. Ein komplementäres Verständnis zwischen Räumen hingegen verlangt eine Durchdringung der Oberfläche. Es ergibt sich erst, wenn kulturelle und soziale Grenzen überschritten werden. Das aber bedeutet eine Herausforderung. Denn die Eigenwahrnehmungen und die des jeweils Anderen, die Motive und Verhaltensweisen der Besucher und Einheimischen divergieren. Grenzüberschreitungen werden konfliktträchtig, wenn sie massenhaft stattfinden, invasionsähnlich sind und das „home land" nur als Angebotsfläche behandeln. Die Bilder von Besuchern und Einheimischen, Quell- und Zielort klaffen auseinander. Wechselseitiges Wahrnehmen der Unterschiede wird notwendig. Erst wenn das Andere erkannt und in seinem Anderssein anerkannt wird, kann das Komplementäre zwischen dem eigenen und dem fremden Ort entdeckt und erlernt werden.

Das Verhalten nach dem Konsummodell (Scheuchs „Amerika") erzeugt Konflikte, die für den Freizeitverkehr von der Stadt aufs Land typisch sind: In den Geschäften Engelbergs z.B., einem Tourismusort in der Innerschweiz, werden indische Souvenirartikel angeboten, wenn die Inder anreisen und als wichtiges Kundensegment präsent sind. Fremde konsumieren im Zielgebiet genauso wie zu Hause, das sie als Konsumraum verstehen. Die Selbstwahrnehmung der Einheimischen am Zielort wird nicht wahrgenommen oder zählt kaum. Es wird nur dasjenige aufgenommen, was den Angeboten als Folie unterlegt wird.

Umgekehrt vergessen Besucher aus der Agglomeration oder vom Land ihre Heimatorte, wenn sie die Stadt besuchen und dort hemmungslos konsumieren. In entsprechenden städtischen Quartieren wird das Konsumverhalten von Einpendlern vom Land her negativ erfahren. Quartiere schrumpfen zu Bummelpisten und Vergnügungsmeilen für Auswärtige, die mit der Zeit die Nischen für Bewohner verdrängen.

Die Folgerung ist einfach: Entweder bewegen sich alle Gebiete in die Richtung des „consumer's paradise" und

... oder die Herausforderung der Komplementärbeziehung

versuchen sich in diesem Rahmen zu arrangieren oder aber sie orientieren sich in die andere Richtung als „home space". Freizeitverkehr wird dann zum Austausch zwischen verschiedenen Räumen mit Grenzen. Gerade die Wahrnehmung und Achtung dieser Grenzen ermöglicht den komplementären Austausch: Dieser Freizeitverkehr orientiert sich am Modell Kultureuropa (Hoggart 2000), in dem Kontraste und Grenzen zentral bleiben.

Das Hoggartsche Szenario ist anspruchsvoll, denn es setzt voraus, dass jeder bewohnte Zielraum letztlich für die Bewohner mehr als ein Konsumraum, d.h. ein Bezugsraum und eine Art von Heimat bedeutet. Auch Quellräume von Freizeitverkehr, die Agglomerationsorte, verstehen sich in diesem Modell als Raum mit Identität. Dies ist eine wesentliche Voraussetzung für komplementäre Beziehungen. Denn das Andere im Zielraum nimmt man erst dann wahr, wenn man ein Bild des eigenen Raumes und von sich mitbringt.

Fazit

Der Freizeitverkehr von den Ballungsgebieten in die ländlichen Räume nimmt nicht nur quantitativ zu. Er verändert sich qualitativ, seit er in den letzten Jahren durch ein offensives Marketing bestimmt wird. Die Ferien- und Ausflugsorte werden zu Angebotsoberflächen mit möglichst viel Leistung und Betrieb für Touristen. Aber diese neuen Konsumparadiese sind und bleiben Lebensräume für die ansässigen Bewohner. Unsere Untersuchungen zeigen, dass die Bevölkerung gerade in touristischen Orten der schweizerischen Berg- und Randgebiete ihre Bindung an die eigene Gemeinde, ihre Selbstständigkeit und Autonomie wahren möchte. Daher ist es wichtig, die Zielorte als Heimaträume für die Bevölkerung ernst zu nehmen. Dies ist nur möglich, wenn der Massentourismus einer gezielten, kommunikativen Form von Freizeitverkehr Platz macht. Zielorte verstehen sich dann nicht mehr als Angebotsoberfläche für schnellen Konsum, grosse Events oder für Rekordbelegungen. Vielmehr bieten sie sich als Kontrastraum an: Attraktiv für Gäste mit längerer Aufenthaltsdauer, regelmäßigen Besuchen und mit der Bereitschaft, mit den Einheimischen in Kontakt zu treten.

Der Projektverbund „Kontrasträume und Raumpartnerschaften. Strategien für einen nachhaltigen Freizeitverkehr" untersucht wissenschaftliche Grundlagen und Umsetzungsmöglichkeiten für dieses Konzept in Deutschland und der Schweiz.

Literatur

Baedeker, K. (1901): Baedekers Schweiz. Leipzig (29. Aufl.).

Gloor, D., Hohermuth, S., Meier, H. (1996): Fünf Idiome – eine Schriftsprache? Chur.

cultur prospectiv (1999): Soziokulturelle Chancen für Neuansätze im Freizeitverkehr. Nationales Forschungsprogramm 41, Bericht Schweiz. Nationalfonds, Bern.

cultur prospectiv (2000): The Local Global Players. Wandel und Konstanz im Bild der Schweiz. Zürich.

Hoggart, R. (2000): Physische und kulturelle Mobilität – Die Führungskraft als Europäer. In: ifmo-Institut für Mobilitätsforschung (Hrsg.): Freizeitverkehr. Aktuelle und künftige Herausforderungen und Chancen. Berlin, S. 1–19.

Hohermuth, S. und Meier-Dallach, H. P. (1996): Lokale Chancen für Nachhaltigkeit. Wintertourismus aus der Sicht der Bevölkerung. Zürich.

Meier-Dallach, H. P. (1998): The End of Region? In: P. Hetland und H. P. Meier-Dallach (Hrsg.): Making the Global Village Local? European Commission, Cost A4, Brussels/Luxembourg, S. 283–304.

Scheuch, E. K. (2000): Internationaler Tourismus als Wirtschaftsfaktor. In: ifmo-Institut für Mobilitätsforschung (Hrsg.): Freizeitverkehr. Aktuelle und künftige Herausforderungen und Chancen. Berlin, S. 43–70.

6 Freizeitwelten –
Markt, Hintergründe, Akzeptanz, Beispiele

Wolfgang Isenberg
Thomas-Morus-Akademie, Bergisch Gladbach

Kontexte

Zunächst der Blick auf einige Entwicklungen, auf Erscheinungsformen, Lebenszyklen sowie Planungen von Freizeitwelten. Das Beziehungsgefüge ist natürlich wesentlich umfangreicher und differenzierter als hier angedeutet werden kann:

- Das Urlaubsreiseverhalten der Deutschen hat sich in den letzten Jahren deutlich verändert. Als Gründe werden einerseits Sparzwänge angeführt, andererseits wirken sich aber auch Verhaltensänderungen aus: lieber kürzer verreisen, dafür aber öfter und rund um das ganze Jahr. Nur noch ein Drittel der Bevölkerung hält am Prinzip der längeren Urlaubsreise fest (Opaschowski 2000b: 8). 7%, insbesondere 14- bis 24-Jährige, sehen Reisen zu Events als Ersatz für den Jahresurlaub an (Opaschowski 2000b: 41).

  Veränderungen im Urlaubsreiseverhalten …

- Die Änderungen im Urlaubsverhalten wirken sich auch auf den Urlaubsmarkt aus, und zwar nicht nur auf sein Volumen, sondern auch auf seine Angebots- und Vermarktungsstrukturen sowie auf die Dynamik der Zielgebietsentwicklungen. Traditionelle Urlaubsgebiete werden zu Kurzreisezielen. Dies hat z.B. schon erste Konsequenzen für Österreich mit sich gebracht: 1997 betrug der Anteil der Kurzbesucher mit einer Aufenthaltsdauer von zwei bis vier Tagen 12%, im Jahr 2000 lag er schon bei 16%. Österreich rangiert inzwischen mit seinem Marktanteil an Kurzurlauben in Europa deutlich höher als in der Rangfolge

  … bewirken Strukturveränderungen auf dem Urlaubsmarkt

der längeren Urlaubsaufenthalte (Rang 2 zu Rang 5) (Gassner und Gruber 2001).

- Die (neuen) Freizeitwelten sind Ausdruck der und Antwort auf die Erlebnisorientierung in der Gesellschaft. Sie haben einerseits eine hohe Bedeutung für Tagesfreizeit und Kurzurlaub, andererseits ergänzen und attraktivieren sie, je nach Lage und Ausstattung, den (traditionellen) Urlaub. Durch ihre multifunktionale Ausstattung und die Tendenz, Übernachtungsangebote zu schaffen, werden die Freizeitwelten als Ziele für den Kurzurlaub immer bedeutsamer (und damit auch zu Konkurrenten der „klassischen" Destinationen und Anbieter). Aus traditionellen Ausflugszielen[1] werden Reiseziele: Der Urlaub der Zukunft findet in „künstlichen Ferienparadiesen" statt; jeder neunte Bundesbürger (11 %) kann sich vorstellen, zukünftig Urlaub in Themenparks zu verbringen (Opaschowski 2001a: 186). Fast jede fünfte Familie sieht ihre eigenen Urlaubswünsche am ehesten in Freizeit-, Erlebnis- und Themenparks verwirklicht.

- Kurzreiseziele versuchen konsequenterweise, ihren Marktanteil durch Strategien zur Verlängerung der Aufenthaltsdauer zu erhöhen, und zwar indem sie Hotelkapazitäten schaffen oder aufstocken und ihr Angebotsspektrum erweitern.

- Reiseveranstalter listen zwar bereits verschiedene Freizeitparks in ihren Katalogen auf (Neckermann Reisen bringt z.B. seit 1997 einen eigenen Katalog für Themen- und Freizeitparks auf den Markt, der zur Zeit 18 Freizeitparks in sieben Ländern anbietet). Im vergangenen Jahr wurden 270.000 Gäste vermittelt (Ronge 2001: 32f.), in erster Linie wird aber noch auf die „klassischen" Ferienwelten gesetzt.

- Club Méditerranée experimentiert mit neuen Angebotsformen. Club Med World in Paris stellt mit seinem Raum- und Veranstaltungskonzept bereits eine Mischung aus Brand Park und Entertainment Center dar.

---

1   In Deutschland existieren bereits 53 Freizeit- und Erlebnisparks mit mehr als 100.000 Besuchern jährlich (Fremdenverkehrswirtschaft International 1999, Jg. 33, Heft 5, S. 84).

* Der Freizeitbereich gilt mit Einschränkungen nach wie vor als wachstumsintensiver Wirtschaftssektor, auch wenn schon erste deutliche Signale einer neuen Bewertung zu beobachten sind, wie z. B. der Rückzug der amerikanischen Gruppe Trizec Hahn vom deutschen Markt und die damit verbundene Einstellung der Planungen für Frankfurt (Urban Entertainment Center) oder Dortmund (Multi Casa). Freizeitimmobilien sollen häufig zur Reaktivierung von Innenstädten oder Attraktivierung von Regionen beitragen.

* Freizeitwelten bieten Möglichkeiten vertikaler Wertschöpfung (Themenparks, Kreuzfahrten, Hotels, Merchandisingprodukte, Medien)[2]. Disney ist dafür wiederum ein gutes Illustrationsobjekt (vgl. Roost 2000). Die zu beobachtende Filialisierung in den Betreiberstrukturen auf dem Freizeitanlagenmarkt fördert einerseits die Expansion und andererseits die Internationalisierung der Betreiber.

  Möglichkeiten vertikaler Wertschöpfung

* Freizeitwelten sind Labor und Bühne für moderne, innovative Ladenkonzepte, für Design und Theming oder Testmarkt für neue Produkte. Las Vegas steht z. B. in dem Ruf, über die weltweit größte Konzentration von innovativen Konzepten zu verfügen (Leisure Retailing, Themenhotels, Inszenierungsstrategien). Experten pilgern in die Wüstenstadt, weil sie nirgendwo schneller so viel über Retailing lernen wie hier („Wallfahrtsort des Retailing").

  Labor und Bühne für innovative Marketingkonzepte

* Die kurzen Lebenszyklen von spaßorientierten Freizeitanlagen und steigende Ansprüche an immer neuere und intensivere Erlebnisangebote (Franck 1999: 85) führen zu einem permanenten Reinvestitionsbedarf, um die Besucherfrequenzen auszubauen bzw. mindestens zu halten.

* Segmente des Freizeitmarktes werden für Marketingaktionen zu einem immer interessanteren Umfeld. Das Erlebnisprofil etablierter Freizeitmarken soll auf andere Produkte und Dienstleistungen übertragen werden. Auch hier war Disney Vorreiter, und zwar

---

2 Die Gewinne bei Disney werden vorwiegend aus den Parks generiert: 6 von 10 Dollar Profit kommen aus dem Restaurantumsatz und dem Verkauf von Disney-Devotionalien in den Freizeitparks (Bartels 2001).

mit den Produktpräsentationen im Themenpark Epcot (Wenzel und Franck 1998: 208).

Vorreiter USA und Großbritannien

- Die an der Entwicklung der Freizeitwelten beteiligten Planer, Designer, Investoren, Betreiber, aber auch die Themen und Marketingkonzepte spiegeln im hohen Maße die Globalisierung und internationale Arbeitsteilung der Branche. Innovative Freizeitkonzepte stammen meist aus den USA. Im internationalen Vergleich liegt der Entwicklungsstatus des Freizeitanlagenmarktes in Deutschland einige Jahre hinter dem der USA und auch hinter dem von Großbritannien zurück. Franck (1999) geht in seiner Studie noch davon aus, dass der zeitliche Rückstand von Deutschland bei etwa sieben bis acht Jahren liegt (S. 85). Die Zeitspanne dürfte sich inzwischen aber verringert haben. Wenzel (mündliche Auskunft 2001) schätzt, dass mit der Autostadt von VW in Wolfsburg im Bereich der Brand Parks eine Innovation gelungen ist, die weder in den USA noch weltweit Vergleichbares hat.

- Die auf hohe Besucherfrequenzen ausgelegten Anlagen generieren einen entsprechend hohen, vorwiegend individuellen Freizeitverkehr.

Kulturpessimismus vs. Inspiration für den Alltag

- Trotz des großen Publikumsinteresses unterliegen Freizeitwelten oft kritischen und kulturpessimistischen Betrachtungen. Sie werden als „künstliche" Welten gegen das „richtige" Leben in den Innenstädten ausgespielt. Schultz (City-Marketing Köln) (zit. bei Jacobs 2001) will „lieber die Originale als die Kopien verkaufen" (S. 68). Oder: „Unsere Innenstädte kann man erleben, Freizeitwelten dagegen werden künstlich belebt" (ebda.).

- Freizeitanlagen entführen in „interessante", verzauberte Welten. Sie ermöglichen dem Menschen das Eintauchen in eine andere Welt, um inspiriert und mit größerem Abstand wieder in den Alltag zurückzukehren. Das Angebot des Eintauchens in eine andere Welt findet sich als Leitgedanke auch in der christlichen Sakralarchitektur und in der Praxis christlicher Mystik. Diese Jenseitserfahrungen werden dem modernen Menschen heute von Freizeitwelten oder Konsumangeboten bereitgestellt (vgl. Isenberg und Sellmann 2000).

Strukurelemente und das Spektrum der Freizeitwelten

Nach der Beschreibung ausgewählter grundsätzlicher Entwicklungen folgt nun der Versuch, einige Freizeitwelten zu skizzieren. Dabei ist zu beachten, dass sich angesichts der Tendenz zur Multifunktionalisierung der Anlagen eindeutige Zuordnungen als schwierig erweisen. Freizeitwelten greifen in der Regel zurück auf folgende Elemente: Entertainment (Musical, Kino, Diskothek, Veranstaltungen, Automatenspiele); Gastronomie (Erlebnis- und Themengastronomie, Food-Courts); Themenwelten/Freizeitparks; Casinos; thematisierten Handel/Shopping; Sportangebote (Indoor-Konzepte), Fitness- und Wellness-Einrichtungen, Bade- und Saunalandschaften; Spielebereiche; Edutainment; Museen; Tagungsinfrastruktur, Hotellerie/Unterkünfte.

Je nach Profilierung, Einzugsbereichen, Renditeerwartungen und standortbezogenen Überlegungen erfolgt eine unterschiedliche Schwerpunktsetzung in der Auswahl der Angebotselemente.

Kennzeichen von Freizeitwelten

Freizeitparks und Themenwelten

Diese Einrichtungen zeichnen sich aus durch eine thematische (und räumliche) Geschlossenheit. Der gesamte Park oder einzelne Teile sind meist auf bestimmte Motive, Themen (Wilder Westen, Piraten) oder Figuren ausgelegt. Eine konsequente Thematisierung verfolgt etwa der Bibel-Park in Orlando. „The Holy Land Experience" verfügt über Nachbildungen biblischer Stätten und Lasershows zu Episoden aus der jüdischen und christlichen Religionsgeschichte.

Themenwelten entwickeln sich angesichts der Verdichtung der Attraktionen und der Schaffung von Unterkunftskapazitäten vom Ausflugsziel zur Destination. Im Europa-Park Rust mit seinen Themenhotels „Castillo Alcazar" und „El Andaluz" stellen die Hotelgäste bereits 6 % des Besucheraufkommens (Scherrieb 2001: 37). Je größer das Einzugsgebiet, desto länger bleiben die Gäste. Im Jahr 2000 stieg im Europa-Park die Nachfrage an Dreitageskarten um 47 % (Themata.Com Mai 2001). Ein weiteres Beispiel für die Entwicklung hin zur Destina-

Thematisch und räumliche Geschlossenheit

tion ist der spanische Park Port Aventura, der zwei weitere Hotels im 4-Sterne-Segment mit 1.000 Zimmern baut. Den Kernbereich bilden, trotz Ergänzungen durch Tagungskapazitäten, weiterhin die Fahrgeschäfte. Der Heidepark Soltau plant als Ergänzung die „Heide-Metropole", ein thematisiertes Feriendorf mit 580 Häusern.

Edutainment Center, Science Center

Lernorte und Weiterbildung

Diese Freizeitanlagen lassen sich verstehen als Lernorte und Angebote zur Weiterbildung, verbunden mit Unterhaltung, neuen Medien und interaktiven Nutzungen. Als Beispiele:

- The Exploratorium. Museum of Science, Art and Human Perception, San Francisco. Seit seiner Gründung 1969 ist dieses Museum mit seinen Experimenten zu Licht, Schall und Tastsinn Vorbild für moderne Science Center.
- Ein erfolgreiches deutsches Beispiel stellt das Universum Science Center Bremen dar. Es hat bereits nach sieben Monaten mit 300.000 Besuchern das Jahresbesucherziel erreicht (Themata.Com Mai 2001). Interaktive Expeditionen führen durch die Erlebniswelten Mensch, Erde und Kosmos und wollen „Wissenschaft zum Abenteuer" werden lassen.
- Neben der eher naturwissenschaftlichen Ausprägung im Edutainment-Bereich deuten sich Neuentwicklungen im Medienbereich an: Mit dem ZDF Medienpark (Prang 2000) ist auf 25 ha mit fünf Erlebniswelten „eine neue Dimension der Freizeitgestaltung" geplant. Im Vordergrund sollen (familienfreundliche) Wissensvermittlung und Unterhaltung stehen.
- Das Regenwaldhaus Hannover (Simulation des Regenwaldklimas, Landschaftsarchitektur nach dem Vorbild des südamerikanischen Bergregenwaldes, Tiere, Multimediastationen).

Tierparks, Zoos, Aquarien

Mit etwa 50 Mio. Besuchern im Jahr sind Zoos und Tierparks wichtige Freizeitziele. In der Bewertung der Aufgaben von Zoos bestehen unterschiedliche Auffassungen, überwiegend gelten Zoos aber immer noch als Orte der Betrachtung und des Lernens (vgl. Amusement T&M 2001). Für eine erfolgreiche Erlebnisorientierung und Privatisierung steht der Zoo Hannover (Machens 2000).

Den herkömmlichen Tierwelten ist mit den Sea Life Centern in Timmendorfer Strand (1996) mit jährlich 300.000 Besuchern und Konstanz (1999) eine rein kommerzielle Konkurrenz erwachsen.

Freizeitresorts (Ferienresorts, Ferienparks)

Hier handelt es sich um einheitlich entwickelte und gemanagte Anlagen mit den Hauptelementen Wohnen (Bungalows, Apartments, Hotelzimmer), Gastronomie, Einzelhandel und Dienstleistungen für den Kurzurlaub. Center Parcs gelten als Inbegriff für den wetterunabhängigen subtropischen Traumkurzurlaub. Ihre seit 1980 entwickelte Strategie leitete eine neue, auch wirtschaftlich erfolgreiche Freizeitkonzeption ein. Die Eröffnung von Land Fleesensee (2000), dem „größten Ferienresort Nordeuropas", markiert mit einer 550 ha touristisch genutzten Fläche und 1.900 Betten in Deutschland eine neue Entwicklungsstufe.

Alles für den Kurzurlaub

Themenhotels

Themenhotels sind erfolgreich in der Kombination mit Freizeitparks (z. B. Europa-Park Rust) oder Casinos (Las Vegas – hier aber noch ergänzt um Shopping-, Tagungs- oder Wellness-Angebote). Zur Illustration:

- „Kärntner Bauerndörfer" (1980–1982): Verlassene und vom Verfall bedrohte Bauernhäuser auf den Kärntner Almen wurden abgetragen und als Baumaterial für wieder aufgebaute Häuser in dörflicher Anordnung verwendet (Rupperti 1998).
- Hundertwasser-Therme Rogner Bad Blumau (Brittner 2000).
- Das im Stil der Jahrhundertwende gestaltete Grand Californian Hotel wurde 2001 im neuen Themenpark Disney's California Adventure eröffnet. Ein weiteres Beispiel ist Disney's Animal Kingdom Lodge (1.300

Zimmer) in der Nähe des Disney-Themenparks Animal Kingdom. Das Gelände der Lodge umfasst 300 ha, davon 133 ha Weideland als Lebensraum von rund hundert unterschiedlichen Huftierarten.

Badeparks (Schwimmlandschaften, Spaß- und Erlebnisbadelandschaften)

Sie sind in Deutschland seit Mitte der 80er Jahre auf dem Markt. Das Angebotsspektrum reicht von Wasser-, Erholungs- und Fitnessangeboten über gastronomische Leistungen bis hin zu ergänzenden Einzelhandelsdienstleistungen. Die jährlichen Gästezahlen können bis zu 800.000 erreichen (Hatzfeld 1999: 15). Auch hier ist eine Zunahme der Thematisierung zu beobachten (z.B. das Mediterana in Bergisch Gladbach mit andalusischen Zitaten). Besondere Erwähnung verdienen außerdem die großen themenorientierten Wasserparks von Disney in Florida (Blizzard Beach, Typhoon Lagoon, River Country) oder der Seagaia Ocean Dome (Japan), der größte überdachte künstliche Strand der Welt.

Erlebniswelt Musical

Musicalvermarktung

Mit der Markteinführung des Musicals CATS durch die Stella-Gruppe im Jahr 1986 beginnt, verbunden mit der gleichzeitigen Entwicklung spezieller Immobilien für die Musicalpräsentation, ein neuer Schwerpunkt in der Freizeitkultur. Es entsteht, bei allen Höhen und Tiefen hinsichtlich der künstlerischen und wirtschaftlichen Erfolge, ein regelrechter Musicaltourismus. Bei Stella (dies trifft nicht für alle Musicalanbieter zu) kommen 1996 die Gäste zu 51% als Tagesbesucher ohne Übernachtung, zu 39% als Besucher mit Übernachtung (1.152 Mio.) und 10% stammen aus der jeweiligen Stadt. Für den Gesamtmarkt schätzt Stella den Anteil der Besucher mit Übernachtung auf rund 30% (Rothärmel 1999: 63).

Arenen

Sportvermarktung

Ein aus Amerika importierter Anlagentyp basiert im Wesentlichen auf der Vermarktung kommerzieller Sportveranstaltungen und „Show-Business-Vorführungen". Bei einem Investitionsvolumen von 100 bis 300 Mio. DM entstehen Hallen mit 15.000 bis 20.000 Plätzen, die sich z.T. durch ihre hohe Auslastung auszeichnen (Hatzfeld 1999: 12).

Beispiele: Arena Oberhausen; Kölnarena 18.000 Plätze und 300 Mio. DM Investitionskosten; Schalke-Arena plus Ruhrtopia (Freizeit-, Messe- und Unterhaltungszentrum) (Themata.Com Januar 2001).

Brand Lands und Corporate Lands – Markenkommunikation durch Erlebnis

Erlebnisorientierte Inszenierungen von „Markenwelten" sollen Unternehmensphilosophien sinnlicher und emotionaler erfahrbar machen. Die neuen Erlebniswelten verbinden Elemente von Themenparks (Attraktionen, Themen, Stories) mit Anforderungen der Markenkommunikation (Produktinformation, emotionale Momente, Ideen, Philosophien).

Beispiele: Ravensburger Spieleland (Liebenau), Autostadt (Wolfsburg), World of Coca Cola/M&MS World (Las Vegas), Meteorit (Essen), Metreon – Sony Entertainment Center (San Francisco), Swarovski-Kristallwelten (Wattens), Legoland (Günzburg), World of Living Infotainment zum Thema Bauen und Wohnen (Rheinau-Linx).

Darüber hinaus nutzen Unternehmen bestehende Freizeitwelten zur Kommunikation: Nivea-Kinderland im Heide-Park Soltau; der Europa-Park Rust arbeitet mit zwanzig Kooperationspartnern (Cross Promotion) (Kreft 2000: 139) zusammen (u.a. Langnese Wasserspielplatz, Lila Chocoland).

Marken-Mekka

Urban Entertainment Center (UEC), Entertainment Center

Kern des aus den USA stammenden Konzepts: Herstellung bzw. Simulation von Innenstadt unter zentraler privatwirtschaftlicher Leitung (MASSKS 1999: 74). Räumlich konzentriert werden auf 2–3 ha vorwiegend Entertainmentangebote präsentiert. Nur wenige Standorte entsprechen einem UEC im eigentlichen Sinne,

Simulation von Innenstadt

„Ankermieter" bzw. „Frequenzbringer" waren bis zur „Kino-Krise" Multiplex-Kinos. Schlüsselkomponente: Entertainment (z.B. Multiplexe, Musical-Theater, Varieté), Themen-Gastronomie, Handel und Ergänzungsangebote (z.B. Hotel, Sport, Wellness, Tagungen, Museum).

Franck (1999) unterscheidet zwischen

- einzelhandelsorientierten UCEs in Mega-Malls (z.B. West Edmonton Mall, Mall of America, Meadowhall, CentrO), Festival Retail Places (Coco Walk/Miami, Pier 39/San Francisco, San Antonio River Walk), Themen- und Markenkultkonzepten (Forum Shops/Las Vegas, Nike Town/Chicago, Universal City Walk/Los Angeles);
- Abendunterhaltungszentren (Pleasure Island, Church Street Station/Orlando, Stuttgart International);
- Mediale und High-Tech-Unterhaltungszentren (z.B. Cinetropolis/Foxwoods, Trocadero/London);
- Thematisierte und unterhaltungsorientierte Großhotels mit ergänzenden Freizeiteinrichtungen (Treasure Island/Las Vegas).

Indoor-Sportanlagen

Winter im Sommer

Klassische Outdoor-Angebote werden nach innen verlagert und ganzjährig angeboten: Kartbahnen, Skipisten, Tauchbecken. Aus Japan stammt die Idee eines ganzjährig betriebenen Skilaufs, in Belgien, den Niederlanden und in Großbritannien werden ebenfalls entsprechende Anlagen betrieben. In NRW sind Anfang 2001 zwei Anlagen eröffnet worden, das Alpincenter in Bottrop und die Allrounder Winter World in Neuss.

Auf einer 30.500 m^2 beschneiten Fläche soll im Mecklenburgischen Wittenberg mit dem „Snow-Fun-Park" Europas größte überdachte Skipiste entstehen, und zwar ergänzt mit thematisierter Gastronomie, Shops und Wellness-Bereich auf 11.400 m^2 (Themata.Com Mai 2001). Die Eröffnung des „Xscape" in Castrop-Rauxel ist für 2003 vorgesehen. Geplant sind: eine Skihalle, Shopping-Mall (20.000 m^2), Megaplexkino (5.000 Plätze/20 Säle), Imax-Kino, Diskothek, Gastronomie (14.000 m^2) und ein 200 Betten-Hotel (Themata.Com Juni 2001).

Shopping Center, Malls, Konsum- und Erlebniswelten

Anders als in Europa haben sich die Malls in Amerika zu einer dominierenden Verkaufsform entwickelt – zu kombinierten Einkaufs- und Freizeitmalls. Der Anteil der Freizeitkomponenten ist jedoch noch unterschiedlich ausgeprägt und umfasst meist nur Kinos und Gastronomie. Sprungbrett und Vorreiter für einen Großteil der Trends ist für den mitteleuropäischen Markt Großbritannien: Bluewater Park (1999/London) und das Trafford Center (1998/Manchester) zählen zu den innovativsten Erlebniseinkaufszentren Europas. In Deutschland entstand 1996 mit dem CentrO die erste Anlage dieser Art. Die Zahl der Besucher liegt bei 82.000 pro Tag.

Einkauf als Erlebnis

Multi- und Megaplexkinos

Multiplexkinos verfügen über mehr als acht Kinosäle, über 2.000–6.000 Sitzplätze, erfordern Investitionen in Höhe von 25 bis 130 Mio. DM und erreichen bis zu 2 Mio. Besucher jährlich (Hatzfeld 1999: 14). Es handelt sich um einen zusammenhängend geplanten und verwalteten Kinokomplex mit ergänzenden gastronomischen und anderen dienstleistungsbezogenen Nutzungen (MASSKS 1999: 12). Das Megaplex unterscheidet sich vom Multiplex in erster Linie hinsichtlich seiner Dimensionierung: mindestens 20 Leinwände und mehr als 3.500 Sitzplätze (ebda.: 74).

Kino total

Straßenzüge und Stadtviertel als Erlebniswelten

Beispiele für die Gestaltung von Straßen als Erlebniswelten sind: 42nd Street Development (New York) (Rosenfeld 1999), Third Street Promenade in Santa Monica (nicht überdachter Gastronomie- und Unterhaltungsbereich, der sich über drei Straßenblocks erstreckt) (Katz 1999) und Freemont Street, Las Vegas (Reaktivierung der Innenstadt etwa mit einer Straßenüberdachung, die als Projektionsfläche für Licht- und Klangshows dient).

Disney investierte am New Yorker Times Square auch in den Bau eines innerstädtischen UEC. Grundlage für

Neue Formen der Stadtplanung und -entwicklung

den Erfolg ist nach Roost (2001: 101) die konsequente Anwendung des organisatorischen und gestalterischen Know-hows sowie die Anwendung des Prinzips der In-House Cross Promotion, bei dem ein Unterhaltungsprodukt das andere bewirbt und das bei diesem Projekt erstmalig im Stadtplanungsbereich angewandt wurde. Disneys Projekte sind die ersten medial inszenierten Stadtplanungsvorhaben, die vollständig in den Vermarktungszyklus eines Unterhaltungskonzerns eingebunden sind.

Einen besonderen Weg der Stadtentwicklung geht Wolfsburg. Es verfolgt das Konzept einer „Erlebniswelt in der Stadt". Die Gesamtplanungen (Stadt Wolfsburg und VW AG) sollen eine „Stadt mit Erlebnischarakter" formen (Amusement T&M 2000), und zwar mit den Elementen: Autostadt, Science Center, Bad im Allerpark, Sportarena, Hotel mit historischer Dorfanlage, 350 Ferienhäuser, Wellness-Center (Themata.Com Juni 2001).

„Leben im Themenpark" (Brand Living) oder neue Stadtkonzepte

Dieser abschließende Aspekt hat auf den ersten Blick vielleicht weniger mit Freizeitwelten zu tun. Letztlich handelt es sich hier aber um einen „Themenpark als Dauerzustand" (Häntzschel 2000) oder um Brand Living – um Wohnanlagen, in denen „die Marke gelebt wird" (Schömmel 1999), wie es z.B. in der Stadt Summerlin geschehen soll, die mit 160.000 Einwohnern in der Nähe von Las Vegas geplant wird. Differenzierte Bevölkerungsgruppen werden hier aufgeteilt in einzelne Dörfer: „The Canyons" für reiche Golfer, „Siena" für aktive Erwachsene über 55. Es werden Vorgaben zu Aussehen und Bewirtschaftung des Hauses gemacht, größere Haustiere und Grillen im Garten sind verboten (Themata.Com Januar 2001).

Die Kleinstadt „Celebration" ist erst zu einem Drittel bebaut (Rittberger 2000). Disney greift auf Gestaltungstechniken und Organisationsformen zurück, die aus den Parks stammen. Zukünftige Bewohner haben sich zunächst für einen der sechs möglichen historisierenden Typen (Classical, Victorian, Coastal Mediterranian,

French, Colonial Revival) zu entscheiden und können dann ihr Haus aus den im Celebration Pattern Book festgelegten Gestaltungselementen zusammenstellen. Öffentliche Aufgaben werden von Disney-Unternehmen organisiert und Kurse zur Vermittlung der Einstellungen zu Celebration angeboten (Roost 2001: 100).

Motive, Verhaltungsweisen, Wahrnehmungen der Besucher von Freizeitwelten

Tourismus im 21. Jahrhundert

Gefragt nach den Urlaubswünschen, können sich 11 % oder 7 Mio. Menschen vorstellen (Opaschowski 2001a), den Urlaub in Themenwelten zu verbringen (Tab.1).

Urlaubswünsche

Eventtourismus

Kulturelle Events als Reiseanlass werden vor allem von Frauen bevorzugt. Besonders die Musicals haben eine starke Reisewelle ausgelöst. Der Besuch von Freizeitwelten und Themenparks hat für Frauen eine höhere Bedeutung als für Männer (Tab. 2).

Urlaubsgründe

Künstliche Erlebniswelten

Das Votum für die Erlebniswelten ist eindeutig: Für fast 50 % stellt es ein besonderes Vergnügen dar, mit Freunden und der Familie Freizeitwelten zu besuchen, 25 % loben die gelungene Ablenkung vom Alltag, 19 % sind von der perfekten Illusion begeistert. Die Besucher sind aber auch Realisten: 21 % sehen, was die Angebote auch

Tabelle 1. Urlaubswünsche für die Zukunft (Quelle: Opaschowski 2001a: 182)

Von je 100 Befragten nennen als „Urlaubswünsche für die Zukunft"	in Prozent	in Mio.
Naturtourismus	27	17,1
Wellnesstourismus	20	12,7
Ferntourismus	16	10,1
Städtetourismus	16	10,1
Themenparktourismus	11	7,0
Kreuzfahrtentourismus	9	5,7
Eventtourismus	5	3,2

Tabelle 2. Reisegründe (Quelle: Opaschowski 1997: 35)

Von je 100 Befragten, für die ein besonderes Ereignis Anlass der Reise war, nannten als Reisegrund:

Frauen		Männer
36	Musicals	22
16	Open-Air-Konzerte	23
21	Musik-Festivals	15
21	Freizeitparks	16
15	Ausstellungen/Messen	16
17	Kunstausstellungen	11
7	Sportveranstaltungen	20

sind, nämlich ein Geschäft. Kritik hinsichtlich eines mangelnden Anspruchs oder fehlender Phantasie ist eher schwach ausgeprägt (Opaschowski 2000a: 60).

Aus Sicht der Kunden fungieren die Freizeitwelten als

- Traum- und Gegenwelten zum Alltag, in die man temporär abtauchen kann;
- Räume, in die man Konsumträume projizieren kann;
- Bühnen, auf denen man sich in selbst gewählten Rollen präsentieren kann (Steinecke 2000).

Einzugsbereich der Freizeitparks

Zeitaufwand wichtiger als Entfernung

Die Einzugsbereiche der Freizeitparks orientieren sich nicht an der Kilometerentfernung, sondern an dem Fahrzeitaufwand. Die akzeptierte Fahrzeit für einen Freizeitparkbesuch liegt bei ca. 1,4 Stunden, während Museumsbesucher eine deutlich geringere Mobilitätsbereitschaft aufweisen. Freizeitparks sind damit zwingend von dem Bevölkerungspotenzial innerhalb eines Einenhalbstunden-Fahrradius abhängig. Bei großen Parks können die akzeptierten Fahrzeiten bis zu 2,5 Stunden betragen, der Anteil der Besucher, der dazu aber bereit ist, liegt unter 10 % (Scherrieb 1998: 8). Die akzeptierten Distanzen sinken bei schlechtem Wetter (bis zu 2/3 weniger) und sind abhängig von Jahreszeiten. Das Einzugsgebiet und die daraus resultierende Mobilitätsbereitschaft hängen stark mit der Aufenthaltsdauer in einer Freizeiteinrichtung ab. Je länger der Gast sich in einer Freizeitanlage aufhalten kann, desto höher ist seine Bereitschaft, längere Anreisedistanzen in Kauf zu nehmen. Nicht unerheblich ist der Zusammenhang zwischen Verweildauer und Attraktivität der Anlage. Die „Ausschöpfung" des Bevölkerungspotenzials innerhalb des Einzugsbereiches beträgt zwischen 2 % und 5 %. Bei Großparks kann dieser Wert 7 % bis 9 % erreichen. Urlauber, die sich etwa eine Woche innerhalb des Einzugsbereiches aufhalten, können dabei als Einwohner gezählt werden. Ab einer solchen Aufenthaltsdauer ist die Besuchsbereitschaft mit der eines Ortsansässigen zu vergleichen (Scherrieb 1998: 8). Die Planer des ZDF Medienparks gehen davon aus, dass 95 % der Besucher aus der Region, davon 80 % aus der näheren Umgebung mit bis zu zwei Stunden Anfahrt, 20 % aus dem touristischen Potenzial und 5 % überregional anreisen werden (Prang 2000). Beim Universum Bremen wurde die Kernzielgruppe in einem Einzugsbereich von bis zu 1,5 Stunden Fahrzeit erwartet, die tatsächliche liegt aber bei zwei Stunden Fahrzeit (Petri 2000).

Das Reiseverkehrsmittel sowohl für den Tagesausflug als auch für den Kurzurlaub ist das Auto. 1997 erreichen 65 % der Tagesausflügler ihr Ziel mit dem Auto und 11 % mit dem Reisebus (Opaschowski 2001b: 51).

Verweildauer und Ausgaben

Die durchschnittliche Aufenthaltsdauer in den Freizeitparks liegt bei 5,6 Stunden. Freizeitgroßanlagen weisen in der Regel eine Verweildauer von sieben bis acht Stunden auf (Scherrieb 1998: 10). 67 % der Besucher halten sich bis zu acht Stunden im Park auf, 16 % bleiben länger und planen eine Übernachtung (Opaschowski 2000a: 44). Bedingt durch die wachsende Aufenthaltszeit nimmt die Inanspruchnahme gastronomischer Leistungen zu. Größere Parks setzen pro Besucher bis zu 20 DM um. Der Durchschnittsumsatz pro Besucher in Großparks lag in Deutschland 1997 bei 51,40 DM (Scherrieb 1998: 18). Opaschowski (2000a) nennt 82 DM als durchschnittliche Ausgaben pro Tag und Person. 38 % geben zwischen 60 und 100 DM pro Person und Tag aus, 14 % zwischen 100 und 150 DM, 10 % geben mehr als 150 DM aus (Opaschowski 2000a: 44).

Besucher

Zielgruppe Familien

Besucher von Themenparks kommen in der Regel in Gruppen. Familien stellen die Kernbesucher dar, gefolgt von Gruppen. Im Europa-Park Rust reisen etwa 70 % der Besucher mit der Familie an, etwa 14 % mit Freunden, 15 % mit einem Partner, 1 % reist alleine an.

Die akzeptierte Wartezeit vor Attraktionen beträgt in Deutschland höchstens eine halbe Stunde, in den USA liegt die Wartebereitschaft bei 1,5 Stunden, mit der Folge, dass in Deutschland mehr Attraktionen angeboten werden müssen (Wenzel 1999).

Zur Zukunft von Freizeitwelten

Pluralisierung der Lebensstile und Erlebnissehnsucht als Motor des Erfolgs

Die Zukunft hängt von der Entwicklung der Nachfragesituation ab: Die wachsende Freizeitorientierung, die Pluralisierung von Lebensstilen und die Erlebnissehnsucht der Konsumenten bilden den Motor für den Erfolg und die Akzeptanz der Freizeitwelten. Sie werden offensichtlich zu den „neuen Bühnen des (touristischen) Konsums". Hier manifestieren sich die Freizeitwünsche der Nachfrager:

- die Sehnsucht nach Erlebnissen,
- der Wunsch nach Wahlfreiheit,
- die Hoffnung auf Geselligkeit,
- das Interesse an Zusatznutzen,
- das Bedürfnis nach Markttransparenz,
- die Suche nach dem Besonderen (Steinecke 2001).

Zwar entwickelt sich der Markt differenziert, aber ein Ende der Thematisierungsstrategien und Freizeitwelten sowie deren Akzeptanz ist vorerst nicht in Sicht. Die Prognosen von Franck und Roth (2001) für die Zukunft der Erlebniswelten: Sie werden professioneller, perfekter, größer, vielfältiger und kurzlebiger. Konkret sehen sie für folgende Anlagetypen eine verstärkte Entwicklungschance:

- Shoppingcenter mit Freizeiteinrichtungen,
- Indoor-Skianlagen,
- Science Center, Brandparks,
- Wellness-Oasen,

- Mediale Erlebniswelten, multisensuale Kinos,
- Themenwelten (Themenhotels, thematisierte Casinos),
- Großarenen.

So unterschiedlich die Bewertungen der Freizeitwelten auch ausfallen mögen: die Wahrnehmung der Besucher ist relativ eindeutig. Auf zwei begeisterte Besucher, denen es eine Freude bereitet, mit Familie oder Freunden einen Themenpark zu besuchen, kommt ein Kritiker.

Literatur

Bartels, T. (3.3.2001): California Dreamin'. In: die tageszeitung.

Brittner, A. (2000): Die „Hundertwasser-Therme Rogner-Bad Blumau". In: A. Steinecke (Hrsg.): Erlebnis- und Konsumwelten. München, S. 172–185.

Franck, J. und Roth, E. (2001): Freizeit-Erlebnis-Konsumwelten: Trends und Perspektiven für den Tourismus in Deutschland. In: E. Kreilkamp, H. Pechlaner, A. Steinecke (Hrsg.): Gemachter oder gelebter Tourismus? Destinationsmanagement und Tourismuspolitik. Wien, S. 89–99.

Franck, J. (1999): Urban Entertainment Centers. Entwicklung nationaler und internationaler Freizeitmärkte. In: Bensberger Protokolle 90, Musicals und urbane Entertainmentkonzepte, S. 75–123.

Franck, J. (2000): Erlebnis- und Konsumwelten: Entertainment Center und kombinierte Freizeit-Einkaufs-Center. In: A. Steinecke (Hrsg.): Erlebnis- und Konsumwelten. München, S. 28–43.

Gassner, S. und Gruber, A. (2001): Kurz aber intensiv. In: Bulletin. Das Fachmagazin der Österreich Werbung, April, S. 11–17.

Häntzschel, J. (27.12.2002): Schöne Neue Welt der Tagträumer. In: Süddeutsche Zeitung.

Hatzfeld, U. (1999): Öffentliche Stadtentwicklungspolitik und private Projektentwicklung. In: Ministerium für

Arbeit, Soziales und Stadtentwicklung, Kultur und Sport (MASSKS) (Hrsg.): Stadtplanung als Deal? Urban Entertainment Center und private Stadtplanung. Düsseldorf, S. 7–16.

Isenberg, W. und Sellmann, M. (Hrsg.) (2000): Konsum als Religion? Über die Wiederverzauberung der Welt. Mönchengladbach.

Jacobs, H. M. (2001): Last Minute nach Zweibrücken. In: Fremdenverkehrswirtschaft International, Jg. 35, Heft 9, S. 68–69. (Zitat von Schultz am 20.4.2001 auf einer Tagung der IHK Köln über Städtetourismus).

Katz, H. (1999): Third Street Promenade, Santa Monica. In: Ministerium für Arbeit, Soziales und Stadtentwicklung, Kultur und Sport (MASSKS) (Hrsg.): Stadtplanung als Deal? Urban Entertainment Center und private Stadtplanung. Düsseldorf, S. 80–89.

Kreft, M. (2000): Europa-Park – Von der Unternehmensvision zum Marktführer. In: A. Steinecke (Hrsg.): Erlebnis- und Konsumwelten. München, S. 133–144.

Machens, K.-M. (2000): Zoo Hannover – auf Erfolgskurs mit kundenorientierten Konzepten. In: A. Steinecke (Hrsg.): Erlebnis- und Konsumwelten. München, S. 289–307.

Ministerium für Arbeit, Soziales und Stadtentwicklung, Kultur und Sport des Landes Nordrhein-Westfalen (MASSKS) (Hrsg.) (1999): Multiplex-Kinos in der Stadtentwicklung. Beurteilungskriterien und Handlungsmöglichkeiten. Düsseldorf.

N.N. (2000): Projektboom in Deutschland. ErlebnisWelt Wolfsburg. In: Amusement T&M, Jg. 30, Heft 124, S. 6–7.

N.N. (2001): Der Zoo der Zukunft. In: Amusement T&M, Jg. 31, Heft 125, S. 61–63.

Opaschowski, H. W. (1997): Events im Tourismus. Hamburg.

Opaschowski, H. W. (1999): Tourismus im 21. Jahrhundert. Hamburg.

Opaschowski, H. W. (2000a): Kathedralen des 21. Jahrhunderts. Hamburg.

Opaschowski, H. W. (2000b): Qualität im Tourismus. Erwartungen, Angebote und Realität. Hamburg 2000.

Opaschowski, H. W. (2001a): Deutschland 2010. Wie wir morgen arbeiten und leben. Hamburg.

Opaschowski, H. W. (2001b): Das gekaufte Paradies. Hamburg.

Petri, C. (2000). Universum Science Center Bremen. Vortrag, gehalten auf dem Management Congress Freizeitimmobilien, 9.–10. 11.2000, Autostadt Wolfsburg.

Prang, H. (2000): ZDF-Medienpark – Ein Themenpark als Mittel der Unternehmenskommunikation und Zuschauerbindung. Vortrag, gehalten auf dem Management Congress Freizeitimmobilien, 9.–10. 11.2000, Autostadt Wolfsburg.

Rittberger, B. (20.6.2000): So wahr, wie die Lüge ist. Ein aufgeräumtes Idyll, vielleicht ein bisschen zu sauber: Mit der perfekten amerikanischen Kleinstadt Celebration wurde die heile Welt neu erfunden. In: Süddeutsche Zeitung.

Ronge, T. (2001): Mit der Euromaus auf Tuchfühlung. In: Reisebürobulletin, Nr. 19, S. 32–33.

Roost, F. (2001): Micky Maus als Stadtplaner. In: T. Gohlis, Ch. Hennig, D. Kramer, H. Sprode (Hrsg.): Voyage. Jahrbuch für Reise- & Tourismusforschung, S. 98–107.

Roost, F. (2000): Die Disneyfizierung der Städte – Großprojekte der Entertainmentindustrie am Beispiel des New Yorker Times Square und der Siedlung Celebration in Florida. Opladen.

Rosenfeld, M. (1999): 42nd Street Development, New York. In: Ministerium für Arbeit, Soziales und Stadtentwicklung, Kultur und Sport des Landes Nordrhein-Westfalen (MASSKS) (Hrsg.): Stadtplanung als Deal? Urban Entertainment Center und private Stadtplanung. Düsseldorf, S. 50–72.

Rothärmel, B. (1999): Der Musicalmarkt in Deutschland. In: Bensberger Protokolle 90, Musicals und urbane Entertainmentkonzepte, S. 55–73.

Rupperti, T. (1998): Die Bauerndörfer in Kärnten. In: Bensberger Protokolle 83, Kathedralen der Freizeitgesellschaft, 2. Aufl., S. 69–72.

Scherrieb, H. R. (1998): Freizeit- und Erlebnisparks in Deutschland. Hrsg. vom Verband Deutscher Freizeitunternehmer. Würzburg.

Scherrieb, H. R. (2001): Vom Sonntagsausflugsziel zur Reisedestination. In: Amusement T&M, Jg. 31, Heft 125, S. 37–41.

Schmude, J. (2000): Erlebniswelt Musical. In: A. Steinecke (Hrsg.): Erlebnis- und Konsumwelten. München, S. 238–250.

Schömmel, A.: Brand Lands. Themenwelten zur Marken- und Unternehmenskommunikation. In: Amusement T&M, Jg. 29, Heft 123, S. 39–40.

Steinecke, A. (2001): Erlebniswelten und Inszenierungen im Tourismus: Die Thematisierung des touristischen Raumes. In: E. Kreilkamp, H. Pechlaner, A. Steinecke (Hrsg.): Gemachter oder gelebter Tourismus? Destinationsmanagement und Tourismuspolitik. Wien, S. 67–74.

Steinecke, A. (2000): Auf dem Weg zum Hyperkonsumenten: Orientierungen und Schauplätze. In: W. Isenberg und M. Sellmann (Hrsg.): Konsum als Religion? Über die Wiederverzauberung der Welt. Mönchengladbach, S. 85–94.

Themata.Com (2001): Branchendienst für Freizeitanlagen, Erlebniswelten und Corporate Worlds (www.themata.com).

Wenzel, C.-O. (1999): Die Freizeitoffensive – aktuelle Projekte und Trends im Freizeitsektor in Nordrhein-Westfalen. In: Ministerium für Arbeit, Soziales und Stadtentwicklung, Kultur und Sport des Landes Nordrhein-Westfalen (MASSKS) (Hrsg.): Stadtplanung als Deal? Urban Entertainment Center und private Stadtplanung. Düsseldorf, S. 17–28.

Wenzel, C.-O. und Franck, J. (1998): Trends. Die Ferienwelt von morgen. In: Bensberger Protokolle 83. Kathedralen der Freizeitgesellschaft, 2. Aufl., S. 199–250.

7 Entwicklung des Freizeitmarktes aus Sicht der Tourismuswirtschaft

Ulrich Rüter
Geschäftsführer des Bundesverbandes der Deutschen Tourismuswirtschaft (BTW), Berlin

Vorbetrachtung

Der Wandel von der Industrie- zur Dienstleistungsgesellschaft

Die Tertiarisierung der Wirtschaft, d.h. der Wandel zum Dienstleistungssektor, ist einer der Megatrends unserer Zeit. Die Bedeutung der Dienstleistungen wächst weltweit. Bereits zwei Drittel der weltweiten Wertschöpfung werden von Servicebranchen erwirtschaftet. Im Dienstleistungssektor wurden in den Staaten der OECD seit 1991 weit über 44 Mio. neue Arbeitsplätze geschaffen. Die Tertiarisierung ist ein branchenübergreifendes Phänomen, das in modernen Volkswirtschaften jeden Arbeitsplatz verändert hat. Ohne Dienstleistungen lassen sich industrielle Waren weder verkaufen noch kaufen.

Der Dienstleistungssektor wächst weiter

Wo geht die Reise hin?

Der Trend ist eindeutig: Dienstleistungen sind auf dem Vormarsch. In der Dekade zwischen 1998 und 2008 wird die Beschäftigung in den Dienstleistungsbranchen in den USA schätzungsweise um 19% und in Deutschland um 10% wachsen. Noch aussagekräftiger ist ein Vergleich mit der Beschäftigung in der Industrie: In diesem Sektor wird für Deutschland für denselben Zeitraum ein Minus von 17% erwartet (Preussag Dienstleistungsreport 2000).

Die Entwicklung der Beschäftigung in den Dienstleistungsbranchen, der unternehmensnahen Dienstleistungen, der Zahl der Unternehmensgründungen und die Entwicklung der Börsenwerte der Dienstleistungsunternehmen weist darauf hin, dass die Tertiarisierung noch lange nicht abgeschlossen ist.

Ausgewählter Dienstleistungsmarkt Tourismus

Die zunehmende Bedeutung des Dienstleistungssektors zeigt sich auch bei Reisen und Urlaub, die eine Wachstumsbranche darstellen. Die Zahl der Auslandstouristen etwa stieg seit 1950 um mehr als das 25fache an. Der Markt befindet sich zudem in einem stetigen Strukturwandel. Aktueller Trend: Die großen Reiseunternehmen werden zum integrierten Anbieter der Wertschöpfungskette. Moderne Reisekonzerne decken die gesamte Wertschöpfungskette einer Reise ab – also Beratung, Vermittlung und Verkauf einer Reise, den Transport zum und die Unterbringung und Unterhaltung am Reiseort.

Internationaler Tourismus als Wirtschaftsfaktor

Wirtschaftsfaktor „Tourismus"

Der Tourismus ist eine beschäftigungsintensive Branche, die die gesamte Bandbreite an beruflichen Qualifikationen abdeckt. Nach Angaben des World Travel and Tourism Council (WTTC) sind derzeit weltweit 230 Mio. Arbeitsplätze direkt oder indirekt vom Tourismus abhängig. Viele davon sind in kleinen und mittleren Unternehmen zu finden sowie in städtischen oder ländlichen Gebieten mit der höchsten strukturellen Arbeitslosigkeit.

In der Europäischen Union entfallen auf die Tourismuswirtschaft laut Angaben des WTTC derzeit rund 22 Mio. Arbeitsplätze – das sind mehr als ein Zehntel der Arbeitsplätze insgesamt.

Der deutsche Veranstalter-Markt ist im Touristikjahr 1999/2000 trotz der im Vergleich zum Vorjahr schwierigen Marktlage erneut gewachsen. Die 53 Reiseveranstalter erreichten bei insgesamt 28,6 Mio. Teilnehmern einen Umsatz von 30,1 Mrd. DM. Damit steigerte sich der Umsatz im Vergleich zum Vorjahr um 6,9 %, während die Teilnehmerzahlen um 5 % wuchsen. Verglichen mit dem Vorjahr liegt das Umsatzwachstum 1999/2000 damit um 1,9% über dem Wachstum der Teilnehmerzahlen.

Der durchschnittliche Umsatz pro Teilnehmer erhöhte sich entsprechend um 19 DM auf 1.052 DM. Dies zeigt, dass trotz des intensiven Wettbewerbs Preissteigerungen, etwa beim Kerosin und beim Hoteleinkauf, an den Kunden weitergegeben werden konnten. Im Vorjahr war der Durchschnittsumsatz dagegen noch um 9 DM gesunken.

Nationaler Tourismus als Wirtschaftsfaktor

Nach wie vor erweist sich die empirische Wirtschaftsforschung als äußerst schwierig. Die Eingrenzung der tatsächlich für den Tourismus relevanten Angaben ist kompliziert, und die veröffentlichten Zahlen der Institute weichen stark voneinander ab.

Auf der Basis der Daten von 1995 wurden touristische Gesamtausgaben in Deutschland in Höhe von 395 Mrd. DM und eine inlandswirksame touristische Nachfrage von 275 Mrd. DM (7,5% Bruttoinlandsprodukt) errechnet.

Daraus abgeleitet ergibt sich rechnerisch ein Beschäftigungseffekt von rund 2,8 Mio. Erwerbstätigen. Der Anteil der vom Tourismus abhängigen Arbeitsplätze in der Gesamtbeschäftigung liegt in Deutschland damit bei 8%.

Die Perspektiven für den Deutschland-Tourismus sind überaus gut. Das Deutschland-Incoming (Reisen von Ausländern nach Deutschland) hatte sich 1999 zum sechsten Mal in Folge positiv entwickelt: Die Zahl der Übernachtungen ausländischer Gäste, so das Statistische Bundesamt, lag bei 35,7 Mio. Das ist ein Plus von 3,7% im Vergleich zum Vorjahr. Die Deutsche Bundesbank meldete einen Anstieg der Deviseneinnahmen um 4,1% auf 30,7 Mrd. DM. Auch die Zahl der Übernachtungen inländischer Gäste in Deutschland hat sich 1999 um weitere 4,7% auf 272,3 Mio. erhöht.

Reisemarkt im Wandel   **_Tourismus – vom Privileg zum Lebensstil_**

Wandel vom Luxus- zum Massengut
Das Reisen gehört zu den wohl bedeutendsten Kennzeichen einer modernen Freizeitgesellschaft. Die Welttourismusorganisation (WTO) schätzt die Zahl der Auslandstouristen im Jahr 1999 weltweit auf bis zu 670 Mio. Menschen. Das ist seit 1950 eine Steigerung um mehr als das 35fache. Was früher noch ein Privileg von wenigen war, ist heute ein Lebensstil für viele. Das Reisen wandelte sich vom Luxus- zum Massengut.

Veränderung des Reiseverhaltens
Dabei steht die Tourismusbranche immer wieder vor großen Veränderungen. Nicht nur die Veranstalter halten mit immer neuen Ideen und Strategien den Reisemarkt in Bewegung, sondern auch die Urlauber mit ihren stets wechselnden Wünschen.

Die Wachstums- und Beschäftigungsschwäche in Deutschland und anderen europäischen Ländern während des vergangenen Jahrzehnts hatte nur geringe Auswirkungen auf die Feriengewohnheiten. Die starke Konsumpriorität für Urlaubsreisen immunisiert gegen den Einfluss konjunktureller Schwächeperioden. So sind z. B. die Ausgaben der Deutschen für Pauschalreisen im Zeitraum von 1991 bis einschließlich 1999 mit insgesamt 37 % deutlich stärker gewachsen als der gesamte private Konsum mit nur 11 %. Bei der Ausgabenneigung der Deutschen steht die Urlaubsreise weit vor allen anderen Dienstleistungen und Gebrauchsgütern, wie beispielsweise dem Pkw. Trotz Wirtschaftsflaute boomt das Touristikgeschäft.

Der Reisemarkt befindet sich in einem stetigen Wandel. Der Anteil von Zweit- und Drittreisen steigt an. Von 1970 bis 1998 ist die Zahl der Haupturlaubsreisen um 39 % gestiegen, im gleichen Zeitraum hat sich die Zahl der Zweit- und Drittreisen mehr als verdreifacht.

Bei der Organisation der Urlaubsreise findet eine ständige Verlagerung von der Individualreise hin zur Veranstalterreise statt. Es ist davon auszugehen, dass bereits im Jahre 2002 mehr als die Hälfte der Urlaubsreisen der Deutschen über kommerzielle Reiseanbieter gebucht wird.

Rund 70% des Veranstaltermarktes in Deutschland sind Flugurlaubsreisen. Das Flugzeug ist unter den Reiseverkehrsmitteln der wichtigste Wachstumsträger. Mit dem Bedeutungsgewinn des Flugzeugs geht auch die Verlagerung auf ausländische Reiseziele einher. Besonders die spanischen Badeziele konnten in den 90er Jahren ihren Marktanteil unter den Reisezielen der Deutschen weiter ausbauen.

Ausblick in die Zukunft
Neben dem quantitativen Wachstum wird sich die Reisebranche in Zukunft vor allem mit den wandelnden Vorstellungen der Kunden auseinander setzen. Die Multioptionalität und Individualität der Kundenwünsche sowie die Spontaneität bei der Buchung einer Urlaubsreise wird die Anbieter vor neue Herausforderungen stellen. Produkte wie Wellness-Urlaub oder All-Inclusive-Reisen sind hier erst der Anfang.

Tourismusunternehmen – Zukunft durch Expansion

Tourismusunternehmen im Wandel

Vom Vermittler zum Produzenten
Bis vor wenigen Jahren konzentrierten sich Reiseveranstalter vorwiegend auf die Vermittlung von Reiseleistungen. Heute decken moderne Reisekonzerne dagegen die gesamte Wertschöpfungskette einer Reise ab – Beratung, Vermittlung und Verkauf einer Reise, Transport zum und Unterbringung am Reiseort. Infolge dieser Strategie der vertikalen Integration verfügen Reiseunternehmen heute über eigene Reisebüros, Flugzeuge und Hotels in den wichtigen Zielgebieten.

Kostensenkung durch Größe
Um auf den Reisemärkten zu bestehen, schließen sich immer mehr Reiseveranstalter zusammen. Zurzeit entfallen rund drei Viertel des Umsatzes der 150 größten europäischen Reiseveranstalter auf die zehn größten Unternehmen. Durch Fusionen versuchen die Reiseunternehmen, einen größeren Teil der touristischen Wertschöpfungskette zu kontrollieren. Erfolgreiche Reisekonzerne agieren heute international. Die fünf größten Reisezielländer – Frankreich, Spanien, USA, Italien und Großbritannien – ziehen über ein Drittel der Auslands-

touristen an. Der Zuwachs der großen Fünf war 1998 mit einem Plus von 3,1 % Auslandstouristen sogar höher als der Anstieg der Gesamtzahl an Auslandstouristen mit 2,5 % weltweit.

Modernes Reisemarketing
Die New Economy geht natürlich auch an der Touristik nicht vorbei: Reiseangebote und Buchungen über das Internet werden zu einem wachsenden Marketinginstrument. Experten gehen davon aus, dass im Online-Reisehandel enorme Wachstumspotenziale stecken, denn gegenwärtig liegt der Internetabsatz in Deutschland, trotz des expansiven Reiseangebots, noch unter 1 %. Zurzeit sondieren viele Internetsurfer neugierig die Angebote, buchen dann aber letztlich doch über das Reisebüro.

Deutschland als
Reiseland

Zukunftsfaktor Tourismus – Reiseland Deutschland: Zwischen Attraktivitätsverlust und Aufwind

Feriengebiete und Städte
Deutschland ist nicht „von Natur aus" ein attraktives Reiseland und auch nicht auf Stammurlauber programmiert. Die geringe Attraktivität des Inlandsurlaubs ist teilweise durch die Sehnsucht der Reisenden nach Sonne zu erklären. Das relativ hohe Preisniveau, das wegen des hohen Qualitätsstandards nur bedingt gesenkt werden kann, ist ein weiterer Faktor. Um die Attraktivität Deutschlands als Tourismusstandort zu steigern, bieten sich daher zwei marketingspezifische Ansätze für die Zukunft an.

Erstens: Die Feriengebiete in Deutschland müssen stärker als bisher *Kontrastcharakter* erhalten, also in Architektur und Ambiente eine Gegenwelt zum Alltag ausstrahlen. Urlaubslandschaften müssen sich deutlicher von den alltäglichen Wohn-, Büro- und Industrielandschaften unterscheiden. Urlauber wollen Ferienlandschaften als positiven Gegenentwurf zum Alltag empfinden.

Zweitens: Beim Urlaub in Deutschland will man etwas mehr und auch sich selbst erleben. Alltagsmonotonie und Langeweile haben hier keinen Platz. Um sich gegen den Trend, Urlaub im Ausland zu verbringen, behaupten zu können, muss das Reiseland Deutschland sich als „Erlebnisland" präsentieren. Das wäre das Motto einer Werbestrategie, die mehr auf Gegenwart als auf Vergangenheit setzt und dem Touristen das Gefühl vermittelt, dabei gewesen zu sein und etwas erlebt zu haben. Urlaub machen heißt immer mehr: Ausleben, was zu Hause und im Alltag zu kurz kommt.

Senioren- und Single-Reisen
Die so genannten Senioren werden in Zukunft zum Wachstumsmotor des Tourismus. Der Anteil älterer Menschen in der Bevölkerung nimmt signifikant zu. Die ältere Generation von morgen ist finanziell unabhängiger und gesünder als ihre „Altersgenossen" von früher. Zudem haben die Senioren viel Freizeit. Allerdings muss die Branche diese Altersgruppe genau analysieren und gezielt ansprechen, denn die Senioren sind schon heute reiseerfahren, kritisch und gut informiert. Die kommende Seniorengeneration wird nicht nur noch reisefreudiger sein als die heutige. Sie stellt auch vielfältigere, differenziertere Ansprüche an den Urlaub. Die Tourismusindustrie muss sich also mehr einfallen lassen als Tanzabende, Bastelkurse und Kurkonzerte.

Trotz der absehbaren Änderungen in der Alters- und Haushaltsstruktur in Deutschland wird sich der Anteil der Urlaubssingles – rund 11 % aller Urlaubsreisen – in den nächsten zehn Jahren kaum ändern.

Die Bedeutung der Erlebniswelten
Ein Wettlauf der Erlebniswelten hat begonnen. Der Autokonzern VW hat für eine Milliarde Mark in Wolfsburg eine neue Erlebnisstadt als Mischung aus Freizeitpark, Luxushotel („Ritz Carlton") und Verkaufsshow geschaffen. Darüber hinaus breiten sich in den Zentren der großen Städte Entertainment Center aus, etwa das CentrO in Oberhausen oder die „Movie World" in Bottrop.

An der Schwelle zum dritten Jahrtausend haben sich Forschung, Wirtschaft und Politik mit Anspruch, Wirklichkeit und Wirkungen der virtuellen Erlebniswelten auseinander zu setzen. Die heutigen Erlebniskonsumenten wollen perfekte Illusionen. Sie sind mit Scheinwelten zufrieden, solange diese nur die Wirklichkeit übertreffen. Mit Blick darauf werden Erlebniswelten und Ferienparadiese inszeniert.

Die Sehnsucht nach dem Ferienparadies der Zukunft ist verständlich – aber niemand weiß, wo genau es eigentlich liegt. Die Traumziele der Zukunft sind notwendigerweise unbekannt und unbeschreibbar. Viele können „ihr" Urlaubsziel der Zukunft nur mit einem Wort umschreiben: „anders".

Was getan werden sollte

Der Masterplan für Tourismus vom Bundesverband der deutschen Tourismuswirtschaft (BTW)

Tourismus als Leitökonomie der Zukunft

Kernbereich, Komplementärbereiche und Nebenbereiche
Die Tourismuswirtschaft in Deutschland umfasst einen Kernbereich der direkt und einen Komplementärbereich der indirekt profitierenden Leistungsträger.

Ausgewählte Handlungsfelder

Stellenwert der Dienstleistung Tourismus erhöhen
Vier Maßnahmen des BTW tragen dazu bei, den Stellenwert der Dienstleistung Tourismus in Politik und Gesellschaft zu erhöhen:
1. Runder Tisch der Deutschen Tourismuswirtschaft
2. Presse- und Öffentlichkeitsarbeit für die Branche
3. Touristische Außenpolitik
4. Gesprächskreis Tourismusindustrie zwischen dem Bundesverband der Deutschen Industrie (BDI) und dem BTW.

1. Runder Tisch der Deutschen Tourismuswirtschaft
Ziel des Runden Tisches ist es, den Dialog zwischen Verbänden, Bundesregierung, Tourismusausschuss, Ländern und anderen Institutionen zu fördern.

Der Tourismus hat in Deutschland trotz guter Arbeit der einzelnen Gremien immer noch einen zu geringen Stellenwert. Die bisherigen Schwerpunkte der Gespräche am Runden Tisch – die Neuordnung der Tourismusstrukturen auf Bundesebene, die EXPO 2000, das Thema Messe- und Geschäftsreisetourismus und das Jahr des Tourismus 2001 – versuchen, hier Abhilfe zu schaffen.

2. Presse- und Öffentlichkeitsarbeit für die Branche
Besonders wichtig für die Veränderung des Stellenwertes einer Branche sind öffentlichkeitswirksame Veranstaltungen. Mit dem alljährlich stattfindenden Tourismusgipfel, diversen Tourismusforen, Presse-Events und Pressereisen konnten die aktuellen Themen der Tourismusbranche erfolgreich in der Öffentlichkeit positioniert werden.

3. Touristische Außenpolitik
Fokus der deutsche Tourismuswirtschaft darf es nicht nur sein, Gäste ins Ausland zu schicken. Sie muss auch die Einbindung der deutschen Wirtschaft in den Zieldestinationen verbessern, um den Export von Waren, insbesondere von Dienstleistungen und Investitionen, zu forcieren. Der BTW vertritt dabei als touristischer Querschnittsverband die Interessen der deutschen Tourismusunternehmen als Botschafter im Ausland.

4. Gesprächskreis Tourismusindustrie zwischen BDI und BTW
Um eine ganzheitliche und nachhaltige Positionierung der Tourismusbranche zu gewährleisten, ist es erforderlich, die Kräfte von politischen Akteuren zu bündeln und eine gemeinsame Strategie zu verfolgen. Nur eine wettbewerbsfähige Industrie in Deutschland kann die Grundlage für einen dynamischen Dienstleistungs- bzw. Tourismusmarkt bilden.

Daher ist es unverzichtbar, dass Industrie und Dienstleister an einem Strang ziehen, gemeinsam Interessen bündeln und diese durch schlagkräftige Verbandsstrukturen wirksam vertreten.

Für den BTW ist der Gesprächskreis eine Informationsschnittstelle, die ihm, seinen Mitgliedern und weiteren interessierten Unternehmen Zugang zum BDI verschafft. Für den BDI ist der Gesprächskreis eine Möglichkeit, auf das Know-how von Unternehmen und Verbänden aus der Tourismuswirtschaft zurückzugreifen.

Schritte zur Sicherung der Mobilität
Mobilität ist der Lebensnerv des Tourismus. Erfolgreiche Tourismuswirtschaft ist ohne Mobilität nicht denkbar. Für den Tourismusstandort Deutschland schafft

Mobilität Arbeit und Kapital und fördert Dienstleistungen. Dennoch stehen heute oft negative Auswirkungen von Mobilität im Vordergrund. Staus, Wartezeiten, Lärm- und Luftbelastungen und Steuern sowie Gebühren stellen Mobilität in Frage. Ziel des BTW ist es, das Thema Mobilität in der Öffentlichkeit positiv zu besetzen. Dazu gehören im Wesentlichen Maßnahmen zur Akzeptanzsteigerung. Mobilität ist grundsätzlich etwas Positives und wird auch von der Gesellschaft gefordert. Zwingend notwendig ist jedoch ein ganzheitlicher Ansatz zum Erhalt der Mobilität.

Dazu gehören:

- die Beseitigung der Kapazitätsengpässe,
- die Optimierung der Schnittstellen der verschiedenen Verkehrsträger,
- die unter anderem daraus resultierende Entlastung der Umwelt.

Zur Gewährleistung dieser Aspekte sucht der BTW den Dialog mit den Verantwortlichen in der Politik und regt Gespräche unter den Verkehrsträgern sowie die Kommunikation mit den Kunden immer wieder an. Denn nur intelligent organisierte und gewachsene Mobilität auf der Basis einer umfangreichen Vernetzung kann dem wachsenden Mobilitätsbedarf gerecht werden.

Service-Offensive starten und Qualitätsoffensive vorantreiben
Deutschland ist als Reiseziel in puncto Servicequalität viel besser als sein Ruf. Aber wir haben auch an einigen Stellen Nachholbedarf.

Ziel des BTW ist es, den Tourismusstandort Deutschland zu sichern, zu stärken und sich durch die Qualität des touristischen Angebots im globalen Wettbewerb zu profilieren.

Auch das Arbeitskräftepotenzial muss an die Bedürfnisse der sich dynamisch wandelnden Tourismuswirtschaft angepasst werden, um so das Wachstum zu unterstützen. Dadurch werden neue Arbeitsplätze geschaffen und bestehende langfristig gesichert.

Zu diesem Zweck entwickelte der Deutsche Industrie- und Handelskammertag (DIHT) unter Mitwirkung des BTW das Konzept einer zusätzlichen Zertifizierung für Berufsbilder der touristischen Wertschöpfungskette. Im

Vordergrund stand ein branchenübergreifender einheitlicher Service-Standard zur Profilierung der deutschen Tourismuswirtschaft.

Entscheidend für die Servicequalität ist das Eingehen auf die Kundenwünsche.

Das Servicezertifikat soll

- die touristischen Dienstleistungen qualitativ aufwerten,
- die internationale Wettbewerbsfähigkeit erhöhen,
- das Servicebewusstsein der Mitarbeiter optimieren und
- somit einen Pool an spezialisierten und erfahrenen Arbeitskräften zur Verfügung stellen.

Denn nur durch die Zufriedenstellung der Erwartungen der in- und ausländischen Gäste, also durch die Realisierung einer Top-Service-Philosophie, kann sich Deutschland als touristische Destination eine Position erarbeiten, die dem Land einem Vorsprung gegenüber anderen Destinationen verschafft.

Regionale Potenziale entwickeln und Marketing optimieren
Seit etlichen Jahren wird unter den Ländern sowie zwischen Bund und Ländern eine Diskussion um die notwendigen verbandlichen und organisatorischen Strukturen im Tourismus geführt. Es ist nun an der Zeit, dass Bund und Länder ihre Bereitschaft zur Unterstützung und zur Förderung des kommunal verankerten und föderal organisierten Tourismus deutlich zum Ausdruck bringen. Gerade das Jahr des Tourismus erhielte dadurch zum Abschluss einen besonders motivierenden Impuls, der zu dem von uns allen gewünschten anhaltenden Aufschwung im Deutschlandtourismus führen könnte.

Grundlage der Optimierung des Marketings ist die Definition und Abgrenzung touristischer Regionen.

Des Weiteren wurde die Verbesserung des Informations- und Kommunikationsmanagements zur Gewährleistung eines professionellen Marketings auf den Weg gebracht.

Oberstes Ziel zur Optimierung der regionalen Potenziale ist es, eine Vernetzung mit bestehenden Vermarktungsinstitutionen wie den regionalen Tourismus

GmbHs und/oder der Deutschen Zentrale für Tourismus (DZT) herzustellen.

Dabei übernimmt die DZT das Marketing und der BTW die politische und gewerbepolitische Rolle im deutschen Tourismus.

Marktforschung verbessern

Märkte und Trends sind einem immer schnelleren Wandel unterworfen. Die Abschätzung des künftigen Verbraucherverhaltens wird zunehmend zum Rätselraten. Eine Optimierung der Marktforschungsmaßnahmen ist daher erforderlich.

Basis einer aussagefähigen Marktforschung ist eine umfangreiche benutzerfreundliche Branchenstatistik, die auf nationaler und internationaler Ebene anhand einheitlicher Richtlinien umgesetzt wird.

Wettbewerbshemmnisse im europäischen Binnenmarkt abbauen

Dies betrifft in erster Linie die europäische Verkehrspolitik, die Steuerpolitik, den Verbraucherschutz und die Art und Weise der Umsetzung des europäischen Rechts. Deutlich wird hierbei immer wieder die Notwendigkeit der Vernetzung der europäischen Tourismuspolitik.

Schlussbetrachtung

Der Blick in die Ferienwelt von morgen macht deutlich:

Die Individualisierung im Massentourismus beschleunigt sich. Die Reisenden wollen im Urlaub vor allem eines: nichts verpassen, alles erleben. Bei sechs Wochen Jahresurlaub reicht selbst ein ganzes Leben kaum aus, alle Urlaubswünsche Wirklichkeit werden zu lassen. Die Ansprüche der Urlauber und die Angebote der Reiseveranstalter sind in den letzten Jahren denn auch immer vielfältiger geworden.

Als traditionell globale Branche ist der Tourismus mit seinen Produkten und Dienstleistungen in der ganzen Welt zu Hause: Er ist sozusagen Pionier und damit Trendsetter der aktuellen Entwicklungen.

Literatur

Preussag AG in Zusammenarbeit mit Institut der deutschen Wirtschaft Köln (Hrsg.) (2000): Preussag Dienstleistungsreport.

8 Freizeit- und Erlebniswelten: Status Quo und Trends im Freizeitmarkt und Freizeitverkehr

Carl-Otto Wenzel
Vorstandsvorsitzender der Wenzel Consulting, Hamburg

Vorbemerkungen

Im Freizeitverkehr nimmt der motorisierte Individualverkehr (MIV) – insbesondere beim Besuch von Freizeitgroßanlagen – die größte Bedeutung bei der Verkehrsmittelwahl ein. Die Entwicklung diverser Ansätze zur Reduzierung des MIV zugunsten des öffentlichen Personennahverkehrs (ÖPNV) in den vergangenen Jahren hat leider bisher nicht den gewünschten Erfolg gebracht. Im folgenden Beitrag werden neben allgemeinen Kenndaten zum Freizeitverkehr auch Einzelanlagen verschiedener Freizeitanlagensegmente betrachtet, um das derzeitige Verkehrsaufkommen sowie die zukünftige Entwicklung zu beleuchten. Des Weiteren werden Möglichkeiten einer Verlagerung des Freizeitverkehrs zugunsten des ÖPNV eruiert und bewertet.

Entwicklungen und Trends des Freizeitmarktes

Der Freizeitmarkt war in den vergangenen Jahren durch ein sehr starkes, aber differenziertes Wachstum gekennzeichnet. Sowohl auf der Anbieter- als auch auf der Nachfragerseite zeigen sich deutliche Trends, die für die Zukunft weitere Modifikationen erwarten lassen. Die folgende Tabelle (Tab. 1) zeigt die wichtigsten Entwicklungen im Überblick.

Angebots- und Nachfragetrends im Freizeitmarkt

Die dargestellten Entwicklungen lassen sich auch in den einzelnen Segmenten nachvollziehen. Hinter jedem in der folgenden Tabelle (Tab. 2) erwähnten Freizeitan-

Freizeitanlagensegmente

Tabelle 1. Angebots- und Nachfragetrends im Freizeitmarkt

Angebotstrends	Nachfragetrends
Professionalisierung des Betreibermarktes	Steigendes Anspruchsverhalten
Filialisierung/Globalisierung	Markenorientierung
Konzentration – Megaprojekte	Hohe Faszinationsschwelle
Hohe Wettbewerbsdichte	Suche nach dem Kick
Hoher Produkt-Innovationsgrad	Erwartung einer sinnvollen Freizeitbeschäftigung
Kurze Lebenszyklen	„Ewige Jugend"
Entstehung neuer Formen von Freizeitangeboten	Steigende Informationstransparenz
Zielkundenorientierung der Angebote – Marktsegmentierung	Zunehmende Pluralität von Lebensstilen
Mediale Erlebniswelten	Individualisierung und Auflösung sozialer Verbände
Entwicklung von witterungsunabhängigen Indoor-Konzepten für klassische Outdoor-Aktivitäten	
Freizeitgroßanlagen: „Big is beautiful"	
Nutzung von Freizeitanlagen als Marketinginstrument der Unternehmenskommunikation	
Räumliche Bündelung von Freizeitaktivitäten	

Tabelle 2. Freizeitanlagensegmente

Freizeitanlagensegmente
Freizeit- und Vergnügungsparks, Themenparks
Veranstaltungszentren
Kommerzielle Vergnügungs- und Spielstätten
Einzelhandelsorientierte Freizeitlokalitäten und Entertainment Center
Integrierte multifunktionale Urlaubs- und Ferienanlagen
Integrierte multifunktionale Kuranlagen sowie Schönheits- und Gesundheitsanlagen
Sport- und Fitnessanlagen
Kulturelle Freizeitanlagen
Besondere technische, künstlerische, historische oder natürliche Sehenswürdigkeiten
Freizeit- und Kommunikationszentren nicht-kommerzieller Art
Kurs- und Weiterbildungsangebote

lagensegment steht eine Vielzahl von sowohl in die Breite als auch in die Tiefe gefächerten Anlagentypen.

Auf die Entwicklungstrends innerhalb einzelner Segmente wird auf S. 149 näher eingegangen.

Gesamtverteilung des Verkehrsaufkommens

Nach einer Untersuchung von Thomas W. Zängler „Mikroanalyse des Mobilitätsverhaltens in Alltag und Freizeit" aus dem Jahre 2000 entfällt ein Anteil von rund 30 % der Gesamtwegestrecke der Bevölkerung auf den Freizeitverkehr, wobei es sich bei dieser Schätzung um einen konservativen Ansatz handelt. Des Weiteren wurde von Zängler der Anteil verschiedener Freizeittätigkeiten an den zurückgelegten Distanzen ermittelt (Tab. 3):

Im Durchschnitt werden demnach Freizeitaktivitäten mit 2,1 Personen unternommen. Die Besuche bei Freunden und Verwandten dominieren in dieser Analyse, wie schon in einer durch das BAT (British American Tob-

Anteil der Freizeittätigkeiten an den zurückgelegten Distanzen

Tabelle 3. Anteil der Freizeittätigkeiten an den zurückgelegten Distanzen

Freizeittätigkeit Ausflug ...	Anteil in %	Anteil an den Distanzen in %	Anzahl der Personen
Besuch Freunde	23,4	18,9	1,9
Besuch Verwandte	15,6	20,4	2,2
Sportanlagen	12,1	7,9	1,8
Kultur	10,0	12,7	2,6
Sport in der Natur	8,1	5,4	2,2
Essen gehen	6,8	6,9	2,9
Kirche/Friedhof	7,3	2,8	2,0
Ausflüge	4,7	10,8	2,4
Hobbys	2,7	1,4	1,4
Soziale Interaktion	2,4	2,7	2,1
Erholung	0,9	4,6	1,9
Sonstiges	0,8	0,4	2,2
Insgesamt	100,0	100,0	2,1

Tabelle 4. Modal-Split der Freizeittätigkeiten
Quelle: Opaschowski (BAT Freizeit-Forschungsinstitut) 1995

Freizeittätigkeit Ausflug …	Zu Fuß in %	Fahrrad in %	ÖPNV in %	MIV in %
Spazieren gehen	1,8	0,9	3,6	93,7
Feste	6,1	7,8	0,0	89,0
Besuch von Verwandten	16,3	5,9	3,9	73,9
Sportveranstaltung	18,7	12,0	4,0	65,3
Essen gehen	19,7	8,2	4,1	68,0
Besuch von Freunden	22,1	10,9	6,9	60,1
Mannschaftssport	6,0	21,7	3,6	68,7
Schwimmen, Kegeln, Tennis	13,7	16,7	2,9	66,7
Fitness	13,6	8,0	9,1	69,3

Modal-Split der
Freizeittätigkeiten

acco) Freizeit-Forschungsinstitut durchgeführten Untersuchung aus dem Jahre 1995.

Der Modal-Split stellt sich in der BAT-Untersuchung (Tab. 4) wie folgt dar:

Der MIV ist mit jeweils mindestens 60 % Aktivitätsquote das eindeutig präferierte Verkehrsmittel für Freizeitaktivitäten.

Auch im Bereich der Tagesausflüge besitzt das Auto die dominierende Stellung unter den gewählten Verkehrsmitteln. Das Deutsche Wirtschaftswissenschaftliche Institut für Fremdenverkehr (DWIF), München, ermittelte für das Jahr 1995 ein Volumen von über 2,0 Mrd. Tagesausflügen pro Jahr in Deutschland. Für das Jahr 2000 werden von verschiedenen Quellen rund 2,2 Mrd. Tagesausflüge genannt. Jeder zweite Tagesausflug dauert dabei über sechs Stunden, jeder siebte Ausflug sogar länger als 12 Stunden. Die durchschnittliche Ausflugsdauer liegt bei acht Stunden und 70 km Ausflugsentfernung für die einfache Strecke (Opaschowski 2000: 24). Damit kommt das BAT-Freizeit-Forschungsinstitut zu ähnlichen Ergebnissen wie die Untersuchung von Zängler (2000): Zwei Drittel der Bevölkerung haben bei ihrem letzten Tagesausflug das Auto als Verkehrsmittel benutzt.

Zwischen 1994 und 1997 haben die Unternehmungen mit dem Auto um zwei Prozentpunkte zugelegt (Opaschowski 2000: 24). Besonders stark wird der Pkw dabei

von Familien mit Kindern für Tagesausflüge genutzt
(75 %).

Verkehrsmittelwahl bei Freizeitanlagen

Für den größten Teil der Gäste von stationären und temporären Freizeitanlagen bestätigt sich der Befund der
vorangestellten Untersuchungen: Der Pkw ist das dominierende Verkehrsmittel zur Nutzung bzw. zur Anreise
(Tab. 5).

Der PKW ist das dominierende Verkehrsmittel beim Besuch von Freizeitanlagen

Eine neuere Studie (Opaschowski 2001) bestätigt die
Ergebnisse der weiter oben angeführten repräsentativen
Studie zum Freizeitverkehr (Opaschowski 1995) auch
für das Jahr 2002.

Im Rahmen der 1995 durchgeführten Untersuchung
wurden 3.000 Personen ab 14 Jahren nach der Pkw-Anfahrtsbereitschaft in Stunden zum Erreichen bestimmter Ziele befragt. Die folgende Tabelle (Tab. 6) gibt eine
Zusammenfassung der wesentlichen Ergebnisse wieder.

Anfahrtsbereitschaft

Es erweist sich, dass die höchste Anfahrtsbereitschaft
und Fahrzeiten von deutlich über einer Stunde einerseits bei Besuchen von Freunden und Verwandten, andererseits bei Besuchen von sehr großen und attraktiven Events sowie von Freizeitparks bestehen. Die hier
aufgeführten Werte entsprechen dabei weitgehend den
Erfahrungswerten und Ergebnissen diverser Untersu-

Tabelle 5. Verkehrsmittelwahl beim Besuch von Freizeitanlagen
Quelle: Wenzel Consulting Aktiengesellschaft (diverse Erhebungen sowie Erfahrungswerte)

Anlagentyp	Anteil des MIV	Anteil des ÖPNV
Freizeitparks	ca. 85 %	7–10 % (Bus und Bahn)
Ferienzentren	ca. 95 %	zu vernachlässigen
Spaß- und Erlebnisbäder	integrierter Standort: 74 % Pkw und 13 % zu Fuß/Fahrrad peripherer Standort über 90 %	integrierter Standort: 13 % peripherer Standort: weniger als 10 %
Multiplex-Kinos	City-Standort: 50–80 % dezentraler Standort: 90 %	City-Standort: 20–50 % dezentraler Standort: 10 %
Zoologische Gärten	50 % (nur Pkw)	25 % (nur ÖPNV)
Museen	64 % (nur Pkw)	27 % (nur ÖPNV)
Landesgartenschau	50 % (nur Pkw)	30 % (nur ÖPNV)
Musicals	78 % (nur Pkw)	7 % (nur ÖPNV) 12 % (Reisebus)

Tabelle 6. Pkw-Anfahrtsbereitschaft in Stunden zum Erreichen bestimmter Freizeitziele
Quelle: Opaschowski (BAT-Freizeit-Forschungsinstitut) 2001: 335

1995	Gesamt-bevölke-rung	Jugend-liche	Junge Erwach-sene	Singles	Paare	Familien mit Kindern	Fami-lien mit Jugend-lichen	Jung-senioren	Ruhe-ständler
Verwandte	1,6	1,6	1,7	1,5	1,7	1,8	1,5	1,6	1,4
Freunde	1,6	2,0	1,9	1,8	1,9	1,7	1,9	1,5	1,2
Freizeitpark	1,4	1,7	1,6	1,2	1,5	1,7	1,5	1,3	1,1
Musical	1,2	1,4	1,6	1,0	1,2	1,3	1,2	0,9	0,7
Open-Air-Konzert	1,2	2,3	2,0	1,4	1,3	1,4	1,4	0,7	0,6
Naherholungs-Gebiet	1,1	1,0	1,1	1,1	1,2	1,3	1,0	1,1	0,9
Zoo, Tierpark	1,1	1,0	1,0	0,9	1,1	1,2	1,3	1,1	0,9
Sportveran-staltungen	1,0	1,4	1,1	1,1	1,0	1,2	1,1	1,0	0,8
Theater, Oper, Konzert	1,0	1,1	1,2	0,8	1,0	1,2	1,0	0,9	0,8
Museum, Kunstaus-stellung	0,9	0,7	1,0	0,8	0,9	1,0	1,0	1,0	0,7
Party, Fete	0,8	1,2	1,0	0,9	1,0	0,9	1,0	0,7	0,5
Volksfest, Kirmes	0,8	1,1	1,0	0,7	0,8	0,8	0,8	0,7	0,6
Schwimmbad, Badesee	0,7	1,0	0,8	0,8	0,7	0,8	0,7	0,7	0,5
Flohmarkt	0,7	0,8	0,7	0,7	0,7	0,8	0,7	0,6	0,5
Fußgängerzone	0,7	0,8	0,8	0,6	0,6	0,7	0,8	0,7	0,6
Spielcasino	0,7	0,9	0,7	0,8	0,7	0,8	0,7	0,6	0,5
Restaurant	0,6	0,6	0,6	0,6	0,6	0,6	0,6	0,5	0,5
Tanzen gehen, Disco	0,6	1,2	0,9	0,8	0,6	0,6	0,6	0,5	0,4
Gaststätte	0,5	0,6	0,5	0,5	0,5	0,5	0,5	0,4	0,4
Kino	0,5	0,6	0,6	0,5	0,5	0,5	0,5	0,4	0,4

chungen der Wenzel Consulting Aktiengesellschaft. Je nach Zielgruppenorientierung des Angebotes können dabei stark unterschiedliche Verhaltensweisen der verschiedenen Besucher- und Zielgruppen festgestellt werden, wie das Beispiel des Segmentes „Open-Air-Events" aufzeigt. Hier dokumentieren die Jugendlichen mit einem „Einsatz" von 2,3 Stunden Anfahrtszeit im Vergleich zur Zielgruppe der Ruheständler mit nur 0,6 Stunden ihr deutlich stärker ausgeprägtes Interesse an dem Angebot. Bei den meisten betrachteten Aktivitäten ist jedoch aufgrund der breiten Angebotspalette sowie unterschiedlicher Ausprägungen ein weitgehend ähnliches Verhaltensmuster der Nutzer zu konstatieren.

Einzugsgebiete verschiedener Anlagentypen

Die rmc Medien Consult, Wuppertal, kam in einer Studie zum „Kinostandort Deutschland" (1998) hinsichtlich der Abgrenzung des Einzugsgebietes für Multi- und Miniplex-Kinos zu folgenden Ergebnissen: Über 80 % der Besucher erreichen das Kinoangebot in weniger als einer halben Stunde. Bei kleineren Multiplexen, sogenannten Miniplexen, stammen rund 95 % der Besucher aus der 30-Minuten Fahrzeitenisochrone. Darüber hinaus zeigt sich mit zunehmender Marktdurchdringung eine tendenziell abnehmende Bereitschaft, lange Anfahrtswege in Kauf zu nehmen.

Aktivierbare Einzugsgebiete

Der gleiche Effekt tritt auch in anderen Freizeitanlagensegmenten wie etwa Freizeitbädern auf.

Großdiscotheken, Freizeitparks oder Musicaltheater aktivieren Einzugsgebietszonen bis zu zwei Stunden. Spielcasinos finden ihr Kernpotenzial in der 1-Stunde-Isochrone. Freizeitbäder weisen ein Kerneinzugsgebiet von etwa 30 bis 45 Minuten auf. Auch hier sind die aktivierbaren Einzugsgebiete abhängig von der Besatzdichte und der Attraktivität des jeweiligen Angebots.

Das Kernpotenzial für Musik- und Entertainmentveranstaltungen wird, entsprechend der akzeptierten Anreisewege, aus einem Entfernungsradius bis maximal 100 km erreicht. Besonders attraktive Veranstaltungen können jedoch auch Besucher aus weiter entfernten Zonen aktivieren.

Eine Analyse der Köln-Arena ergab folgenden Modal-Split für die unterschiedlichen Angebotsgenres Musik und Show sowie Eishockey (Tab. 7):

Die Herkunft der Veranstaltungsbesucher in der Köln-Arena, die in der folgenden Tabelle (Tab. 8) differenziert nach Veranstaltungskategorien im Jahr 1999 dargestellt ist, bestätigt den Zusammenhang zwischen Art der Veranstaltung, Einzugsbereich (regional versus überregional), Zielgruppe und Verkehrsmittelwahl:

Tabelle 7. Modal-Split für die unterschiedlichen Angebotsgenres Musik und Show sowie Eishockey
Quelle: Lemke und Jusczak 1999

Verkehrsmittel	Musik und Show	Eishockey
Pkw	61,9%	37,2%
Kölner Verkehrsverbund	17,6%	36,7%
Bahn	17,5%	21,1%
Sonstige	3%	5%

Tabelle 8. Herkunft der Veranstaltungsbesucher in der Köln-Arena
Quelle: Lemke und Jusczak 1999

Herkunft	Musik und Show	Eishockey
Stadtbereich	20%	39%
Umland	49%	54%
Überregionale Herkunft	31%	7%

Freizeitmobilität im Kontext der Verkehrsmittelwahl – Verlagerungsmöglichkeiten zugunsten des ÖPNV

Die oben angeführten ausgewählten empirischen Daten verschiedener Analysen zum Freizeitverkehr machen deutlich, dass der Pkw das bestimmende Verkehrsmittel für Freizeitaktivitäten ist. Dieses Ergebnis wird auch durch eine Studie von Wenzel Consulting aus dem Jahre 1993 bestätigt, in der die Verkehrserschließung von zehn Freizeitgroßanlagen in Nordrhein-Westfalen untersucht wurde und in der Maßnahmenkataloge zur Attraktivierung des ÖPNV im Freizeitverkehr entwickelt wurden. Basis bildete eine repräsentative Besucherbefragung von insgesamt 2.630 Gästen in ausgewählten Freizeitgroßanlagen (Freizeitparks, Museum, Multiplexkino, Veranstaltungshalle, Zoo, Revierpark, Musicaltheater, Gartenschau).

Flexibilität und Komfort bestimmen die Verkehrsmittelwahl

Die Dominanz des Pkw als Wahlverkehrsmittel wird den Ergebnissen der Studie folgend vor allem auf folgende Aspekte zurückgeführt, die auch heute nach fast zehn Jahren Bestand haben:
- Der Freizeitverkehr wird primär durch ein starkes Interesse an „guten und schnellen Verkehrsverbindungen" geprägt – mit direkten und optimalen Start-/

Zielverbindungen, kurzen Wartezeiten, problemlosen Umsteigemöglichkeiten, Vermeidung von Verspätungen usw. Das „Diktat" unserer Zeit erfasst somit nicht nur den Berufsverkehr. Selbst wenn das Zeitbudget in der frei verfügbaren Zeit vergleichsweise höher ausfällt, wird auch hier nach einer Minimierung der „Obligationszeit" (Verpflichtungszeit) und Maximierung der „Dispositionszeit" (verpflichtungsfreien Zeit) gestrebt.

- Die zeitliche Unabhängigkeit und individuelle Flexibilität ist ein zentrales Kriterium beim Reisen. Viele Menschen wollen selbst bestimmen, wann sie wohin fahren. Die Bindung an feste Fahrpläne und Taktzeiten im Rahmen des ÖPNV steht dem bekanntermaßen entgegen. Auch bequemes Reisen mit Sitz- und Fahrkomfort spielt für viele beim Reisen eine wesentliche Rolle.

- Der Kostengesichtspunkt spielt dagegen beim Reisen – in Relation zu den eben genannten Punkten – eine geringere Rolle. Dabei ist allerdings zu berücksichtigen, dass MIV-Nutzer dem Kostenaspekt leicht unterdurchschnittliche, ÖPNV-Fahrgäste jedoch stark überdurchschnittliche Bedeutung zumessen.

- Sicherheit und Umweltfreundlichkeit beim Reisen ist nur für bestimmte Zielgruppen vordringlich. Im Zusammenhang mit Freizeitgroßanlagen sind hier Gäste des BavariaFilmParks Bottrop (heute Warner Bros. Movie World, Bottrop), des Duisburger Zoos und des Starlight Theaters in Bochum zu nennen sowie verhältnismäßig stark ältere Befragte ab 60 Jahren. Nach der Verkehrsmittelnutzung zeigen Fahrradfahrer und ÖPNV-Nutzer sowie – mit Abstrichen – Fußgänger überdurchschnittliches Interesse an Umweltfragen.

- Interessant sind teilweise auch die Zusammenhänge zwischen der Besuchsform und den Motiven für die Verkehrsmittelnutzung: Familienbesucher z. B. legen vergleichsweise gesteigerten Wert auf zeitliche Ungebundenheit und hohen Reisekomfort, zu dem etwa problemlose Gepäckbeförderungsmöglichkeiten zählen. Gäste, die in Reisegruppen anreisen, sprechen sich überdurchschnittlich stark für bequemes und kostengünstiges Reisen aus, aber auch für Spaß/Unterhaltung/Abwechslung. Dagegen spielen eine gute und schnelle Verkehrsanbindung und zeitliche Ungebundenheit bei ihnen nur eine sehr untergeordnete Rolle.

- Alleinreisende suchen primär den schnellsten Weg zur jeweiligen Anlage, Spaß und Unterhaltung sind ebenso unwichtig wie Sitz- bzw. Fahrkomfort und zeitliche Flexibilität. Der letzte Punkt ist wiederum bei Besuchern, die mit (Ehe-) Partner(in) die Anlage aufsuchen, ebenso wichtig wie eine gute und schnelle Verkehrsanbindung.

Ansatzpunkte für Angebots-, Leistungs- und Imageverbesserungen des ÖPNV

Um sich neue Marktanteile am Freizeitverkehrsmarkt zu sichern und nicht weitere zu verlieren, müssen gemäß den Befragungsergebnissen der durchgeführten Studie des Ministeriums für Stadtentwicklung und Verkehr Nordrhein-Westfalen folgende Leistungs- und Angebotsbereiche im Bereich des ÖPNV vordringlich optimiert werden:

Die fünf zentralen Bereiche zukünftiger Angebots-, Leistungs- und Imagekorrekturen des ÖPNV im Freizeitverkehr:
- Reisezeitaufwand verringern bzw. erträglicher/unterhaltsamer/angenehmer gestalten.
- Nachfragegerechte Anpassung an die individuelle Forderung nach zeitlicher Ungebundenheit und Reiseflexibilität (soweit möglich).
- Imagedefizite zum Thema Fahrtkosten abbauen.
- Verbesserung des Reisekomforts und Attraktivierung der Reisebedingungen für Fahrten mit Kindern und für Gruppenfahrten.
- Verstärkte Anstrengungen in der Informationspolitik.

Zusammenfassend kann festgehalten werden, dass von Seiten der Freizeitwirtschaft die Profilierungschancen des ÖPNV im Freizeitverkehr sehr zurückhaltend eingestuft werden.

Der Pkw wird auch auf längere Sicht das „Hauptfreizeitmobil" darstellen. Dies ist auf folgende Aspekte zurückzuführen:

- Privatsphäre des eigenen Pkw.
- Höhere Flexibilität bei der Nutzung des Pkw (Benehmen, Nutzungszeit usw.).

* Ausgeprägteres Gefühl der Sicherheit.
* Geringerer Planungsaufwand bei Reisen.

Die Nutzungsquote des ÖPNV kann nur unter folgenden Bedingungen für den Freizeitverkehr optimiert werden:

* Hohe Taktfrequenzen, welche die Flexibilität der Nutzung erhöhen.
* Angenehme Gestaltung.
* Gewährleistung eines sicheren Umfeldes.
* Gute preisliche Konditionen.
* Ggf. Angebotspakete mit der eigentlichen Freizeitnutzung (Kombitickets ÖPNV/Freizeitnutzung sowie thematisierte Verkehrsmittel, Beispiel „DiscoBus").
* Einbindung in eine durchschlagskräftige Marketingstrategie.
* Zusätzliche Unterhaltungsangebote in den öffentlichen Verkehrsmitteln.

Obwohl einige dieser Aspekte heute Einzug in das Marketing von ÖPNV-Anbietern und Freizeitanlagenbetreibern gefunden haben, sind massive Verschiebungen in der Verkehrsmittelwahl bis dato nicht zu beobachten. Allerdings ist im Zusammenhang mit Freizeitgroßparks, Musicals und Veranstaltungshallen ein Anstieg des Gästepotenzials im Bereich organisierter Busreisen festzustellen.

Stellplatzbedarf und Verkehrsmanagement von Freizeitgroßanlagen

Da viele Freizeitanlagen seit Jahren an Größe und damit auch an Besuchsaufkommen zunehmen, kommt der Bereitstellung einer ausreichenden Anzahl von Stellplätzen eine wachsende Bedeutung zu.

In Innenstadtlagen sind mit der Schaffung von Stellplatzkapazitäten erhebliche Flächenerfordernisse und Kosten verbunden, die die Projektentwicklung gefährden können. Die Wirtschaftlichkeit von Freizeitanlagen setzt vergleichsweise geringe Mietkosten voraus, so dass teure Stellplatzflächen das Betriebsergebnis negativ belasten.

Stellplatzflächen
als Kostenfaktor

Das hohe Verkehrsaufkommen wird darüber hinaus zu einem Kapazitätsproblem und beinhaltet die latente Gefahr von Rückstaubildung. Freizeitgroßeinrichtungen, insbesondere wenn sie Veranstaltungscharakter besitzen, haben einen eng umgrenzten Korridor der Zu- und Abfahrten. Dies bedeutet, dass die Verkehrsfrequenzen zeitlich punktuell anfallen und abgewickelt werden müssen.

Enge Zeitfenster

So ist z. B. davon auszugehen, dass Gäste einer Veranstaltungsarena im Wesentlichen innerhalb eines Zeitkorridors von ca. 1,5 Stunden anreisen. Ausgehend von einer MIV-Quote von 60 % und einem durchschnittlichen Pkw-Besatz von 2,4 Personen wird somit bei einer Veranstaltungshalle mit 15.000 Plätzen und ausverkaufter Veranstaltung eine Frequenz von 3.750 Pkw zu bewältigen sein.

Diese Problematik potenziert sich bei Freizeitgroßprojekten wie etwa Freizeitparks in der Größenordnung des Heide Park Soltau oder des Europa Park in Rust, die in der Saison Spitzenfrequenzen von 25.000 Tagesgästen aufweisen. Auch diese Gäste reisen im Wesentlichen innerhalb eines Zeitfensters von zwei Stunden an, da der Park eine Ganztagesverweildauer hat. Bei einem durchschnittlichen Pkw-Besatz von 2,6 Personen und einer MIV-Quote von 80 % ergibt sich ein Fahrzeugaufkommen von etwa 7.700, das logistisch innerhalb des genannten Zeitfensters abgewickelt werden muss. Dementsprechend hält z. B. der Heide Park 8.000 Stellplätze für Pkw, 300 Busparkplätze, 200 Wohnmobilstellplätze und 200 Behindertenparkplätze vor, während es beim Europa Park in Rust sogar insgesamt 9.000 Stellplätze zzgl. 200 Caravanstellplätzen sind.

Auch bei Fußballstadien ist von ähnlichen Dimensionen auszugehen. So stehen z. B. rund um das Hamburger Volksparkstadion 10.000 Stellplätze zur Verfügung, wobei bei voll besetztem Stadion und Parkplatz nahe an der Arena trotzdem von einer Stunde Wartezeit bis zur nahezu vollständigen Leerung des Parkplatzes ausgegangen werden muss.

Erreichbarkeit als Erfolgskriterium für Freizeitanlagen

In innerstädtischen Großstadtlagen können sich die MIV-Quoten auf bis zu 50 % reduzieren, wie Analysen von verschiedenen CinemaxX-Multiplexkino-Standorten zeigen. Die problemlose Erreichbarkeit bildet grundsätzlich eines der wichtigsten Erfolgskriterien für ein Multiplexkino. Zusammen mit der guten Filmauswahl verkörpert die Erreichbarkeit mit 46 % aller Nennungen den wichtigsten Entscheidungsgrund für einen Multiplexbesuch. Erst danach rangieren Nennungen wie guter Komfort, Sicht, Ausstattung, technische Qualität usw.

Die gute Erreichbarkeit und eine ausreichende Anzahl von Stellplätzen bildet für Freizeitgroßanlagen ein entscheidendes Erfolgskriterium. Bei peripheren Standorten nimmt die Relevanz dieser beiden Aspekte zu, da der Anteil der MIV-Nutzer hier wesentlich ausgeprägter ist.

Ausblick Marktentwicklung Freizeitanlagen

Im Folgenden werden Entwicklungstendenzen zusammengestellt, die in bestimmten Freizeitanlagensegmenten zu beobachten sind. Die Auswirkungen dieser Entwicklungen sowie ihre Bedeutung für den Freizeitverkehr werden im abschließenden Fazit kurz beleuchtet.

Entwicklungstendenzen

- Freizeitparks
  - Weiterentwicklung der Parkkonzepte zu Themenparks (Europa Park Rust, ZDF-Medienpark, Mainz)
  - Unternehmenskommunikation (Ravensburger Spieleland)
  - Kombination mit Übernachtungsangeboten
  - Zunehmende Bedeutung von Indoor-Angeboten und Ausweitung der Betriebszeiten (Winteröffnung)
- Besucherattraktionen
  - Science Center (Universum Science Center Bremen)
  - Edutainmentangebote (Regenwaldhaus Hannover)
- Ferienparks
  - Innovative Ferienresorts (Fleesensee)
  - Kombination Ferienparks/Hotellerie und Freizeitparks (Europa Park, Port Aventura, Spanien)
- Multiplexkinos
  - Overscreening und zunehmender (Verdrängungs-) Wettbewerb

- Musicals
  - Verkürzte Laufzeiten (Jekyll & Hyde, Bremen)
  - Zunehmend temporäre Angebote (Operettenhaus, Hamburg)
- Sportanlagen
  - Zunehmend multifunktionale Angebote
  - Kombination „Try and Buy"
  - Klassische Outdoor-Angebote werden in die Halle verlegt (Indoor-Skiangebote, Beachvolleyball)
  - Übernahme der Betreiberfunktion von öffentlichen zu privaten Anbietern

Fazit

Die zuletzt genannten Trends können z.T. mit den weiter oben beschriebenen Entwicklungen gekoppelt werden. Es zeigt sich unter anderem, dass durch die Erweiterung der Angebotsstruktur und -palette einzelner Segmente auch die Anfahrtsbereitschaft der Gäste steigt und daher das Einzugsgebiet ausgeweitet wird. Dies führt zu einer Stärkung der Bedeutung des Pkw als Verkehrsmittel, so dass aus Sicht von Wenzel Consulting der MIV auch weiterhin eine dominierende Bedeutung für den Freizeitanlagenmarkt besitzen wird.

Gute Verkehrsanbindungen und ausreichende Stellplatzkapazitäten für den Individualverkehr stellen daher auch in Zukunft bei der Planung neuer Freizeitangebote und -anlagen sehr wichtige Parameter dar.

Aus Sicht von Wenzel Consulting gibt es hier nur geringe Kompensationsmöglichkeiten, mit Ausnahme von innerstädtischen Freizeitangeboten wie Freizeitbädern, Edutainment- und Bildungsangeboten, Museen oder auch innerstädtischen Multiplexkinos.

Dagegen werden durch die Bündelung von Angeboten oder Paketen – insbesondere im Städtetourismus – Möglichkeiten der Reduzierung des MIV-Anteils gesehen. Positiv wirkt sich hierbei aus, dass z.B. nach Angaben des DWIF rund 50% aller Tagesausflüge in deutsche Großstädte mit über 100.000 Einwohnern zu verzeichnen sind. Da diese in der Regel über ein gut ausgebautes ÖPNV-Netz verfügen, ist aus Sicht von Wenzel Consulting hier am ehesten die Möglichkeit gegeben, durch intelligente

Vermarktung und das Schnüren von Angebotspaketen Reduktionen im verkehrlichen Aufkommen zu erreichen.

Literatur

DWIF – Deutsches Wirtschaftswissenschaftliches Institut für Fremdenverkehr e. V. (1995): Tagesreisen der Deutschen. Struktur des Tagesausflugs- und Tagesgeschäftsreiseverkehrs in der Bundesrepublik Deutschland, Heft 46. München.

Lemke, S. und Jusczak, J. (1999): Ergebnisdokumentation der Kundenbefragung für den Kölner Eishockey Club, Köln. Fachhochschule Rhein-Sieg, St. Augustin.

Opaschowski, H. W. (1995): Freizeit und Mobilität – Analyse einer Massenbewegung. BAT (British American Tobacco) Freizeit-Forschungsinstitut. Hamburg.

Opaschowski, H. W. (2000): Freizeitmobilität im Erlebniszeitalter. In: ifmo – Institut für Mobilitätsforschung (Hrsg.): Freizeitverkehr. Aktuelle und künftige Herausforderungen und Chancen. Berlin, S. 21–42.

Opaschowski, H. W. (2001): Deutschland 2010. BAT-Freizeit-Forschungsinstitut. Hamburg.

rmc rinke medien consult (T. Pintzke und K. L. Koch), gemeinsam mit FFA Filmförderungsanstalt Berlin, Hauptverband Deutscher Filmtheater sowie Filmstiftung NRW, FilmFörderung HH und Senat Hamburg (1998): Kinostandort Deutschland – Strukturwandel und Perspektiven der Filmtheaterbranche am Beispiel von Nordrhein-Westfalen und Hamburg. Wuppertal.

Wenzel Consulting Aktiengesellschaft bzw. Wenzel & Partner BDU in Arbeitsgemeinschaft mit dem Planungsbüro Retzko + Topp (1993): Analyse des ÖPNV für Freizeitanlagen in Nordrhein-Westfalen. Auftraggeber: Ministerium für Stadtentwicklung und Verkehr, Nordrhein-Westfalen, heute Ministerium für Städtebau und Wohnen, Kultur und Sport. Düsseldorf.

Zängler, T. W. (2000): Mikroanalyse des Mobilitätsverhaltens in Alltag und Freizeit. Berlin.

9 Thematisierungsstrategie am Beispiel der Projektentwicklung Erlebniswelt Renaissance: Aspekte der Verkehrsplanung und Mobilität

Bernhard Scheller
BSF Creative Leisure Research, München

Thematisierung in Tourismus und Freizeit

Tourismus- und Freizeitangebote unter ein Thema zu stellen, „Stories" zu erzählen und somit Erlebnis-Drehbücher zu schaffen, ist seit Disney eine der wichtigsten und bewährtesten Strategien im Freizeitmarkt. Verbunden mit dieser Thematisierungsstrategie ist allerdings – insbesondere bei den Marktführern – ein lautes und aufdringliches Image, von dem sie sich nur schwer befreien kann.

Thematisierung als Marketingstrategie im Tourismus- und Freizeitmarkt

Die Idee, Menschen durch die Variation eines Themas oder eines Themenschwerpunktes die gewünschte Abwechslung zu bieten und zugleich eine Kulisse, eine Bühne für Phantasien, Sinneseindrücke und Erlebnis-Aktivitäten, beschränkt sich jedoch nicht auf künstliche Freizeit- und Erlebnisparks. Erfolgreich verwirklicht wird sie darüber hinaus bereits im Tourismus (thematische Studienreisen, Themen-Kreuzfahrten), in der Gastronomie und Hotellerie (Erlebnisgastronomie, Designhotels), in Einkaufszentren und Innenstädten (Urban Entertainment Center), in der Stadtplanung und Architektur (Museumsquartiere, Gasometer-City Wien), auf Flughäfen und Bahnhöfen (Airrail Frankfurt, Leipziger Bahnhof) sowie im Konsumartikelbereich (Nike World).

Planer und Veranstalter von Musik- und Opernfestivals, von Ausstellungen und anderen Angeboten aus dem Bereich der „klassischen Hochkultur" weisen dagegen solche Thematisierungskonzepte in der Regel weit von sich – und setzen sie faktisch doch um. Entscheidend ist letztendlich die professionelle, bedarfs- und bedürfnisgerechte Planung und Umsetzung eines Themas, unabhängig von dem jeweils angestrebten kulturellen Niveau.

Für Freizeitgroßprojekte aller Art, seien sie nun gewachsen oder künstlich inszeniert, spielen Fragen der Freizeitmobilität, des Eventverkehrs und der verkehrsplanerischen Ein- und Anbindung eine Rolle. Das im Folgenden näher erläuterte Projekt *Erlebniswelt Renaissance* vereinigt die verschiedensten Aspekte in sich: Es ist ein aus der Region entwickeltes Freizeitgroßprojekt, eine Mischung aus Hochkultur und modernem Tourismusangebot, das Möglichkeiten bietet, die Thematisierungsstrategie auch auf das dazugehörige Mobilitäts- und Verkehrskonzept auszudehnen.

Das Projekt Erlebniswelt Renaissance[1]

Während die Renaissance im Mutterland Italien mit glanzvollen Städten wie Florenz oder Siena und Persönlichkeiten wie Leonardo da Vinci und Michelangelo längst eine touristische Unique Selling Proposition (USP)[2] darstellt, bleibt das enorme Marketingpotenzial dieser Epoche in Deutschland und seinen Nachbarländern, in denen sie ebenfalls bedeutende Spuren hinterlassen hat, weitgehend ungenutzt.

Das Erbe der Renaissance als Potenzial für regionale Erlebniswelten

Bei dem Projekt *Erlebniswelt Renaissance* handelt es sich nicht um einen künstlichen Freizeit- und Erlebnispark. Angestrebt wird vielmehr, dass deutsche und andere europäische Regionen, die in besonderem Maße durch die Epoche der Renaissance geprägt sind, als re-

---

1 Das auf Tourismus und Freizeit spezialisierte Beratungsbüro BSF Creative Leisure Research in München entwickelte 1999/2000 im Auftrage des Deutschen Tourismusverbandes (DTV) und gefördert durch das Bundesministerium für Wirtschaft und Technologie das Konzept der *Erlebniswelt Renaissance* am Modell der „Renaissance-Regionen" Lipperland/Weserbergland. Seit dem 1. September 2001 arbeitet die *Erlebniswelt Renaissance* Planungs-und Koordinierungs GmbH an der weiteren konkreten Umsetzung auf überregionaler Ebene.

2 Unique Selling Proposition (USP) beschreibt das „einzigartige Verkaufsargument", das „Alleinstellungsmerkmal" und damit den „Wettbewerbsvorteil", durch den sich ein Produkt oder eine Dienstleistung am Markt von seiner Konkurrenz abhebt.

gionale Erlebniswelten ihr bestehendes, historisches – und damit authentisches – Potenzial aufgreifen. Orts- und Stadtkulissen, Gebäude wie Renaissance-Schlösser, Adelssitze oder Kirchen und Kunstschätze in Museen wie Gemälde, Skulpturen und Gebrauchsgegenstände sollen attraktiv „in Szene gesetzt" werden.

Da die europäische „Schlüssel-Epoche" Renaissance durch Inhalte gekennzeichnet ist, die zu den Wurzeln unseres heutigen Wissens, Denkens und Handelns, unserer Kultur und Gesellschaft zählen, ergeben sich darüber hinaus zahlreiche spannende Themenfelder aus Kunst, Architektur, Astrologie, Astronomie, Alchemie, aus den Naturwissenschaften, der Reformation und dem Humanismus. Zwischen damals und heute lassen sich verblüffende Analogien darstellen – von der Individualisierung des Menschen bis zur „Kommunikationsrevolution" durch den Buchdruck damals und das Internet heute.

So zeigt sich etwa auch am Thema des vorliegenden Beitrags, der „Mobilität", dass entscheidende Impulse aus dem 13. bis 16. Jahrhundert bis heute fortwirken: das Reisen, die Entdeckung neuer Kontinente und Länder, gedruckte „Reiseführer", neue Kartographie und bahnbrechende Navigationsinstrumente, neue Schifffahrts- und Handelsrouten bis hin zur Idealstadt-Planung einschließlich früher „Verkehrsplanung" – so lauten nur einige Stichworte.

Das Projektvorhaben sieht vor, „alte" Attraktionen einer Renaissance-Region mit neuen Komponenten wie einem *Renaissance-Centrum* zur *Erlebniswelt Renaissance* zu verbinden. Die Vision ist ein Netzwerk aus deutschen und europäischen Renaissance-Regionen: verknüpft durch Thematisierung, Infrastruktur und neue Medientechnologie, kommuniziert durch ein gemeinsames Marketing-Konzept, getragen von einer durchgängigen Philosophie mit hohen Qualitätskriterien und als „Dachmarke" wirtschaftlich organisiert durch eine gemeinsame Vertretung.

Entstehen sollen neue Angebote für Freizeit und Tourismus: Die betreffenden Regionen erhalten eine neue USP, die sich von dem ansonsten im deutschen Tourismus üblichen Sammelsurium aus Luft, Landschaft, Natur, Kultur und Wellness deutlich abhebt.

Erlebniswelt Renaissance

Mit der großen Bandbreite an Angeboten, die sich unter dem Thema Renaissance vereinigen lassen, können die verschiedensten Zielgruppen bzw. Lebensstilgruppen[3] angesprochen werden. Das thematische Spektrum reicht von einer intellektuellen Auseinandersetzung mit der Epoche über den „traditionellen", hedonistischen Kunstgenuss bis hin zu Renaissance-Festen, interaktiven Inszenierungen, multimedialen Zeitreisen und der spannenden Gegenüberstellung von damals und heute.

„History meets future": Renaissance-Centrum, Info-Boxen und authentischer Renaissance-Bestand

Renaissance-Centrum – Knotenpunkt der regionalen Erlebniswelt Renaissance

Ein *Renaissance-Centrum*, als zentrale und moderne Erlebniskomponente einer Renaissance-Region geplant, kann als Neubau realisiert oder in geeigneten historischen Gebäuden eingerichtet werden. Nicht als Konkurrenz oder Ersatz, sondern als Ergänzung zum authentischen Renaissance-Bestand der Region, bietet es vielfältige Möglichkeiten, Inhalte der Renaissance zu präsentieren, für Besucher zu entschlüsseln und die Parallelen zwischen damals und heute darzustellen. Hier finden Besucher auch Antworten auf Fragen unserer Zeit. Das *Renaissanc-Centrum* bietet Informationen zur Epoche und zur jeweiligen Renaissance-Region, traditionelle und multimediale Ausstellungen und Installationen (darunter etwa eine Zeitreise im Cyberspace), dient als Kulisse für Events und bietet Räumlichkeiten für Vorträgen und Seminare.

Ergänzend dazu gibt es ein dem Thema entsprechendes gastronomisches Angebot sowie einen Renaissance-Lifestyle-Shop, der ansprechende, ästhetische Merchandising-Artikel (und zwar einfallsreichere als die üblichen T-Shirts oder Kugelschreiber) anbietet. Das Thema Renaissance findet sich hier in hochwertigen Replika,

---

3 Im Rahmen der Projekt-Entwicklung wurden fünf Lebensstilgruppen definiert: konservative Kulturgenießer, moderne Kultur-Interessierte, Kultur-Hedonisten, individuell-sinnliche Kulturerleber, animierte Kulturkonsumenten (Romeiß-Stracke, Scheller, Beblo: Erlebniswelt Renaissance. Studie im Auftrag des Deutschen Tourismusverbandes DTV. Bonn, München 2000, unveröffentlicht).

im Aufgreifen der Renaissance-Formensprache in Lifestyle-, Wohn- und Mode-Accesesoires, aber auch in Artikeln, die epochentypische Themen abdecken wie z. B. ein Chemie-Kasten für Kinder (Alchemie) oder ein Teleskop (Astronomie). Jeder Artikel ist mit einer kurzen Erläuterung versehen, die verdeutlicht, warum und wie er mit der Renaissance in Beziehung steht. Neben dem „Mehrwert-Wissen" wird damit auch eine höhere Identifikation mit dem Thema erreicht. Fachbücher, Belletristik und CDs mit Renaissance-Musik runden das Angebot ab.

Das *Renaissance-Centrum* bündelt, kanalisiert und lenkt Besucherströme, sensibilisiert für das authentische Erleben in der Region und wird damit zum Knotenpunkt der regionalen *Erlebniswelt Renaissance* (siehe Abb. 1 und 2).

Info-Boxen (Arbeitstitel) (Abb. 2) bei prägnanten Renaissance-Sehenswürdigkeiten oder in Städten und Gemeinden der Region sind in Bauweise und Design an das *Renaissance-Centrum* angelehnt und dienen der sichtbaren Vernetzung mit diesem. So wird das Thema Renaissance noch deutlicher zum Leitmotiv der jeweiligen Region. Die *Info-Boxen* bieten die wichtigsten Informationen zum Standort, zur Renaissance als Epoche, geben Auskunft zum weiteren touristischen Angebotsspektrum und motivieren zum Besuch anderer Renaissance-Orte und besonders des *Renaissance-Centrums* in der Region.

„Info-Boxen" – Außenstellen des Renaissance-Centrums an den Renaissance-Sehenswürdigkeiten der Region

Parallel dazu sollen die Angebote für Besucher und Touristen an den historischen Orten unter Berücksichtigung des Denkmalschutzes verbessert werden. Auf spannenden, interaktiv gestalteten Führungen „erzählen" Renaissance-Persönlichkeiten Geschichte und Geschichten. Historische Vorlagen sind zur Genüge vorhanden, hinter den Geschichtsdaten und Fakten verbergen sich wahre Schicksale, Lieben und Leiden, die uns eintauchen lassen in das Leben zur Zeit der Renaissance.

Neue Medien und Informationssysteme begleiten die Zeitreise und verbessern den Wissenstransfer, Musik und Düfte erfüllen die historischen Räumlichkeiten, Lichtinszenierungen eröffnen neue Perspektiven – die Renaissance-Zeugnisse präsentieren sich insgesamt

Abb. 1 und Abb. 2. Modell (Prototyp) eines *Renaissance-Centrums* und einer Info-Box. Glas-Stahl-Konstruktion aus Würfelmodulen. Auf transluzenten Glaspanelen können wechselnde Renaissance-Bilder und -Motiven projiziert werden (Architektur: Prof. F. Stracke & Partner, München)

professioneller. Schlösser, Museen und ganze Stadt-Ensembles bieten Raum und Kulisse für Renaissance-Feste, Events und Ausstellungen.

Freizeitverkehr und Mobilität im Zusammenhang mit dem Projekt *Erlebniswelt Renaissance*

Das Projekt *Erlebniswelt Renaissance* unterscheidet sich in Konzeption und Zielsetzung wesentlich von anderen

Abb. 3. Schematische Darstellung der regionalen Vernetzung der Erlebniswelt Renaissance am Beispiel der Modellregion Lipperland/Weserbergland

Freizeitgroßeinrichtungen oder Events. Aus Sicht des Destinations-Managements steht die Vernetzung und Attraktivierung von Regionen zu einem neuen Produkt für Freizeit und Tourismus im Vordergrund. Insbesondere ländliche Regionen können damit als Naherholungs- und Kurzreisegebiete gegenüber umliegenden Ballungsräumen ein neues, kulturelles Profil erwerben.

Während bei anderen Freizeitgroßeinrichtungen in der Regel die Verkehrserschließung bzw. eine entsprechende Anbindung bei der Standortwahl berücksichtig werden muss, sind die Attraktionspunkte der *Erlebniswelt Renaissance* an verschiedenen Orten gelegen und nicht lokal konzentriert erreichbar. Die Verkehrsanbindung der historischen Attraktionen ist nachträglich kaum beeinflussbar, lediglich der Standort für ein neues *Renaissance-Centrum* kann – wenn auch eingeschränkt – entsprechend verkehrsgünstig gewählt werden. Besucher müssen hier nicht nur den üblichen Hin- und Rückweg zwischen ihrem Wohn- bzw. Aufenthaltsort

Besonderheiten und Abgrenzung zu anderen Freizeit-Großeinrichtungen

Aspekte der Mobilitätsplanung – von der Verkehrsanbindung …

Tabelle 1. Besonderheiten und Abgrenzung der *Erlebniswelt Renaissance*

Klassische Freizeit-Großanlage	Erlebniswelt Renaissance
• zentral gelegen oder zentrale Anbindung	• dezentral, peripher zu Ballungsräumen, multi-lokale Attraktionsverteilung
• i. d. R. Verkehrsanbindung als Teil des Konzepts bzw. entsprechende Standortwahl	• oft ungenügende Verkehrsanbindung, gewachsene Verkehrsstrukturen
• Angebotskonzentration	• fragmentiertes Angebot (*Renaissance-Centrum* teilweise als Ausgleich)
• Alle Leistungen aus der Ressource der Anlage (Betreibergesellschaft, privatwirtschaftliches Management)	• Patchwork-Leistungen aus Ressourcen der Region (verschiedene private und öffentliche Leistungsträger, Kooperation und Public Private Partnerships (PPP))
• unter einem Markennamen werden verschiedene Themen geboten (z. B. „Europapark Rust" mit Länderthemen, „Disneyland Paris" mit verschiedenen Phantasiewelten)	• das Thema selbst wird zur Marke. Alle Angebote ordnen sich diesem Thema unter bzw. vermitteln das Thema (Vernetzung durch Thematisierungs-Strategie)
• i. d. R. ein Weg zum Erlebnis- und Attraktionspunkt (plus Rückweg)	• mehrere Wege zu den und zwischen den Attraktions- und Erlebnispunkten

und der Attraktion (Freizeitziel) überwinden, sondern zusätzlich noch jeweils die Distanzen zwischen den regionalen Einzelattraktionen (Tab. 1).

Für die Regionen der *Erlebniswelt Renaissance* werden nicht die Verkehrskonzentrationen und Belastungen von klassischen Freizeit-Großanlagen oder Großevents erwartet. Da aber eine langfristige und nachhaltige Steigerung des Besucheraufkommens angestrebt wird und den speziellen Anbindungs- und Wegeproblemen begegnet werden muss, ist eine Mobilitätsplanung mit Abschätzung von Folgen und Effekten notwendig.

... über die Vielzahl der Partner ...

Da am Projekt die verschiedensten regionalen, öffentlichen und privatwirtschaftlichen Partner, Institutionen, Leistungsträger und Unternehmen zu beteiligen und einzubinden sind, muss diese Planung mit Weitblick und in Kooperation mit allen Beteiligten angegangen werden.

... bis zum Konflikt zwischen „Kultur" und „Kommerz"

Den positiven Effekten einer Entwicklung zur regionalen Erlebniswelt – wie beispielsweise höhere Bekanntheit und Besucherzahlen, Imagegewinn, regionale Identifikation, Einkommens- und Beschäftigungseffekte, das Bewahren von kulturellem Erbe und die Signalwirkung eines gemeinsamen, grenzüberschreitenden europäischen Themas – stehen allerdings Gefahren und mögliche negative Auswirkungen entgegen. Hier ist insbesondere das erfahrungsgemäß hohe Konfliktpotenzial zwischen Kunst, Kultur, Geschichte einerseits und deren Popularisierung für Freizeit und Tourismus andererseits zu nennen. Konflikte entstehen nicht nur aus Gründen des Denkmalschutzes, sondern auch, weil die Fronten zwischen „Hochkultur" und „Kommerz" zumindest in Deutschland traditionell verhärtet sind und es daher oft schwer fällt, beide Bereiche in Dialog miteinander zu bringen.

Im Folgenden sollen vor allem die möglichen positiven und negativen Mobilitätseffekte in Zusammenhang mit dem Projekt betrachtet werden:

Chance für Verbesserungen im ÖPNV

Positive Mobilitätseffekte:
- Attraktiveres Naherholungsangebot, weniger Fernverkehr:
  Die Region etabliert durch eigene, historisch gewachsene Ressourcen neue kulturelle Angebote und kann so mit dem urbanen Kulturangebot konkurrieren. Eventuell weniger Verkehr zu weit entfernten (Kultur-) Freizeit-Angeboten oder Events.
- Aktivierung von regionalökonomischem und kommunalem Potenzial:
  Durch die Nachfrage neuer Besucherschichten verändert sich Qualität und Art der Angebote. Kommunen werden motiviert zu infrastrukturellen und baulichen Veränderungen (z. B. Schaffung von adäquaten Parkplätzen, Zufahrten, Ortsbildern, Ruhezonen).
- Neue Ziele bzw. Attraktivierung von Zielen:
  Der (neu entstehende) Freizeitverkehr verteilt sich auf viele Attraktionen, dadurch gleichmäßigere Nutzung des regionalen Naherholungspotenzials und geringere Überlastung von Einzelstrecken zu bestimmten Zielen.
- Bessere Auslastung bestehender, gut ausgebauter Haupt- und Nebenstrecken.
- Als langfristig und nachhaltig angelegtes Projekt bietet *Erlebniswelt Renaissance* die Chance, langwierige Innovationsprozesse im öffentlichen Personennahverkehr (ÖPNV) (Vernetzung, Vertaktung, neue Angebote und Technologien) anzustoßen.

- Angestrebte Verbesserungen des ÖPNV im Zuge des Projektes kommen sowohl Freizeit- als auch Zweckverkehr zugute.

Negative Mobilitätseffekte:
- Neue Belastung bisher eher unbekannter, abgelegener Orte und Sehenswürdigkeiten.
- Überlastung bestimmter Strecken an Spitzentagen (Ferien, Wetter, Events).
- Auch nach Verbesserungen bleibt der ÖPNV, bedingt durch das multi-lokale, fragmentierte Angebot, gegenüber dem motorisierten Individualverkehr (MIV) im Nachteil.
- Hohe Fahrzeiten im Verhältnis zu Verweilzeiten: Viele Attraktionen können nicht von innen besichtigt werden (Privatbesitz) und/oder bieten ergänzend (noch) keine weitere touristische Infrastruktur oder Angebote, die die Aufenthaltszeit steigern würden.
- Wildes Parken und Rasten bei fehlender Infrastruktur.
- Störung privater, bewohnter Schlösser oder Anwesen.

Bekanntlich übersteigt der Freizeitverkehr den Zweckverkehr erheblich, wobei der MIV nach wie vor den größten Anteil einnimmt. Der Freizeitverkehr und damit auch der MIV wird in Zukunft weiter wachsen – ein massenhaftes Umsteigen auf den ÖPNV muss als reines Wunschdenken gelten. Dies betrifft die *Erlebniswelt Renaissance* – besonders bei der Implementierung im regionalen, ländlich geprägten Raum – umso stärker, als das Erreichen der Attraktionen mittels ÖPNV nur im geringen Umfang möglich und relativ umständlich ist.

Dennoch – oder gerade deshalb – muss über die aktive Einbindung und Verbesserung bestehender und über die Einführung neuer ÖPNV- und MIV-Konzepte nachgedacht werden.

Spezifische Lösungsansätze der regionalen Verkehrsplanung *Erlebniswelt Renaissance*

Bekanntlich sind Veränderungen im ÖPNV sowie in der Verkehrsplanung langwierige und schwierige Prozesse. Da es in Deutschland erfahrungsgemäß schon für Freizeit- und Konsum-Großeinrichtungen mit nachweislich hohem Besucheraufkommen schwierig ist, auf den Ausbau des ÖPNV Einfluss zu nehmen, hat sich das Projekt *Erlebniswelt Renaissance* von vornherein darauf einzurichten, dass zukunftsweisende und nachhaltige Regionalentwicklungsstrategien nicht im Alleingang zu realisieren sind. Verbesserungen und Lösungsansätze lassen sich allenfalls in Kooperation mit öffentlichen und privaten Verkehrsträgern und Verkehrsplanern durchsetzen bzw. anstreben.

Verkehrspolitische Ansatzpunkte für Regionalentwicklungsstrategien

Aus den Aspekten „Thematisierung" und „Vernetzung" können für das Projekt *Erlebniswelt Renaissance* drei spezifische verkehrspolitische Ansatzpunkte abgeleitet werden:

1. Thematisierung zur Attraktivierung des ÖPNV
2. Thematisierung zur Lenkung des MIV
3. Besucherlenkung durch *Renaissance-Centrum* & *Info-Boxen*

ad 1. Thematisierung zur Attraktivierung des ÖPNV
Einrichtungen, Fahrzeuge, Serviceleistungen und Marketing des ÖPNV können unter Einbeziehung des Themas Renaissance attraktiviert und charakterisiert werden. Der Freizeitverkehr zum Zweck, die *Erlebniswelt Renaissance* zu besuchen, wird damit einerseits aktiv in das Erleben einbezogen. Andererseits kommen die durch diese Marketing-Maßnahme erzielten Verbesserungen in Service, Qualität und Ambiente der Beförderungsleistung auch allen übrigen Verkehrsteilnehmern zugute. Zu denken wäre etwa an folgende Maßnahmen:

Der Anfahrtsweg als Teil der Erlebniswelt Renaissance, ob mit ÖPNV …

- kleine Ausstellungen oder Exponate in Bahnhöfen und Verkehrsmitteln („fahrendes Museum");
- thematische Gestaltung von Haltestellen/lokalen Bahnhöfen auf bestimmten Strecken, z. B. Vorstellung historischer Personen einer wichtigen Renaissance-Familie dieser Region. Jeder Bahnhof erzählt eine Geschichte aus Sicht dieser Person, stimmt damit auf das örtliche Renaissance-Erleben ein und liefert erste Informationen;
- Touch-Screen-Kiosk mit Infos, Bildern, Geschichten, Routen;
- „Out-of-home-TV-Formate" mit Renaissance-Region-Infos (TV-Bildschirme in Verkehrsmitteln/Bahnhöfen

zeigen vermischte News, Renaissance-Infos, Regional-Infos, Wetter, Werbung usw.);
- Wagen-Lackierung regionaler Transportmittel mit Renaissance-Motiven/*Erlebniswelt Renaissance*-Logo;
- Einbau/Verleih/Verkauf von Audio-guided-Systemen bzw. Medienträgern;
- speziell geschultes Begleitpersonal (regionale Geschichte, Auskünfte, Tipps);
- kurzer Halt an besonderen Aussichtspunkten mit entsprechendem Hinweis;
- Verkauf von Merchandising-Artikeln in Bahnhöfen;
- Informationsdistribution;
- Kombikarten und Paketangebote;
- Kooperation/Transportpartner bei Events.

ad 2. Thematisierungsstrategie zur Lenkung des MIV

... oder im PKW

Auch der MIV – also primär der Pkw-Verkehr – lässt sich mittels des Themas Renaissance beeinflussen oder sogar lenken. Auch hier kann der Anfahrtsweg schon Teil des Erlebnisses werden:
- Ausgabe/Verleih von Portable-Navigationssystemen bzw. Navigations-CD-ROM für eingebaute Navigationssysteme (Global Positioning Systeme (GPS) mit lokalen Renaissance-Infos kombinieren = „guided and routed tour");
- CDs/MCs-Audio-guided-Tours für PKW;
- Ausstattung von Mietwagen mit Renaissance-Info- und Kartenmaterial;
- Verkehrsleitsysteme;
- neue, möglichst intelligente Beschilderung;
- Parkplätze mit einheitlich konzipierten Informationsmöglichkeiten, Tafeln, Touch-Screens o. ä.

ad 3. Besucherlenkung durch *Renaissance-Centrum* und *Info-Boxen*

Das Renaissance-Centrum als Schnittstelle zwischen MIV und ÖPNV

Als zentraler Attraktions- und Anziehungspunkt kann das *Renaissance-Centrum* auch ideal zur Besucherlenkung eingesetzt werden. Durch entsprechende Informationen und Hinweise sind bestimmte Attraktionen, Orte und Routen besonders zu fördern oder ggf. zu beruhigen (De-Marketing). Das – möglichst unterhaltend und interaktiv – vermittelte Wissen soll für Formen, Stile und Inhalte der Renaissance sensibilisieren. Zugleich

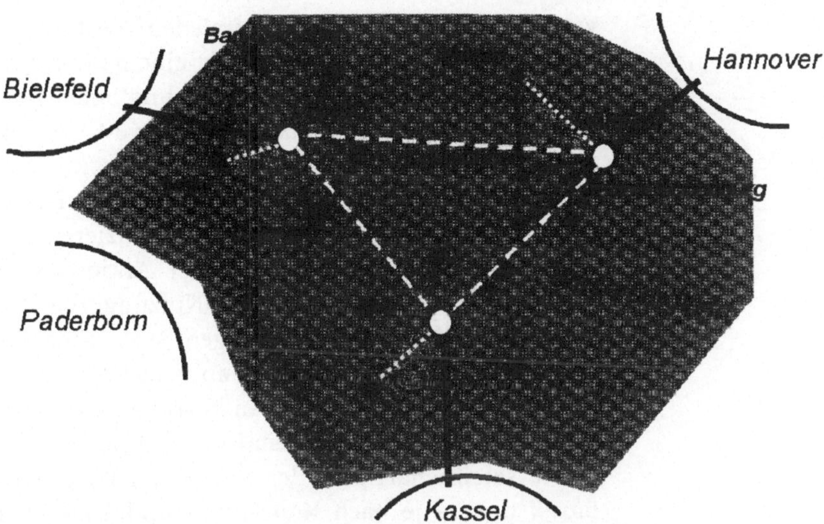

Abb. 4. Schematische Darstellung der Vernetzung von Renaissance-Orten und -Attraktionen in der Modellregion
Legende: Weisser Punkt: *Renaissance-Centrum*
Schwarzer Punkt: historische Renaissance-Attraktion, evtl. mit Info-Box
Gestrichtelte Linie: virtuelle bzw. thematische Vernetzung

lässt sich durch die insgesamt intensivere und damit verlangsamte Auseinandersetzung der Besucher auch eine längere Verweildauer an einzelnen Attraktionen oder Orten erreichen.

Das *Renaissance-Centrum* mit entsprechendem Parkraum muss Schnittstelle zwischen ÖPNV und MIV sein. Einsatz von Ruf- und Shuttlebussen, Zusammenarbeit mit Busreiseveranstaltern und Sammeltaxen ist in Betracht zu ziehen. Fahrradstation und Fahrradverleih sowie Anschluss an gut ausgebaute und beschilderte Rad- und Wanderwegnetze zu anderen Renaissance-Attraktionen sollen ebenfalls zum „Umsteigen" vom Pkw auf alternative Verkehrsmittel motivieren. Indem für Autofahrer bestimmte, „verträgliche" Routen mit günstigem Verhältnis von Fahrzeit zu Aufenthaltsdauer angeboten werden, kann innerhalb des Einzugsbereiches des *Renaissance-Centrums* das „Konzept der kurzen Wege" realisiert werden (siehe Abb. 4).

Isoliert liegende oder nicht zugängliche Objekte wie Schlösser in Privatbesitz können vom *Renaissance-Centrum* mit virtuellen Mitteln besucht werden. Dadurch werden zusätzliche Wege vermieden, bestimmte Gebäude entlastet – und gleichzeitig eine neue Attraktion im Renaissance-Center geboten. Technologien wie Multimedia, Internet, Web-Cam und Live-Chat können ebenfalls eingesetzt werden, um sich zu weit entfernten Renaissance-Orten „zu beamen" oder mit Besuchern anderer *Renaissance-Center* zu kommunizieren.

Das *Renaissance-Centrum* bietet Aktionsraum für Events und für paratouristische Nutzung, die der Saisonentzerrung und gleichmäßigen Auslastung dienen. Zu denken wäre hierbei etwa an Angebote für Schulklassen und Gruppen sowie an Vorträge, Seminare und Kurse im Rahmen einer „Renaissance-Akademie".

Die satellitenartig in der Region lokalisierten *Info-Boxen* dienen je nach Konzeption und Lage auch als „Mobilitäts-Anker" für Rufbus, Sammeltaxi, Haltestelle, Parkplatzfunktion, Routenauskunft usw.

Der Weg wird zum Ziel

Freizeit-Erlebnisverkehr statt Freizeit-Zweckverkehr

Die oben genannten Maßnahmen und Vorschläge zielen darauf ab, den Weg als solchen in das Erlebnis einzubeziehen. Es liegt also gewissermaßen „Freizeit-Erlebnisverkehr" vor, der ebenfalls thematisch belegt wird. Die folgende Grafik (Abb. 5) verdeutlicht die Ausdehnung des Erlebens auf Hin- und Rückfahrt.

Beim Besuch eines klassischen Freizeitangebotes hingegen bleibt der Weg zwischen Start und Attraktion reines Mittel zum Zweck, eine lediglich zu überwindende Distanz: „Freizeit-Zweckverkehr".

Das Projekt *Erlebniswelt Renaissance* ist in vielfacher Hinsicht innovativ: Es stellt ein in dieser Form im Deutschland-Tourismus bisher noch nicht vorhandenes Angebot dar. Es versucht, sowohl regional- als auch tourismuspolitische Grenzen zu überwinden. Es beruht auf einer europäischen Vision. Es versucht, traditionell geprägten Fremdenverkehrs-Regionen eine neue Perspektive zu eröffnen – und zwar sowohl für Touristen und Besucher als auch für die Bevölkerung. Es greift ein authentisches, mit der Region in Zusammenhang stehendes Thema auf und nutzt vorhandenes Potenzial in Kombination mit neuen Angeboten. Die *Erlebniswelt*

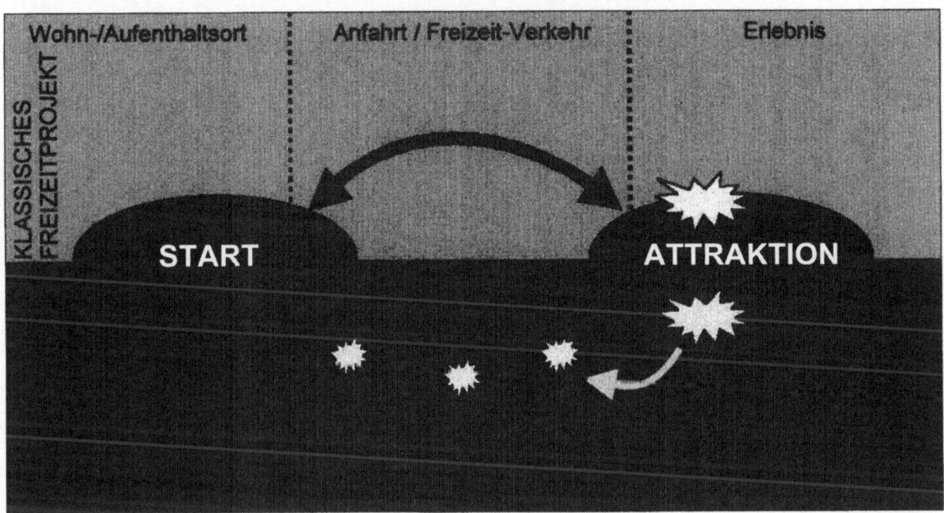

Abb. 5. Verlagerung des Erlebens auf den Freizeitverkehr

Renaissance spannt den Bogen zwischen klassischer Hochkultur und modernem Erlebnisanspruch und stellt sich der Gratwanderung zwischen Kunst und Kommerz.

Ein gutes Mobilitätskonzept, das das Thema Renaissance aufgreift, ist ein wesentlicher Bestandteil des zukünftigen Erfolgs der *Erlebniswelt Renaissance*.

10 Städtetourismus

Andrea Weecks
Marketing Direktorin, Berlin Tourismus Marketing GmbH

Globale Trends

Zu Beginn des 21. Jahrhunderts charakterisieren folgende Haupttrends die nachhaltigen Veränderungen in der Wirtschafts- und Gesellschaftsstruktur weltweit- und damit auch im Tourismus.

Globalisierung: Die Globalisierung wird durch die sich schnell weiterentwickelnde Kommunikationstechnologie (etwa Internet, UMTS) vorangetrieben. Für den Konsumenten bietet die rapide technische Entwicklung eine aktuelle, flächendeckende Verfügbarkeit von Informationen und Angeboten. Daraus resultiert eine nie gekannte Transparenz, ein umfassender Überblick über Angebote und Preise „auf Knopfdruck". Für die Anbieter bedeutet diese Entwicklung im Tourismus wie in allen anderen Wirtschaftsbereichen eine schärfere, weil weltweite Konkurrenz.

Verschärfter Wettbewerb

Konzentration: Produktion und Vertrieb von (touristischen) Leistungen werden durch Konzentrationsprozesse immer stärker zusammengefasst. Dies führt zu enormen Marktkonzentrationen und Nachfragebündelungen.

Marktkonzentration

Individualisierung: Wie in anderen Wirtschaftsbereichen führt der Trend zur Individualisierung auch in der Tourismusbranche zu einem veränderten und stetig wechselnden Nachfrageverhalten.

Stetig wechselndes Nachfrageverhalten

Nach einer Prognose der World Tourism Organization (WTO) aus dem Jahr 2001 wird sich die Zahl der Auslandsreisen bis zum Jahr 2010 weltweit auf 1,0 Mrd. Ankünfte, bis zum Jahr 2020 auf 1,6 Mrd. Ankünfte erhöhen. Die höchsten Steigerungsraten kommen dabei aus dem asiatisch-pazifischen Raum (14,5% Zuwachs von 1999 auf 2000). In Zukunft wird Europa seinen traditionell hohen Marktanteil sowohl bei der Zahl der Ankünfte als auch bei den Einkünften aus grenzüberschreitendem Reiseverkehr verlieren.

Trends im Städtetourismus

Abgesehen von den globalen wirtschaftlichen und gesellschaftlichen Trends hat sich auch das Reiseverhalten in- und ausländischer Gäste in den zurückliegenden Jahren merklich geändert.

Pro Jahr werden heute mehrere, dafür aber kürzere Urlaubsperioden genommen, die Fristen bei der Vorausbuchung werden immer kürzer, die Popularität von Last-Minute-Angeboten steigt. Es werden zunehmend längere Reisezeiten in Kauf genommen, um immer entferntere Ziele zu besuchen. Der Gast zeigt eine veränderte, d.h. steigende Preissensibilität.

Trend zu Städtereisen
Kurze Urlaubsreisen (1 bis 3 Nächte) haben mit einem Zuwachs von 8% (von 1999 auf 2000) die höchsten Steigerungsraten im Inlandstourismus der Deutschen.

Betrachtet man die Zahlen nach der Urlaubsart, so sind Städtereisen mit Besuch von Events und Veranstaltungen das größte Segment innerhalb der 78,1 Mio. Urlaubsreisen der Deutschen. Es ist außerdem das Segment mit den höchsten Steigerungsraten (+11% von 1999 auf 2000).

Berlin Tourismus

Berlin Tourismus als Wirtschaftsfaktor
Der gesamtwirtschaftliche Stellenwert des Tourismus für Berlin lässt sich anhand seines Beitrags zum Volkseinkommen ausdrücken: rund 4,3%.

Nach einer Untersuchung des Deutschen Wirtschaftswissenschaftlichen Instituts für Fremdenverkehr (DWIF) zum Wirtschaftsfaktor Tourismus aus dem Jahr 2001 sind diesem Wirtschaftssektor unmittelbar 66.000 Arbeitsplätze zuzuordnen. Die Zahl der von dieser Branche abhängigen Beschäftigten ist jedoch wesentlich höher, zählt man die Erwerbstätigen hinzu, die nachgelagert oder vorgelagert für den Tourismus notwendige

Leistungen erbringen. Hinzu kommen viele nicht sozialversicherungspflichtige Teilzeitkräfte, die in amtlichen Statistiken nicht erfasst werden. Seriösen Schätzungen zufolge ist davon auszugehen, dass in Berlin mindestens zwei- bis dreimal so viele Personen in ihrem Beschäftigungsverhältnis zumindest anteilig vom Tourismus abhängig sind. Damit dürfte der Tourismus einer der Hauptbeschäftigungsgaranten in Berlin sein. Er ist eine Schlüsselbranche des an Bedeutung gewinnenden Dienstleistungssektors in der Hauptstadt.

Nach der DWIF-Studie geben die statistisch erfassten und die „informell" übernachtenden Touristen gemeinsam schätzungsweise insgesamt rund 3,1 Mrd. Euro *p. a.* aus. Hinzu kommen nochmals etwa 1,9 Mrd. Euro an Ausgaben von Tagesreisenden.

Legt man einen Multiplikationsfaktor zugrunde, der bei sonstigen urbanen Verdichtungsräumen zum Tragen kommt, ergibt sich ein auf den Tourismus zurückzuführender Umsatz von rund 7 Mrd. Euro in Berlin. Die meisten Fachleute sind sich jedoch darüber einig, dass der durch den Tourismus induzierte Umsatz tatsächlich noch höher liegt.

Demnach steuert der Tourismus inzwischen beinahe ebenso viel zum Bruttosozialprodukt bei wie die umsatzstärksten Berliner Industriebranchen Tabakverarbeitung, Elektrotechnik und Maschinenbau.

Berlin erlebte 2000 sein bisher bestes touristisches Jahr. Ausweislich der vom Statistischen Landesamt Berlin zusammengefassten Ergebnisse checkten von Januar bis Dezember 2000 insgesamt rund 5,01 Mio. Gäste aus aller Welt (Inland und Ausland) in einem Beherbergungsbetrieb der Stadt ein. Das sind 20 % mehr Besucher als noch 1999. Die Zahl der Übernachtungen stieg unterdessen um 20,4 % auf 11,4 Mio. an. Dabei betrug die durchschnittliche Aufenthaltsdauer der Berlin-Gäste im Jahr 2000 2,3 Tage, ein erheblich über dem Bundesdurchschnitt liegender Wert. Besonders beliebt war das Reiseziel Berlin bei internationalen Gästen. Insgesamt 1,2 Mio. Gäste aus aller Welt verbrachten im Jahr 2000 3,1 Mio. Nächte in der Stadt. Das entspricht einer Steigerung von 23,6 % bei den Ankünften und 22,2 % bei den Übernachtungen.

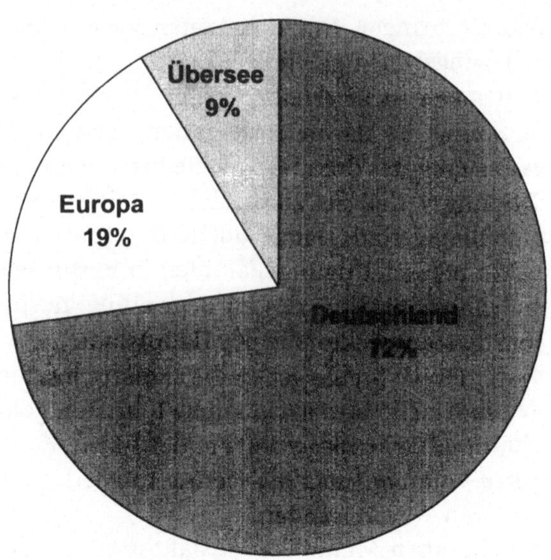

Abb. 1. Berlin – Übernachtungen 2000 nach Herkunftsregionen
Quelle: Statistisches Landesamt Berlin

Die Grafik (Abb. 1) verdeutlicht die Anteile am Reise-volumen nach der geographischen Herkunft der Gäste. Dabei erfährt die seit Jahren feststellbare Dominanz des inländischen Aufkommens in Bezug auf den Anteil am Gesamtvolumen für das Jahr 2000 eine erneute Bestäti-gung. Das Reiseaufkommen aus den europäischen Län-dern beträgt 69% des gesamten internationalen Volu-mens.

Berlin an der Spitze des deutschen Städtetourismus

Die deutsche Hauptstadt hat sich entsprechend der zuvor dargestellten touristischen Entwicklung bei den Gästeankünften und Übernachtungen nachdrücklich auf Position eins der nationalen Städtereiseziele etabliert. Die Wettbewerbssituation zur Destination München hat sich mit einem Vorsprung von 3,6 Mio. Übernachtungen zugunsten Berlins signifikant verändert (Abb. 2).

Mit 11,4 Mio. Übernachtungen im Jahr 2000 liegt Berlin mit großem Abstand an der Spitze des deutschen Städtetourismus. Auf den Plätzen 2 und 3 folgen Mün-chen mit 7,8 Mio. und Hamburg mit 4,8 Mio. Übernach-tungen.

Im europaweiten Vergleich nimmt Berlin damit die vierte Position hinter London, Paris und Rom ein. Auf-

Benchmarking Berlin

Übernachtungen 1997-2000

	1997	1998	1999	2000
Hannover	1.140.084	1.134.746	1.057.341	2.030.944
Stuttgart	1.643.371	1.932.011	2.030.500	2.025.516
Dresden	1.804.340	1.957.611	2.102.595	2.405.293
Düsseldorf	2.185.792	2.315.248	2.152.834	2.423.843
Köln	2.735.344	2.602.647	2.539.583	3.066.400
Frankfurt/M.	3.359.577	3.553.550	3.788.544	4.235.675
Hamburg	4.346.844	4.609.737	4.654.762	4.843.631
München	6.428.470	6.881.120	7.282.135	7.756.152
Berlin	7.988.748	8.266.011	9.477.402	11.412.925

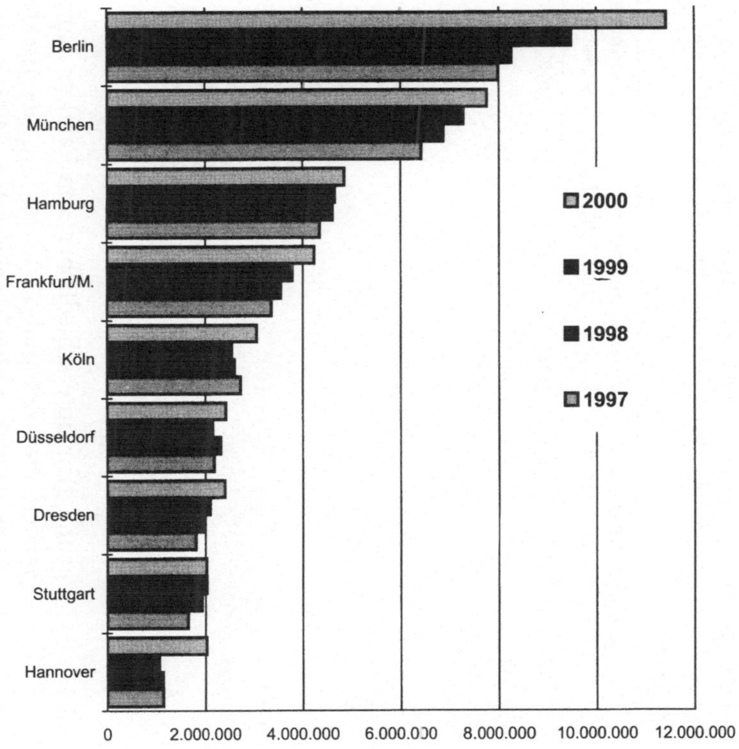

Berlin Tourismus Marketing GmbH

Abb. 2. Magic Cities – Übernachtungen 1997 bis 2000
Quelle: Daten der Magic Cities-Mitgliedsstädte nach Erhebungen der Statistischen Landesämter

Tabelle 1. Preise der Hotellerie in Europa – Vergleich 1999 und 2000, Quelle: Arthur Anderson Hotel Industry Benchmark Survey 2001 (Basis: vorrangig Kettenhotels ab 3*, innerhalb Europas 2.700 Hotels am Markt)

	durchschnittlicher Zimmerpreis 1999 (Euro)	durchschnittlicher Zimmerpreis 2000 (Euro)	Veränderung in %
London	170	199	17
Paris	172	185	8
Rom	146	157	8
Amsterdam	121	146	21
Madrid	132	140	6
Prag	74	106	43
Berlin	95	103	8
München	95	101	6
Wien	114	100	−12
Frankfurt	95	99	4
Hamburg	88	94	7

grund sehr unterschiedlicher, von Land zu Land stark variierender Erhebungskriterien ist ein direkter Vergleich zwischen konkurrierenden Metropolen allerdings nur unter Vorbehalt möglich.

Dennoch lässt die empirische Erfassung der Übernachtungszahlen in Berlin Trends in der Entwicklung des touristischen Aufkommens erkennen.

Trotz steigenden Reiseverkehrsvolumens und einer sich stetig verbessernden Betriebsauslastung ist die Höhe des am Markt absetzbaren durchschnittlichen Zimmerpreises aus Sicht der Hoteliers unbefriedigend niedrig. Ein sich verschärfender lokaler Wettbewerb, unter anderem zurückzuführen auf erhebliche Kapazitätserweiterungen sowie die unverändert überproportionale Abhängigkeit vom Inlandsmarkt und von Privatreisenden, sind als Hemmnisfaktoren im Sinne eines adäquaten Preisabsatzes zu bezeichnen (Tab. 1).

Tourismus und Freizeitverkehr: Konsequenzen für Berlin

Maßnahmen zur Steigerung der Nettowertschöpfung

Die oben dargestellten Entwicklungen und Tendenzen im Städtetourismus und die wirtschaftliche Bedeutung der Tourismusbranche für das Land Berlin beeinflussen die Arbeit der Berlin Tourismus Marketing GmbH (BTM) für Berlin nachhaltig.

Die BTM versteht die „Steigerung der Nettowertschöpfung" als ihre Leitaufgabe, um damit einen wichtigen Beitrag zur Wirtschaftskraft des Landes Berlin und dem damit verbundenen Erhalt bzw. der Schaffung von Arbeitsplätzen zu leisten. Dies soll erreicht werden durch:

- Herausstellung der einzigartigen Qualitätsvorteile der Bundeshauptstadt gegenüber dem Wettbewerb,
- Steigerung der Anzahl der Reisen nach Berlin,
- Verlängerung des Aufenthaltes,
- Steigerung der Tagesausgaben,
- Steigerung der Auslastung der touristischen Leistungsträger,
- Optimierung der Kundenbindung.

Vor dem Hintergrund der starken weltweiten Wettbewerbssituation, des schnellen Wandels von Märkten, Trends und Verbraucherverhalten, hat die zeitnahe Marktforschung für das Erreichen dieser Zielsetzung eine wachsende Bedeutung, um auf entsprechende Marktänderungen schnell reagieren zu können.

Marktorientierte Produkt- und Angebotsstrategie

Zu diesem Zweck hat die BTM 2001 eine ganzjährige Gästebefragung in Auftrag gegeben, die in zweijährigem Turnus wiederholt werden soll. Ziel ist es, mehr Informationen über Reisemotive, Buchungsverhalten, Reiseverhalten, Reiseverkehrsmittel, soziodemographische Daten sowie deren Änderungen zu gewinnen. Die Ergebnisse der Befragung werden dann genutzt, um Produkte und Angebote noch zielgruppengerechter und die Marktbetreuung effizienter gestalten zu können.

Produktinhalte und -strategien müssen den im Rahmen einer kontinuierlichen Marktforschung festgestellten Änderungen des Marktes und der Kundenbedürfnisse angepasst werden. Der sich verschärfende europäische und weltweite Wettbewerb fordert eine klare Ausrichtung der Produktstrategie auf „Außergewöhnlichkeit und Unverwechselbarkeit des Angebotes". Für Berlin bedeutet dies, Angebote zu kreieren, die

- eindeutig Berlin zuzuordnen sind,
- im Einklang mit der definierten Unique Selling Proposition (USP) stehen,

- zielgruppen- und themenspezifische Schwerpunkte setzen,
- flexibel einem geänderten Reiseverhalten angepasst werden können und
- buchbar sind.

Nachfolgend werden einige Beispiele aufgeführt, die im Sektor Verkehrsplanung das Bemühen der BTM um eine markt- und zielgruppenorientierte Produkt- und Angebotsgestaltung verdeutlichen sollen.

Zielsetzung

Berlin WelcomeCard

Die WelcomeCard (Tab. 2) führt Touristen an die Nutzung der öffentlichen Verkehrsmittel heran, soll den Aufenthalt organisatorisch vereinfachen und gleichzeitig einen repräsentativen Überblick über die Fülle des touristischen Angebotes in der Stadt geben. Dabei wird durch die Auswahl der teilnehmenden Leistungsträger in gewissem Umfang auch Besuchersteuerung betrieben.

Bus Stopp Berlin
Dieser Flyer wendet sich insbesondere an Busreiseveranstalter und Busfahrer. Er enthält neben einer umfang-

Tabelle 2. Berlin WelcomeCard

WelcomeCard + WelcomeCard Flyer	
Inhalt (Card)	**Laufzeit**
72-Std. freie Fahrt mit allen Bussen und Bahnen im Tarifgebiet ABC Berlin sowie freier Eintritt bzw. Ermäßigungen bis zu 50% bei vielen touristischen Leistungsträgern. Preis € 18,- (ab 2002 für 1 Erwachsenen und bis zu 3 Kinder bis zum vollendeten 14. Lebensjahr, Stand: 2001).	1 Jahr **Sprachen** deutsch/englisch **Erscheinungstermin** jeweils Dezember des lfd. Jahres
Inhalt (Flyer)	**Auflage**
Information über die WelcomeCard und deren Ermäßigungen in den verschiedenen Einrichtungen.	je 200.000 Exemplare
Zielgruppe	
Individualreisende Touristen, aber auch der Berliner, der Freunde und Verwandte zu Besuch hat.	

reichen Innenstadtkarte mit allen wichtigen Angaben
über Entsorgungsstationen, Waschanlagen und Repara-
turwerkstätten auch weitere touristische Informationen
für Gruppen.

Wassertourismus
Gemeinsam mit den entsprechenden Organisationen in
Brandenburg erarbeitet die BTM Produkte und Angebote zum Thema „Wasser". Hierzu wird eine „Wasser-
karte" aufgelegt, die Routenvorschläge, Verleihfirmen
und Servicestationen am Wasser sowie die am Rande
der Wasserstraßen zu erlebenden touristischen High-
lights beschreibt. Darüber hinaus enthält die Karte
wichtige Informationen zur Nutzung der Wasserstraßen
und Tipps für entsprechende Gastronomie- und Hotel-
angebote.

Das Produkt wird über einschlägige Special-Interest-
Titel bekannt gemacht und über die einzelnen Partner
auf branchenspezifischen Messen angeboten (z.B. auf
der „Boot" in Düsseldorf).

Der Erfolg aller am Städtetourismus partizipierenden
Partner wird letztendlich davon abhängen, in welchem
Umfang und in welchem Zeitraum sich die Beteiligten
auf veränderte oder neue Kundenbedürfnisse einstellen
und diese mit entsprechenden Angeboten und Produkten bedienen können.

Abschließend ist festzuhalten, dass dem Städtetourismus weiterhin gute Wachstumsraten zugeschrieben
werden. Von diesen werden jedoch nur die Tourismusorganisationen profitieren, die die Bedürfnisse und Interessen ihrer Kunden kennen, ihre Arbeit dem Wandel
von Kundenwünsche und -bedürfnissen anpassen, ein
entsprechendes Kundenbindungsmanagement auf-
bauen und ihre Produkte und Angebote entsprechend
gestalten.

11 Von Stadtreisen zu Stattreisen

Anke Biedenkapp
Geschäftsführerin Stattreisen/Reisepavillon, Hannover

Wer kennt sie nicht, diese Situation, eine fremde oder auch die eigene Stadt besichtigen zu wollen?

Anlässe für Stadterkundungen sind vielfältig, und was bietet sich da mehr an, als ein entsprechendes Angebot wahrzunehmen, schließlich gibt es allerorten Stadtrundfahrten und -rundgänge.

Leider ist die Zufriedenheit mit diesem typischen touristischen Angebot nicht so selbstverständlich wie das Angebot selbst. Zwar kann der interessierte Teilnehmer auf diese Art und Weise erfahren, wie hoch der Kirchturm, wie alt das Schloss oder wie bedeutsam das Repertoire der städtischen Bühnen ist.

Doch bevor die Tour zu Ende ist, beginnen sich Jahreszahlen aus der Erinnerung zu stehlen, Herrschernamen entziehen sich der genauen Zuordnung zu einer bestimmten Epoche und von den zahllosen Maßangaben bleibt nur übrig, dass sie bemerkenswert waren – aber offensichtlich nicht merkbar. Sollte ein geführter Stadtrundgang am Ende überflüssig sein, da außer vagen Eindrücken und vereinzelten Details nichts hängen bleibt? Oder ist es nur die Art der Vermittlung, die das Behalten so schwer macht?

Aber warum nicht einfach einen Bezug zu den Alltagserfahrungen und Vorkenntnissen der Teilnehmer herstellen? Jede Stadt und jede historische Entwicklung bietet hierfür vielfältige Möglichkeiten.

Stattreisen hat sich dieser Aufgabe angenommen. Ausgangspunkt waren die Recherchen der Geschichtswerkstatt Wedding frei nach dem Motto „Grabe, wo Du

> Fakten, Fakten, Fakten oder …

> … Bezug zu Alltagserfahrungen und Vorkenntnissen und …

stehst", um die Geschichte der „Kleinen Leute" und die vernachlässigten Seiten der Gesellschaft aufzuzeigen. Daraus entstanden die ersten Stadtteilrundgänge und dann 1983 *Stattreisen Berlin*. Im Laufe der Jahre hat sich das Stattreisen-Konzept weiterentwickelt und ist nun vielerorts eine Alternative zum üblichen Städtetourismus. Ob Tagungsteilnehmer oder „Damenbegleitprogramm", ob Alt oder Jung, ob Professoren oder Schüler – Stattreisen berät, begleitet und betreut alle, die die Stadt auf intensive Art und Weise kennen lernen und erleben wollen.

… im Kontext geschichtlicher und politischer Entwicklungen

Selbstverständlich zeigt Stattreisen die Sehenswürdigkeiten der Stadt, die Kirchen, das Rathaus, die Altstadt bzw. die Grünanlagen – allerdings nicht aus einer schönfärberischen Perspektive, sondern indem wir facettenreich über Hintergründe und Zusammenhänge der geschichtlichen und politischen Entwicklung informieren. Die thematische Bandbreite reicht von Stadtteil-Spaziergängen über Touren durch Geschichte und Kultur bis hin zu Architektur und Ökologie. Führungen zum „Dritten Reich" und zum „jüdischen Leben" gehören ebenso selbstverständlich zum Repertoire wie das Eintauchen ins „Reich der Sagen und Märchen". „Aus- und Einwanderung" wird mit der jeweiligen „Industriegeschichte" in Beziehung gesetzt, Umweltbelange thematisieren wir mit Blick auf „reizvolle Gartenanlagen" oder am Beispiel der städtischen Müllentsorgung. Barockschlösser sind genauso geeignet wie 50er Jahre Bauten, um den jeweiligen Zeitgeist der Bauherrn zu verdeutlichen.

Wichtig ist, vor Ort die jeweiligen Themen daraufhin abzuklopfen, *was* für *wen* interessant sein könnte, vor allem aber, *wie* es jeweils alters- und zielgruppengerecht zu präsentieren ist.

„Infotainment" statt Belehrung

Allen Stattreisen-Angeboten, seien es nun Stadtführungen, Stadterkundungen, Stadtspiele oder Theaterspaziergänge, ist gemeinsam, dass Information mit Unterhaltung in Einklang gebracht wird, dass das Erlebnis über der Belehrung steht und dass Sehenswürdigkeiten nicht isoliert betrachtet, sondern in den richtigen Kontext eingebettet werden, d.h. Stattreisen bietet mehr als einen Wust von Daten, Fakten oder kunstgeschichtlichen Details. Eine distanzierende, oft voyeuristische Reisebusfenster-Perspektive ist hier ebenso wenig gefragt wie Standardtexte und Routinerundgänge oder schönfärberische Imagepflege.

Vielmehr soll den Teilnehmer(inne)n die Möglichkeit gegeben werden, anhand eines „roten Fadens" Zusammenhänge zu verstehen bzw. sich in eine bestimmte historische Epoche hineinzuversetzen. Das Zeigen „entarteter" Bilder, der Besuch eines ehemaligen Tanzpalastes, in dem Ende der 30er Jahre die verpönte Swing- und Jazzmusik gespielt wurde, und die Schilderung der Aktionen gegen die Anhänger dieser Musik vermögen mehr Betroffenheit auszulösen und Interesse für die allgemeinen Lebensbedingungen im Dritten Reich zu wecken als die Bezifferung von Kriegstoten oder die Lektüre nationalsozialistischer Gesetze.

Alles kann zum Gegenstand der Aufmerksamkeit werden, ob Alltägliches, Besonderes, Hässliches oder ausgesprochen Nettes – unterschiedlichste Wohnsituationen ebenso wie augenfällige Straßenkunstobjekte oder verwitterte Fassadeninschriften. Sowohl auf den als auch abseits der ausgetretenen Pfade kann sich scheinbar Belangloses als Schlüssel zum Verständnis erweisen.

Scheinbar Belangloses als Schlüssel zum Verständnis

Eine Stadt ist wie ein Puzzle: *Stattreisen* leistet Hilfestellung beim Verknüpfen und Interpretieren der unterschiedlichen – oft scheinbar unverbundenen – visuellen Eindrücke, Phänomene und Fakten. Dabei steht das selbstständige Entziffern dessen, was die Stadt vorzuweisen hat, im Vordergrund. „Beobachtungsaufträge" und „Lokaltermine" sind meist aufschlussreicher als ein Monolog über das entsprechende Phänomen: Das Zählenlassen von öffentlichen Bänken oder eine Besichtigung der Stadtgärtnerei geben mehr Auskunft über die lokalen Freiraumbemühungen als das Verlesen eines offiziellen Werbeprospektes. Die Besichtigung einer Moschee vor der „eigenen Haustür" vermag mehr Verständnis für die islamische Kultur zu verschaffen als viele Zeitungs- und TV-Berichte aus fernen Ländern.

Aktives Einbinden statt Monolog

Der Einsatz von anschaulichen Materialien ist in diesem Zusammenhang unabdingbar. Bildmaterial, Stadtpläne bzw. historische Dokumente erleichtern den Zugang zu ungewohnten Zusammenhängen und helfen dem Vorstellungsvermögen auf die Sprünge. Ein Keks, eine Eierkohle oder eine Prise Parfüm, an der richtigen Stelle eingesetzt, werden unvergessen machen, dass Bahlsen zu Hannover, der Bergbau zum Ruhrgebiet und 4711 zu Köln „gehört". Genauso wie es an jedem Standort etwas Interessantes zu sehen, fühlen, riechen oder hören gibt, wird angestrebt, dass jede Station über sich hinausweist, damit Parallelen und Besonderheiten erkannt werden können.

Orientierung an den Wünschen und Voraussetzungen der Zielgruppe

Trotz der Andersartigkeit sind auch die Stadtspaziergänge von Stattreisen nicht immer und für jeden die optimale Vermittlungsform. Deshalb gehören von Anfang an auch entsprechend konzipierte Stadtspiele zum Stattreisen-Repertoire, das in jüngster Zeit durch die so genannten Theaterspaziergänge erweitert wurde: In diesem Fall schlüpfen Laienschauspieler in historische Gewänder bzw. in die Rolle interessanter Persönlichkeiten, um an einschlägigen Stellen der Stadt Lokal- oder auch Weltgeschichte zu inszenieren; so z.B. in Münster Impressionen aus dem Dreißigjährigen Krieg oder in Hannover aus dem Leben des Gottfried Wilhelm Leibniz.

An welchem Beispiel, welche Themen in welcher Form vertieft werden, hängt im Wesentlichen von den Wünschen und Voraussetzungen der jeweiligen Zielgruppe ab. Für eine Orientierungsstufe muss das Leben im Mittelalter anders aufbereitet werden als für studierte Historiker oder Betriebsausflügler.

Doch es reicht nicht aus, über das intellektuelle Niveau und die allgemeine Interessenlage Bescheid zu wissen. Darüber hinaus muss im Vorfeld in Erfahrung gebracht werden, ob das Thema völlig neu oder bereits bekannt ist. Nicht ganz unwesentlich sind auch Informationen ganz formaler Natur:

So kann sich eine vorausgegangene fünfstündige Radtour oder die Tatsache, dass es sich um die zwanzigste Stadt im Rahmen einer Deutschlandtour handelt, maßgeblich auf die Motivation und Konstitution der Teilnehmer(innen) auswirken.

Prinzipien des nachhaltigen Tourismus

Allerdings sollten nicht nur diese, sondern auch die Nicht-Teilnehmer(innen) bei der Planung der Stattreise berücksichtigt werden. Mittelalterliche Wohn- und Arbeitsformen immer wieder im gleichen engen Hinterhof zu erklären, wo auch heute noch Menschen leben, die von dieser Art von Begegnung nicht begeistert sind, entspricht genauso wenig der Praxis von *Stattreisen* wie beispielsweise der Besuch der Synagoge am Sabbat. Im Sinne des nachhaltigen Tourismus geht hier die Sozialverantwortlichkeit gegenüber den Anwohnern und Nutzern den Bedürfnissen der Besucher(innen) vor.

Im Hinblick auf die Fortbewegung orientieren wir uns ebenfalls an den Prinzipien des nachhaltigen Tourismus. Um die Umwelt zu schonen, vor allem aber um ihr sensibler und aufmerksamer begegnen zu können, bewegen wir uns in erster Linie zu Fuß durch die Stadt. Auch Fahrräder und öffentliche Verkehrsmittel werden in Anspruch genommen.

Natürlich kann es immer wieder Gründe geben, einen Bus zu chartern, die gewünschte Gruppengröße von maximal 25 Personen zu überschreiten, einen Besichtigungspunkt auszulassen oder aber eine besondere Attraktion kurzfristig ins Programm aufzunehmen. Das wirft aber eine(n) echte(n) Stattreiser(in) nicht aus der Bahn. Dank intensiver Vorbereitungen und umfassender Recherchen sind wir in der Lage, flexibel zu reagieren, z. B. spontan die Perspektive zu wechseln oder erforderliche Hintergrundinformationen einzubringen.

Und schließlich geben wir gerne Tipps für die Weiterbeschäftigung mit dem jeweiligen Thema, indem wir auf einschlägige Publikationen und Filme verweisen, ggf. Informationsmaterial zur Verfügung stellen oder auf entsprechende Organisationen aufmerksam machen.

Das Stattreisen-Programm ist erfolgreich zu Ende gebracht, wenn die Teilnehmer(innen) merken, wie wichtig es ist, an unbekannten oder auch bekannten Orten genauer hinzuschauen und rücksichtsvoller aufzutreten – auch und vor allen Dingen, wenn man alleine unterwegs ist.

Wer indes vorzieht, die Erkundungen in einer Gruppe vorzunehmen bzw. die Stattreisen-typische Mischung von Unterhaltung und angemessener Information schätzt, kann im deutschsprachigen Raum aus einer breiten Palette von Angeboten wählen.

Auch wenn Stattreisen nicht überall unter dem selben Namen firmiert, mal heißt es „Geschichte für alle" mal „Igeltour" oder Stattland, haben wir überall den gleichen

Anspruch. Wir bemühen uns, umweltfreundlichen und sozialverantwortlichen Tourismus in der Stadt zu realisieren. In diesem Sinne haben sich die einzelnen Stattreisen-Organisationen zum *Forum Neue Städtetouren – Der Stattreisen Verband* zusammengeschlossen. Hier findet ein regelmäßiger Austausch über die Gewährleistung der Stattreisen-Kriterien statt, hier wird über interessante Kooperationspartner geplaudert (Unterkünfte, Kultureinrichtungen, Reiseveranstalter) und hier erfolgt die Vorbereitung der gemeinsamen Presse- und Messearbeit; so z. B. der Auftritt auf dem jährlich stattfindenden *Reisepavillon*, dem Marktplatz für nachhaltiges Reisen.

Der *Reisepavillon* als weltweit einzigartiges Forum des nachhaltigen Tourismus ist auch für die Stattreisen-Organisationen die ideale Plattform. Die Begegnung mit Anbietern, Fachbesuchern und Medienvertretern aus Deutschland, Europa und Übersee bietet günstige Voraussetzungen für die Ausweitung des nachhaltigen Städtetourismus über die jetzigen Verbandsgrenzen hinaus.

Nähere Informationen: www.stattreisen.de und www.reisepavillon-online.de

12 Raumpartnerschaften zwischen Ballungs- und Erholungsräumen[1]

G. Wolfgang Heinze
*Technische Universität Berlin, Verkehrssystemplanung
und Verkehrstelematik*

Kontrasträume führen zu Partnerschaften

Für das Konzept einer Raumpartnerschaft ist die Idee
kontrastierender Räume essentiell. Daher soll eingangs
der Weg von der Betrachtung der Kontrasträume zu den
Raumpartnerschaften aufgezeigt werden.

Freizeitverkehr ist Suche nach Kontrasträumen und Kontrastzeiten

Für den Freizeitverkehr gilt das hedonistische Motiv
„Routine soviel wie möglich, Wechsel und Abwechslung
soviel wie nötig". Um dieses Zentralmotiv gliedern sich
die drei Komponenten des Verkehrsvorgangs: das Verlassen des Quellortes („Man reist, um wegzukommen und
etwas anderes zu tun"), das Erreichen des Zielortes
(„Man reist, um anzukommen") und das Reisen selbst
(„Man reist, um das Reisen zu genießen"). Damit ist
Freizeitverkehr eine Mischung aus abgeleiteter und originärer Nachfrage: Abgeleitet ist Freizeitverkehr, wenn
die Fahrt zum Zielort nachgelagerte Tätigkeiten (wie Baden, Wandern, Segeln, Reiten) erst ermöglicht. Originär

*Freizeitverkehr als
Mischung aus
abgeleiteter und
originärer Nachfrage*

1 Der Verfasser ist Sprecher des Forschungsprojektes „Kontrasträume
und Raumpartnerschaften. Nachhaltige Wachstumschancen im Freizeitverkehr" (Auftraggeber: Bundesminister für Bildung und Forschung) und leitet das Teilprojekt „Verkehrswissenschaften" der TU
Berlin. In diesem Rahmen gilt sein Dank allen Partnern, insbesondere aber Frau A. Gillmeister, C. Gipp, B. Kluge und Frau M. Ulbrich.
Eine große Hilfe waren die kritischen Ergänzungen der Vortragsfassung durch Dr. Abraham (Bansin) und J. Boße (UBB).

ist Freizeitverkehr hingegen, wenn die direkte Nutzenstiftung im Vordergrund steht. Denken wir an die meisten Schiffsreisen, an die „Fahrt ins Blaue" aus Freude am Fahren, an die Bergwanderung als Möglichkeit körperlicher Bewegung, an die Fahrradtour zur Wiederentdeckung von Körpergefühl, Gruppengefühl und der Freude am frischen Wind. In allen Fällen ist hier der Transportvorgang primär Selbstzweck oder Endzweck (sog. „intrinsisch motivierter" Verkehr). All dies gilt für den Freizeit- und Urlaubsverkehr in besonderer Weise.

Freizeitakteure werden zunehmend von einem komplementären Raumverständnis geleitet

Arbeit und Freizeit, Stadt und Land – „Kontrasträume", die einander ergänzen

Gerade für den Freizeitverkehr ist die Hypothese interessant, dass Stadt- und Landbewohner bei der Planung und Umsetzung urbaner oder ländlicher Lebensformen den Aufenthalt in den jeweiligen Kontrasträumen zunehmend „mitdenken". Sie praktizieren offenbar ein komplementäres Raumverständnis, das den alten, sich in Auflösung befindenden Gegensätzen von Arbeit und Freizeit, Stadt und Land entspricht. Die Kontrastraumidee verbindet sich aus psychologischer Sicht mit dem Kompensationsmodell. Diesem zufolge wird in der Freizeit gesucht, was sich in der Arbeits- und Alltagswelt nicht realisieren lässt.

Die Gesamtheit der Lebensräume lässt sich plastisch als „Leopardenfell" beschreiben: als Gesamtraum auf einer bestimmten Ebene, der in sich wiederum Kontraste enthält. Erst durch seine Kontrastelemente ist der Lebensraum stabil und kann als vielschichtig bewertet, eingeschätzt und gewürdigt werden. Das Kontrastraumverhalten wird also dadurch hervorgerufen, dass sich die Menschen mit mehreren Orten identifizieren und sich in ihnen „zu Hause" fühlen. Daraus folgt, dass Agglomeration und ländlicher Erholungsraum in unmittelbarer Wechselbeziehung miteinander stehen.

Diese Suche nach Kontrast ist Systemtrends unterworfen

Der Trend im Tourismus geht in Richtung immer spontanerer, kürzerer, häufigerer und intensiverer Reisen. Die

Grenze zwischen Freizeit- und Urlaubsverkehr verschwimmt zusehends. Alte Tourismusgebiete haben sich auf diese Entwicklung einzustellen: Vor allem werden neue Konzepte zur Sicherung von Arbeitsplätzen im Tourismusgewerbe benötigt. Mit der Globalisierung und billigen Pauschalflugreisen nach Übersee konfrontiert, bietet es sich für Deutschland an, auf die Gegenbewegung zu setzen: auf die Renaissance örtlicher und regionaler Identifikationsräume. Also auf reizvolle Möglichkeiten der Freizeitgestaltung ohne weite Anfahrtswege.

Diese Auffanglösung wird seit dem 11. September 2001 durch verstärktes Sicherheitsdenken im Flugtourismus noch bestärkt. Eine strategische Kurskorrektur des Zielgebietes Mitteleuropa in Richtung „Freizeitverkehr statt Langzeittourismus" signalisiert nur eine weitere Arbeitsteilung durch Globalisierung. Statt gegen Fern- und Mehrfachreisen zu kämpfen, empfiehlt es sich, verstärkt auf regionale Vorzüge, Kultur und Geschichte, auf Feierabendverkehr, Tagesausflüge und Wochenendtourismus, auf Kurz-, Erlebnis- und Städtereisen, Zweit- und Dritturlaube und auf einen neuen Kulturtourismus nach Europa zu setzen. Ein solches Konzept „Neuer Nähe" bedeutet allerdings keinen Verzicht auf Langzeittourismus in Deutschland, sondern nur eine Schwerpunktverlagerung auf ein Marktsegment, das sich schon kurzfristig als tragfähig erwiesen hat, aber langfristig ausbaufähig ist. Aufgrund der Rückwirkungen dieses Konzepts lassen sich überlebte Verkehrsstrukturen erneuern (Heinze 2000).

Dieser Strukturwandel lässt sich durch Raumpartnerschaften von Konträsträumen nutzen

Weil Freizeit- und Urlaubsverkehr vor allem als Beziehung zwischen Verdichtungsräumen (Bevölkerungsschwerpunkten) und ländlichen Räumen stattfindet, bietet es sich an, diesen Stadt-Land-Verbund zu institutionalisieren. Derartige Raumpartnerschaften zwischen Verdichtungs- und Erholungsräumen lassen sich als emotional verankerte, dauerhafte, messbare Kooperationen zwischen Privaten, Unternehmen und staatlichen Akteuren verstehen (Ohlhorst in diesem Band). Im Frei-

Die Renaissance örtlicher und regionaler Identifikationsräume

Stadt-Land-Kooperationen bieten Gestaltungschancen im Freizeit- und Urlaubsverkehr

zeit- und Urlaubsverkehr bieten Raumpartnerschaften mindestens vier Gestaltungschancen:

1. *Substitution von Fernreiseverkehr:* Raumpartnerschaften können Wachstumsschübe im Freizeitverkehr zwischen Konträsträumen induzieren und damit den Zuwachs von Fernreisen in die Region umleiten. Auf diese Weise lassen sich Arbeitsplätze im Inland schaffen, die wirtschaftliche Stabilität von peripheren Teilräumen stärken und Nachhaltigkeit im Verkehr und Tourismus fördern.

2. *Bündelungsmöglichkeiten für den Freizeitverkehr:* Die Intensivierung von Verkehrsbeziehungen zwischen Verdichtungsraum und Region durch deren Komplementarität erlaubt es, Verkehrsströme im Freizeitverkehr nachfrageorientierter zu gestalten, dabei ressourcensparend zu bündeln, stärker auf den öffentlichen Verkehr auszurichten und somit Nachhaltigkeit zu fördern. Wie die Wiederentdeckung der Eisenbahn für den Weg von Berlin nach Usedom zeigt, genügt oft die verbesserte Organisation vorhandener Verkehrssysteme.

3. *Konträsträume als Testräume:* Wachsende Nachfrage im Freizeitverkehr erlaubt es, durch neue Produkte und Mobilitätsdienstleistungen (Paratransit, Rufbusse, CarSharing) zunehmend angepasste Mobilität im Naherholungsgebiet sicherzustellen. Ein Beispiel bildet die Förderung eines freizeitverkehrsfähigen öffentlichen Personennahverkehrs (ÖPNV).

4. *„Mentale Erreichbarkeit"* zwischen den Konträsträumen als Ausdruck eines Wir-Gefühls stabilisiert deren Beziehungen untereinander. Aufgrund dieser verbesserten Beziehungen lässt sich die Nutzung von Wachstumschancen in der regionalen Freizeitwirtschaft mit der ökologischen Gestaltung des verursachten Verkehrsaufkommens verbinden.

Raumpartnerschaften als interdisziplinäre Forschungs- und Umsetzungsaufgabe

Interdisziplinäre Forschungs- und …

Gestaltungsmöglichkeiten des Freizeitverkehrs durch Stadt-Land-Kooperationen bilden eine neue Forschungsperspektive der Verkehrswissenschaften. Verhaltens- und sozialwissenschaftliche Arbeiten zum Freizeitverkehr suchten bisher lediglich Verhalten zu erklären, aber kaum Handlungsspielräume für Politik und Verkehrssysteme zu schaffen. Demgegenüber verbindet der hier vorgestellte integrative und handlungsorientierte Ansatz soziale und technische Innovationsspiralen. Die Überprüfung und Instrumentalisierung dieses Ansatzes erfordert die Kooperation von verkehrswissenschaftlichen, verhaltensbezogenen, kultur-, politik- und sozialwissenschaftlichen Perspektiven. Die Entwicklung umsetzungsorientierter Konzepte setzt zudem die enge Zusammenarbeit der wissenschaftlichen Forschung mit lokalen Gebietskörperschaften, Landesverwaltungen, Verbänden und Transportunternehmen voraus.

... Umsetzungsaufgabe

Das Lösungspotential des Projekts „Konträsräume und Raumpartnerschaften. Nachhaltige Wachstumschancen im Freizeitverkehr" (Bundesminister für Bildung und Forschung) beruht auf drei spezifischen Ansätzen, für die jeweils eine der beteiligten Disziplinen federführend ist, aber die Perspektiven der übrigen Disziplinen integriert. Die Verkehrswissenschaft entwickelt Auffanglösungen für Systemtrends im Freizeitverkehr und bedient sich dabei der Kompetenz der historischen Sozialwissenschaft. Die Psychologie und Sozialwissenschaft analysiert Kontrasträume und -zeiten und konzipiert in Kooperation mit der Verkehrswissenschaft passende Mobilitätsexperimente. Das Fachgebiet Gesellschaft und Technik entwickelt Raumpartnerschaften als Politikbausteine in Zusammenarbeit mit Kooperationsmanagement und Verkehrswissenschaft. Ziel ist es, alle für die Freizeitgestaltung relevanten Entscheidungsprozesse in die Erfassung des Freizeitverkehrs und schließlich in die Modellierung seiner Organisation einzubinden.

Das hier vorgestellte Konzept ist auf Übertragbarkeit angelegt. Aus umsetzungsorientierten Gründen beschränkt sich das Vorhaben auf wenige Untersuchungsgebiete. Analysiert werden der Freizeitverkehr, das Kontrastraumverhalten und die Möglichkeiten von Raumpartnerschaften in Berlin und seinen Komplementärräumen in Brandenburg und Usedom sowie im Vergleich dazu in Zürich und seinen Naherholungsräumen. Der Vergleich soll Aufschluss darüber geben, wie unterschiedlich prinzipiell ähnliche infrastrukturelle Aufgaben definiert und gelöst werden können. Soweit derzeit erkennbar, steht im deutschen Projektteil die

Entwicklung quantitativ abgestützter Modellüberlegungen potentieller Raumpartnerschaften am Beispiel der Region Berlin-Brandenburg und die Realisation einer Raumpartnerschaft zwischen Berlin und Usedom im Vordergrund, die den Schwerpunkt des folgenden Beitrags bildet. In beiden Beispielregionen kommt der Verkehrssituation besondere Bedeutung zu. Deshalb wird abschließend auch kurz auf die Raumpartnerschaft Berlin-Brandenburg eingegangen.

Akteure und Handlungsfelder einer Raumpartnerschaft Usedom – Berlin

Die Akteure einer Raumpartnerschaft bestimmen die Handlungsfelder, in denen die wesentlichen Maßnahmen und Aktivitäten einer Raumpartnerschaft zu erkennen sind. Die enge Verbindung der Handlungsfelder mit Akteuren bildet die Grundlage für ein Netzwerk „Raumpartnerschaft".

Die Erreichbarkeit von Usedom für Berliner als entscheidender Engpass

Engpass Verkehrsanbindung

Entlang der Außenküste von Usedom ziehen sich 40 km feinsandiger Strand, der bis zu 60 m breit ist und allmählich flach ins Wasser abfällt. Etwa 6 Mio. Übernachtungen im Jahr 2000 und eine durchschnittliche Aufenthaltsdauer der Besucher von 6,3 Tagen machen deutlich, dass die Insel Usedom als Urlaubsdestination etabliert ist und sich zehn Jahre nach der Einheit auch wirtschaftlich wieder stabilisiert hat. Berlin und Usedom verbindet eine gelebte historische Raumpartnerschaft. Auch heute noch sprechen die Berliner von Usedom als „Berliner Badewanne". Entscheidend für diese weit zurückreichende Partnerschaft war die nationale Ausrichtung auf die deutsche Meeresküste, die beherrschende Rolle der Eisenbahn als Fernverkehrsmittel und die kurze Fahrzeit von etwas über drei Stunden zwischen Berlin und Heringsdorf. Die kurzen Fahrzeiten wurden ermöglicht durch die Abzweigung ab Ducherow über Swinemünde (Swinoujscie) und die Karniner Brücke. Durch die veränderte Grenzziehung nach dem Zweiten

Weltkrieg und die Zerstörung der Karniner Brücke haben die Reisenden heute für dieselbe Strecke lange Fahrzeiten im Pkw- und Eisenbahnverkehr auf sich zu nehmen. Der Verkürzung der Anfahrtszeiten kommt daher eine entscheidende Bedeutung für die Raumpartnerschaft zu.

Die Verkehrsverbindungen zwischen Berlin und Usedom

Die Anreise nach Usedom ist über die Straße, die Schienen, über Wasserwege und über den Flughafen Heringsdorf möglich und wird in der vorliegenden Untersuchung auf die Richtung Berlin beschränkt.

Auf der Straße erfolgt die Verbindung innerhalb eines Korridors, der durch die beiden Hauptrouten B96 und A11 begrenzt wird (siehe Abb. 1). Die Bundesstraße B96 führt von Berlin über Neubrandenburg bis nördlich der Stadt Jarmen. Will man zum südlichen Teil der Insel, bietet sich der Weg über die B110 und Anklam über die Zechiner Brücke zur B111 auf Usedom an. Will man zum nördlichen Teil der Insel, führt die B111 über die Wolgaster Brücke. Die Bundesautobahn A11 führt von Berlin über die Ausfahrt Prenzlau und dann weiter auf der B109 nach Anklam (mit den beiden vorstehend geschilderten Zufahrten). Daneben existieren eine Reihe alternativer Routen unter Einbeziehung der B199 (nördlich Altentreptow–Anklam) und der B197 (Neubrandenburg–Friedland–Anklam). Staugefährdet sind die Ortsdurchfahrten, die Brücken (Öffnungszeiten) und die B111 als einzige Straßenverbindung Usedoms (Tab. 1).

In welchem Umfang und auf welchen Relationen die A20 die Reisezeiten zwischen Berlin und Usedom verkürzen wird, wird von den Zubringern abhängen.

Auf der Schiene führt der Regionalexpress RE 3 im Zwei-Stunden-Takt von Dessau über Berlin nach Stralsund und der InterRegio vier- bis fünfmal täglich von Frankfurt/M. über Berlin nach Stralsund. Daneben gibt es noch einen Nachtzug von Dortmund über Berlin nach Stralsund und weiter nach Binz. Alle drei Verbindungen erfordern in Züssow das Umsteigen auf die Usedomer Bäderbahn (UBB). Die UBB fährt über die Wolgaster Brücke parallel zur Küste Usedoms in alle Bade-

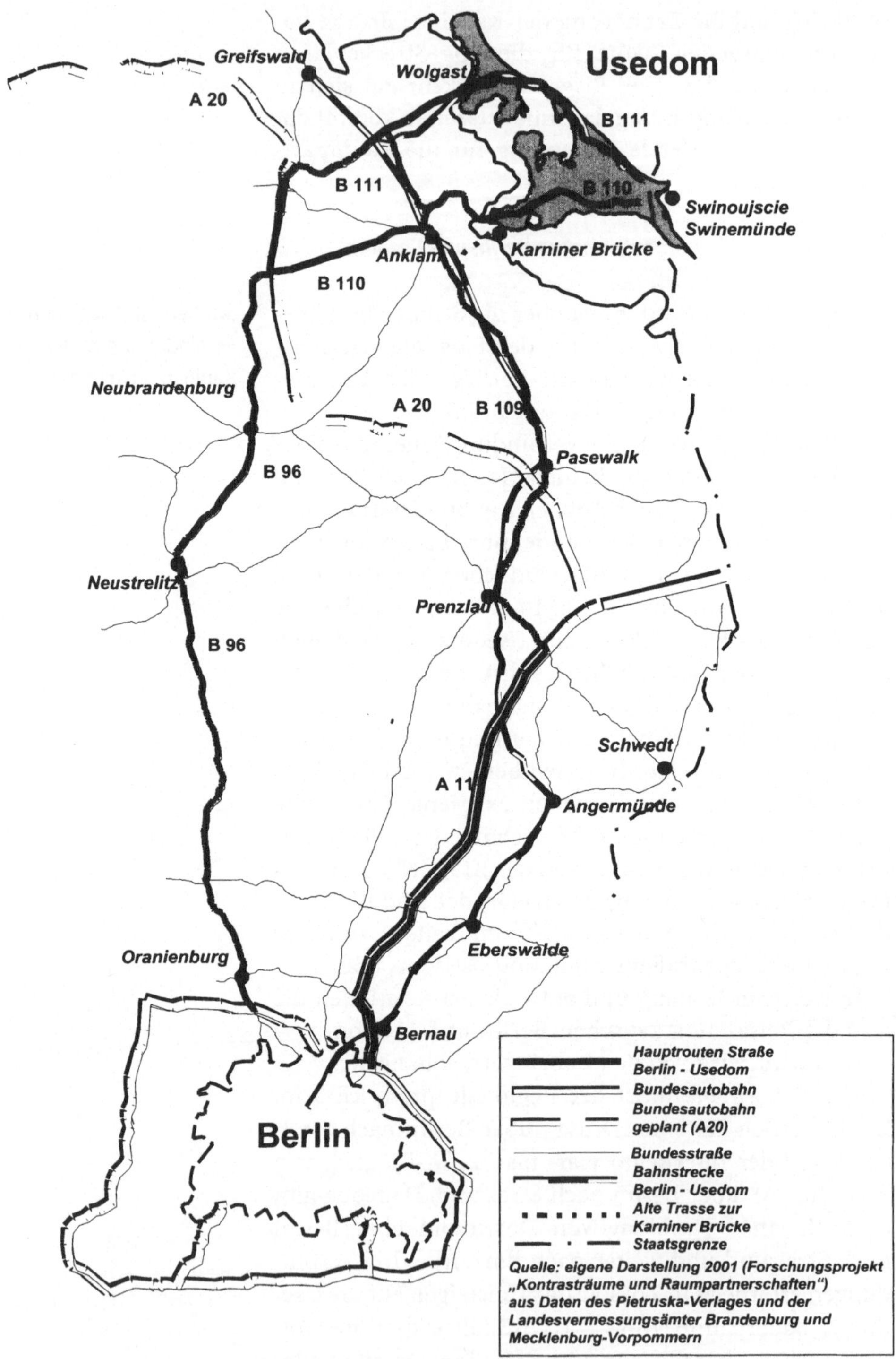

Abb. 1. Straßen- und Schienenverbindungen zwischen Berlin und Usedom

Tabelle 1. Zeit- und Kostenvergleich aus der Sicht des Fahrgastes (Stand 2001)
Annahmen: Familie mit 2 Kindern (unter 11 Jahren), Start: Berlin (verschiedene Abgangs-
orte), Zielort: Heringsdorf, Straßenentfernung: 233 km
Quelle: Zusammenstellung durch R. Hübener und Aktualisierung durch C. Gipp

Verkehrsmittel	Zeitbedarf	Preisberechnung (Hin- und Rückfahrt)	Gesamtpreis (Hin-/Rück)
Pkw	$3^1/_2$–$4^1/_2$ Stunden	Verbrauch: 8 l/100 km Benzin: 1,95 DM/l	74 DM
		233 km, 0,70 DM/km	326 DM
Eisenbahn	ca. 4–$4^1/_2$ Stunden	Normal[a] mit / ohne Bahncard	219/384 DM
		Wochenendticket[b]	80 DM
		Ostsee-Ticket[c]	119 DM
Linienbus	$3^3/_4$ Stunden	91 DM pro Erwachsener 67 DM pro Kind	316 DM
Flugzeug	40 Min. Flugzeit zuzügl. Transfer und Abfertigung	ab 498 DM pro Person zuzügl. Transfer und Sicherheitsgebühren	1.992 DM

a   Berlin–Züssow Tarif Deutsche Bahn AG; Züssow–Usedom Tarif Usedomer Bäderbahn.
b   Gültig in allen Nahverkehrszügen für Gruppen bis zu 5 Personen oder Eltern mit beliebig vielen
    Kindern bis einschließlich 17 Jahren; gilt samstags oder sonntags von 0 Uhr bis 3 Uhr des Folgetages
    für beliebig viele Fahrten.
c   Gültig vom 28.04. bis 04.11.2001 für die 2. Klasse in allen Zügen des Fernverkehrs, des Nahverkehrs
    und der Usedomer Bäderbahn. Rückfahrt spätestens nach 4 Tagen.

orte. Ihre Gleisanlagen sind zu 80 % saniert. Im Sommer (10.06.–06.10.2001) fährt die UBB im Stundentakt von Züssow über Wolgast nach Ahlbeck (polnische Grenze) und verdichtet im Halbstundentakt zwischen Wolgast-Hafen und Ahlbeck.

Die Trasse der ehemaligen Verbindung Ducherow–Karniner Brücke–Swinemünde–Ahlbeck (ohne Gleiskörper) und der Mittelteil der Karniner Brücke existieren noch und könnten im Rahmen des Wiederaufbaus erneut genutzt werden.

Buslinienverkehr zwischen Berlin und Usedom gibt es nur im Sommer (13.04.–27.10.2001) und dann nur montags, freitags und samstags. Es werden alle Ostseebäder zwischen Ahlbeck und Zinnowitz bedient. Die Abfahrt aus Berlin erfolgt 08.00 Uhr, die Ankunft in Usedom zwischen 11.40 und 12.20 Uhr. Die Rückfahrt findet 15.00 Uhr ab Usedom statt, die Ankunft erfolgt 19.15 Uhr in Berlin.

Der *Flughafen Heringsdorf* liegt etwa 10 km südlich von Heringsdorf. Er wurde 1993–1995 komplett erneuert. Zwischen Berlin und Usedom gibt es nur im Sommerhalbjahr und freitags, samstags sowie sonntags Bedarfslinienflüge (Berlin–Tempelhof–Heringsdorf) sowie Charterflüge.

Erste Projekterfahrungen

Die Idee der Raumpartnerschaft wird von den Akteuren generell begrüßt, aber es erfordert besonderen Aufwand, ihre originären Vorteile zu vermitteln. Gelingt dies nicht, gilt das Konzept als theoretisch und schwierig in der Umsetzung. Auch die Motivationsrichtung ist kulturell überformt: Von unseren Schweizer Projektpartnern wird Raumpartnerschaft ökologisch begründet, wirtschaftlich genutzt und historisch interpretiert, auf deutscher Seite wird sie hingegen historisch begründet und ökologisch interpretiert.

Das deutsche Usedom

Ausgangssituation

Nach Einbrüchen der Besucherzahlen in der unmittelbaren Nachwendezeit hat das deutsche Tourismusgebiet Usedom in der Hochsaison inzwischen wieder seine volle Auslastung erreicht. Der Anteil der Berliner an den Gästezahlen von Usedom ist jedoch geringer als nach der Wiedervereinigung Deutschlands erwartet: Vor dem Zweiten Weltkrieg bildeten die Berliner – zumindest in den Kaiserbädern – die Mehrzahl der Besucher, zur Zeit der DDR etwa 10 %, heute etwa 20 %. Die einst so enge Beziehung Berlin–Usedom gehört im wahrsten Sinne des Wortes der Vergangenheit an. Die touristische Nachfragestruktur hat sich im Laufe der letzten hundert Jahre grundlegend verändert. Ebenso grundlegend geändert hat sich die Wahl der Hauptreisemittel: War früher die Eisenbahn das Hauptverkehrsmittel, so sind heute der Pkw und der kostengünstige Reisebus von und nach Berlin an ihre Stelle getreten. Typische Usedom-Urlauber sind weder arm noch wohlhabend, in der Mehrzahl handelt es sich um Familien mit Kindern und um Senioren. Das deutsche Usedom gerät in der Hochsaison an seine Kapazitätsgrenzen. Für die gewünschten „Qualitätstouristen" bleibt kaum Platz, und es fragt sich auch, ob Berlin das geeignete Quellgebiet für diese Wunschklientel darstellt. Für Usedom könnte es daher zunächst attraktiver erscheinen, national und weltweit zu werben.

Usedom als Spannungsfeld deutscher und polnischer Tourismusinteressen

Auf der Gesamtinsel Usedom stellt Polen den größeren Bevölkerungsanteil. Das polnische Pommern bietet schöne lange leere Strände, niedrigere Preise, niedrigere Löhne, aggressivere und innovativere Unternehmer und erwartet 2004 den EU-Beitritt. Schon jetzt sind die Fahrzeiten auf der Eisenbahnstrecke Berlin–Stettin–Misdroy (Miedzyzdroje) kürzer als zwischen Berlin–Heringsdorf. Deshalb ist Polen an einer schnellen Grenzöffnung, an Berliner Touristen und am Wiederaufbau der Vorkriegsstrecke von Berlin nach Usedom über die Karniner Brücke und Swinemünde besonders interessiert.

Wird die Grenze geöffnet, ändert sich das touristische Produkt „Usedom". Zum bisherigen (deutschen) Usedom gehören dann auch Swinemünde, Wollin (Wolin) und Karsibor (mit Natur pur). Die engen Beziehungen zwischen den deutschen und nunmehr polnischen Teilräumen sind mit dem Zweiten Weltkrieg versiegt. Seit Kriegsende und der Ansiedlung ehemals vertriebener Ostpolen, die bis heute den überwiegenden Anteil der Bevölkerung ausmachen, ist die regionale Identität des polnischen Usedom außerdem nur schwach ausgeprägt. Vor allem unterscheiden sich die Tourismuskonzepte für Usedom auf deutscher und polnischer Seite erheblich: Das deutsche Usedom betont qualitativ-ökologische Überlegungen in Richtung Nachhaltigkeit und Individualtourismus (Beispiel: Rückbau von Campingplätzen). Polen hingegen denkt eher quantitativ-ökonomisch und hat den Massentourismus im Auge (mit Swinemünde als Las Vegas). Misdroy, Zoppot (Sopot) und Hela (Hel) bei Danzig (Gdansk) bilden Nobelorte der polnischen Ostsee, wogegen Swinemünde eher als ein Reiseziel für eine einkommensschwächere Klientel gilt. Durch die schlechte Verkehrsanbindung verstärkt, soll

Interessenkonflikte

der Anteil Warschauer Gäste auf Usedom erheblich geringer sein als in Zoppot oder in den ehemaligen Fischerdörfern der Danziger Bucht. Auch soll sich die polnische Seite vor allem auf die acht Wochen Hochsaison konzentrieren und noch dieselbe Besucherstruktur aufweisen wie vor der Wende. Interpretiert man aber Vielfalt als Chance, könnte sich die Region Usedom-Wollin durch diese sehr unterschiedlichen Lösungen für alle Bevölkerungsschichten zu einem attraktiven Zielgebiet entwickeln. Weil davon beide Seiten in Zukunft stark profitieren könnten, spräche dies darüber hinaus für eine Raumpartnerschaft der Region Usedom-Wollin mit dem Großraum Wollin.

Das deutsche Usedom fürchtet den Durchgangsverkehr nach der Grenzöffnung und den damit verbundenen Attraktivitätsverlust. Von einer Überflutung durch Pkw-Verkehr, billige Waren und billige Arbeitskräfte erwartet man den Verlust des sozialen Friedens. Weitere Sorgen beruhen auf der Abwanderungsgefahr von Skandinavien-Fähren aus Rostock nach Swinemünde. Alle bisher vorliegenden Untersuchungen bestätigen die Befürchtungen vor einem starken Anwachsen des Verkehrs nach einer Grenzöffnung. Neben Einkaufs- und Tanktourismus ist auch mit Transitverkehr zu rechnen. Immerhin liegt der größere Teil der Hafenanlagen von Swinemünde auf Usedomer Seite. Polen hat in der Vergangenheit bereits mehrfach versucht, den Skandinavienverkehr auszubauen. Hinzu kommt, dass der Weg Swinemünde (regionales Oberzentrum) – Stettin (Landeshauptstadt der Wojewodschaft) über Usedom kürzer ist als über Wollin. Dies alles spricht dafür, dass sich diese Verkehrsströme künftig stark verändern werden.

Die Befürworter der Grenzöffnung verweisen demgegenüber darauf, dass die Verkehrsentwicklung lediglich ein Übergangsproblem sei und betonen, Deutschland und Usedom seien angesichts ihrer demographischen Entwicklung auf junge Polen angewiesen. Nach den Erfahrungen der 90er Jahre seien auch keine riesigen Verkehrsströme von Osten nach Westen zu befürchten. Der Attraktionsverkehr der Grenzöffnung dürfte nach etwa einem Jahr versiegen.

Im deutsch-polnisch-skandinavischen Raum bieten sich heute nebeneinander drei großräumige Eisenbahnachsen an: Die erste bestehende Achse führt von Berlin nach Pasewalk–Anklam–Greifswald–Stralsund–Sassnitz und weiter nach Trelleborg und zum Baltikum. Die zweite Achse führt von Breslau nach Stettin und Schweden. Die dritte Achse führt von Swinemünde nach Schweden und hat gegenüber der Achse über Stettin den Vorteil des kürzeren Seewegs. Wenn Polen der EU beitritt, entsteht deshalb eine Konkurrenzsituation zu Deutschland, aber auch zwischen den Städten Stettin und Swinemünde. Da die EU vermutlich nur eine Achse nach Norden fördern wird, sollte bei der Konzeption europäischer Entwicklungsachsen nach Norden das Interesse von Polen berücksichtigt, Stettin einbezogen und die potentielle Konkurrenz zwischen Swinemünde und Stettin zugunsten Usedoms genutzt werden.

Das Beziehungsgeflecht zwischen Mecklenburg-Vorpommern und Brandenburg auf der einen und Polen auf der anderen Seite ist historisch überformt und nicht ohne Spannungen. Der EU-Beitritt Polens und die Grenzöffnung in Usedom wird politisch viel zu wenig vorbereitet, und auch die Verkehrsträger und Landkreise verfügen über kein einheitliches Konzept gegenüber Polen. Deshalb sind Raumpartnerschaften zwischen Berlin und Polen mit Unwägbarkeiten und möglichen Rückwirkungen auf die notwendige deutsche Unterstützung der polnischen Bemühungen belastet.

Die Erreichbarkeit von Usedom als Zielkonflikt

Das eingangs begründete Konzept der „Neuen Nähe" begünstigt Usedom. Eine solche Schwerpunktverlagerung bedeutet nicht zugleich den Verzicht auf Langzeittourismus in Deutschland. Gerade Usedom mit seinen Angeboten aus Strand und Natur bietet dem Urlauber hervorragende Voraussetzungen. Das zeigt sich schon daran, dass es heute bereits über zehn Reha-Kliniken auf Usedom gibt, in denen die Patienten im Durchschnitt über dreieinhalb Wochen verbleiben.

„Neue Nähe" aber erfordert vor allem die Förderung des direkten Eisenbahnfernverkehrs von und nach Use-

Zielkonflikte

dom und die weitere Begrenzung des MIV-Durchgangs-
verkehrs auf Usedom. Will Usedom Straßendurchgangs-
verkehr vermeiden, darf die B111 nicht ausgebaut werden. Auch der Wunsch nach einer zweiten Brücke in
Wolgast ist in dieser Hinsicht problematisch.

Im Zusammenhang mit dem Wiederaufbau der Karniner Brücke wird die erneute und erweiterte Elektrifizierung der Eisenbahnstrecke Züssow–Wolgast–Ahlbeck (Grenze) gefordert. Drei Argumente werden dagegen genannt. Die Brücke in Wolgast sowie einige neu-
ralgische Punkte auf dem UBB-Streckennetz sind nur
unter sehr großem technischen Aufwand und entsprechend hohen Kosten für eine Elektrifizierung herzu-
richten. Die Streckenführung durch Landschafts- und
Naturschutzgebiete lässt eine Freileitung nicht zu. Mit
der Elektrifizierung wäre ein neues Umspannwerk auf
Usedom notwendig. Darüber hinaus gibt es heute bereits sehr gute Dieseltriebwagen mit hoher Umweltver-
träglichkeit (Euro3-Norm) und Leistungskennziffern,
die Elektrotriebzügen entsprechen.

Die Usedomer Bäderbahn (UBB) ist eine Tochter der
Deutschen Bahn AG (DB) und hat sich bei ihrer ange-
dachten Expansionsstrategie nach Berlin der jeweiligen
DB-Strategie unterzuordnen. Nach eigenem Bekunden
wird die UBB selbst bei verdoppelten Fahrgastzahlen
und realistischen Fahrpreisen weiterhin nicht kosten-
deckend fahren können. Weil Usedom deutschlandweit
und international denkt, interessiert sich die UBB als
Netz- und Stationsbetreiber für deutschlandweite Inter-
Regios mit dem Ziel Heringsdorf. Als DB-Tochter und
Verkehrsunternehmer kann die UBB zumindest derzeit
aber an kein eigenes Fernverkehrsangebot denken. Daher expandiert die UBB wegen ihrer beschränkten
Handlungsmöglichkeiten regional statt deutschlandweit: Die direkte Anbindung von Greifswald, Stralsund–
Rügen, Barth mit Fortsetzung Zingst und Swinemünde-
Bad bilden die nächsten Ziele.

Weil auf verschiedenen Netzabschnitten der UBB ein
zweigleisiger Ausbau nicht möglich ist, liegt die Wiederinbetriebnahme der Karniner Brücke auch in deut-
schem Interesse. Gegen den erweiterten Betrieb sprechen finanzielle Erwägungen, denn er würde sich nur

unter der Voraussetzung einer erfolgreichen, ausgelasteten und finanziell sanierten UBB rechnen. Anstatt auf das Erreichen der kritischen Nachfragemenge zu warten, könnte der Betreiber allerdings mit Angeboten dafür sorgen, dass sich die Fahrgastzahlen erhöhen. Der Weg über die Karniner Brücke bietet Berlinern die einzige schnelle Wochenend-Verbindung nach Usedom mit der Eisenbahn. Deshalb sollte die alte Lösung über Swinemünde das Ziel sein. Diese dynamische Lösung ließe sich realisieren, indem die Raumpartner den zu erwartenden induzierten Neuverkehr der Ostseeautobahn (A20), Berlin als Hauptstadt, die neue Berliner Oberschicht und den EU-Eintritt Polens „als Zugpferde benutzen". Der erste Schritt dürfte die bevorstehende Aufnahme der Strecke über die Karniner Brücke in den Bundesverkehrswegeplan sein. Der zweite Schritt wäre ein gemeinsames Verkehrskonzept von Deutschland und Polen für diesen Teilraum.

Was die Eisenbahn heute nicht bieten kann, übernimmt der Luftverkehr. Die Verkaufsgarantie der Usedomer Hoteliers für ein Flugreisenkontingent mit Euro-Wings zwischen Dortmund und Heringsdorf enthält schon Elemente einer Raumpartnerschaft.

Mit Sicherheit verzögern solche Scheingefechte um frühere oder mittel- bis langfristige Lösungen die Umgestaltung des heutigen Linienbussystems in einen freizeitverkehrsfähigen ÖPNV mit echter Flächenbedienung. Die UBB-Bahnhöfe erscheinen fußläufig zu weit von den Stränden und Ortskernen entfernt. Dabei sollten keine durchschnittlichen Entfernungen aller Orte und mittlere Gehgeschwindigkeiten ohne Gepäck zugrunde gelegt werden. Auch eine Entfernung von 1,4 Kilometern zum Strand (wie in Bansin, Koserow, Ückeritz, Karlshagen) bedeutet für Passanten mit Gepäck und/oder Kindern sowie für Senioren bei 3 km/h eine knappe halbe Stunde Fußweg. Hinzu kommt die Trennwirkung der zu überquerenden B111, die mit wachsendem Pkw- und Lkw-Verkehr noch zunimmt. Die unzureichenden Zubringer- und Verteilerlinien des Busverkehrs (ÖPNV) werden auch heute noch – wie in der Vergangenheit – mit einträglichen Unternehmerinteressen in Verbindung gebracht. Eine Veränderung ist daher unwahrscheinlich. Realistischerweise wird deshalb wohl der ÖPNV weiterhin auf schleichendem Wege durch die selbstverständliche Benutzung privater Gäste-Pkw und durch Hotelbusse ersetzt. Dabei ist möglicherweise bereits ein „point of no return" erreicht. Dies ist insofern besonders problematisch, als angesichts der angestrebten Wachstumsraten im Usedomtourismus die Pkw-Benutzung in Grenzen gehalten werden soll.

Lerneffekte bisheriger Projektarbeit

Schlussfolgerungen

Ausgehend von der beschriebenen Verkehrssituation, kommt den Erkenntnissen der Verkehrsforschung für die Konzeption einer Raumpartnerschaft eine entscheidende Bedeutung zu. Raumpartnerschaften zwischen Berlin und Brandenburg sowie Usedom sind distanzabhängig: bis zu einer Stunde eher alltagsorientiert, bis zu zwei Stunden eher wochenendorientiert und bis zu drei Stunden eher saisonorientiert. Mallorca war auch nur eine kleine, weit entfernte Insel, bis ihre Erreichbarkeit auf zwei Stunden Flugzeit schrumpfte und die reale Raumpartnerschaft mit Deutschland begründete.

In der Überzeugungsarbeit zugunsten einer Raumpartnerschaft zwischen Berlin und Usedom kommt es darauf an, Nischen herauszustellen: In Usedom das Ausfüllen der Vor- und Nachsaison durch Berliner, durch Stammgäste und durch Senioren mit Hotelbusbedienung. Außerhalb der Saison und bei Regen bilden Fahrten von Usedom nach Greifswald und Stralsund, Peenemünde und in die Thermen von Ahlbeck bisher die einzigen Alternativen. Swinemünde könnte dieses Angebot bereichern.

Auch Berlin-Brandenburg wird als Raumpartnerschaftspotential wieder interessanter. Die touristische Nachfrage nach Brandenburger Zielen kommt aus Berlin, es gibt keine Alternative, und beide Partner wissen das. Diese Ausrichtung auf Berlin wird durch noch nicht erreichte Kapazitätsgrenzen und die neue politische Konstellation begünstigt. Das Teilprojekt „Verkehrswissenschaft" der TU Berlin, das für den Brandenburger Korridor im Norden Berlins ein Gravitationsmodell anbietet, in dem die Freizeitaktivität und die Zeitentfernung im Mittelpunkt stehen, erscheint deshalb besonders zukunftsfähig. Die in Frage kommenden Zielgebiete können dann vom Teilprojekt „Psychologie" untersetzt werden, indem die Nachfragefaktoren Kultur und Landschaft präzisiert werden.

Bonn und Köln entfalteten ihre heutigen Potentiale vor allem durch die Hauptstadtfunktion von Bonn. Dieser „Bonn-Köln-Effekt" wird auch das Wachstum und den Wohlstand von Berlin positiv beeinflussen. Vor allem wird Berlin seine Peripherie entdecken. Dazu gehört Usedom.

Die A20 (2004) wird für Berlin erst durch die Zubringer interessant. Die damit verbundenen drastischen Fahrzeitgewinne rücken Usedom etwa ab 2010 in den Wochenendzielbereich der Berliner. Auch steigen dadurch die Wahlmöglichkeiten der Berliner für ihre Freizeitgestaltung, indem sich daneben Brandenburg, Warnemünde, der Darß, Rügen und Polen anbieten.

Eine auf hoher Ebene institutionalisierte Raumpartnerschaft ist nicht anzustreben und wohl auch kaum möglich. Raumpartnerschaften sind nur sinnvoll, wenn sie leben. Das erfolgt durch einsichtige praktische Verbesserungen auf lokaler und regionaler Ebene.

Literatur

G. W. Heinze (2000): Die Wiederentdeckung der Nähe im Stadt-Land-Verbund. In: ifmo – Institut für Mobilitätsforschung (Hrsg.): Freizeitverkehr. Aktuelle und künftige Herausforderungen und Chancen. Berlin, S. 111–120.

13 Mit Netzwerken und Raumpartnerschaften die nachhaltige Entwicklung und die sanfte Mobilität anpacken

Jöri Schwärzel Klingenstein
Alpenbüro Netz GmbH, Klosters

Die touristische Mobilität ist komplex. Sie führt zu immer mehr Problemen, die gelöst werden müssen. Die Tourismusdestinationen sind unter Druck und beginnen, die Probleme anzupacken. Weil sie für sich allein zu schwach sind, haben sie sich zusammengetan zu Netzwerken:

- Interessengemeinschaft Sanfte Mobilität in Österreich,
- Interessengemeinschaft Autofreier Kur- und Fremdenverkehrsorte Bayerns,
- Gemeinschaft Autofreier Schweizer Tourismusorte GAST,
- Netzwerk Europäischer Tourismus mit sanfter Mobilität NETS,
- *mobiltour.ch*, Netzwerk für sanfte Mobilität im Schweizer Tourismus.

Mit der Gründung eines Netzwerks sind die Probleme allerdings noch nicht gelöst. Ein Netzwerk zu betreiben erfordert mehr. Welches sind die Voraussetzungen für eine erfolgreiche Netzwerkarbeit? Anhand eines erfolgreichen Beispiels – des Gemeindenetzwerkes „Allianz in den Alpen" – soll im Folgenden die Antwort darauf gesucht werden.

Allianz in den Alpen

Seit der Umweltkonferenz in Rio de Janeiro 1992 ist der Begriff „Nachhaltige Entwicklung" in aller Munde. Hinter diesem Begriff steht die Idee, so mit der Umwelt zu

Ziel: Nachhaltige Entwicklung im Alpenraum

wirtschaften, dass die nächsten Generationen die gleichen Chancen haben wie wir heute. Mit der Alpenkonvention wird erstmals der Versuch unternommen, für den gesamten Alpenraum die notwendigen Voraussetzungen für eine nachhaltige Entwicklung und ein nachhaltiges Wirtschaften zu schaffen. Doch kann das Ziel der nachhaltigen Entwicklung nicht von außen angegangen werden. Nur die Menschen, Gemeinden und Regionen in den Alpen können die Alpenkonvention umsetzen. So entstand die Idee eines alpenweiten Gemeindenetzwerkes zur Umsetzung der Alpenkonvention auf kommunaler Ebene sowie zur Förderung bzw. Professionalisierung des Informations- und Erfahrungsaustausches zwischen den teilnehmenden Gemeinden.

Pilotphase

Projekt-Organisation

Vor der eigentlichen Vereinsgründung 1997 haben sich bereits 27 Pilotgemeinden aus allen Alpenstaaten am Projektstart beteiligt. In jedem Alpenstaat wurden direkte Betreuer für die konkrete Arbeit in den Gemeinden eingesetzt. Ein Projektbeirat mit Experten aus verschiedenen Fachbereichen stand den Projektbetreuern und Gemeinden beratend zur Seite. Finanziell unterstützt wurde die Pilotphase von der Generaldirektion XI (Umwelt) der Europäischen Kommission in Brüssel. Die restlichen Kosten wurden zum Großteil von den Gemeinden selbst sowie von den Betreuungsstellen getragen.

Umsetzung

Arbeit vor Ort

Für die konkrete Arbeit in den Gemeinden wurde jeweils ein Verantwortlicher vor Ort bestimmt; zudem wurden ein bis zwei themenbezogene Arbeitskreise eingerichtet. Die kommunalen Handlungsfelder Tourismus und Verkehr stellten dabei in vielen Gemeinden einen Schwerpunkt dar. Ergebnisse der über einjährigen Arbeiten in den Gemeinden waren unter anderem Maßnahmen zur Verkehrsberuhigung im Ortskern, die Einführung einer Parkraumbewirtschaftung, die Erarbeitung eines Leitbildes für die Gemeinde usw. Aber auch die anderen Handlungsfelder der Alpenkonvention (Abfall, Berglandwirtschaft, Bergwald, Energie, Flächenplanung, Information, Naturschutz und Landschaftspflege, Wasser) wurden bearbeitet. Die Maßnahmen betreffen kleinere Strukturmaßnahmen, wie etwa die Umrüstung der gemeindlichen Einrichtungen auf wassersparende Armaturen, beinhalten aber auch Konzepte und Studien, z.B. die Erarbeitung eines Konzeptes für die Öffentlichkeitsarbeit im Umweltbereich oder eines Konzeptes für die Direkt- bzw. Regionalvermarktung landwirtschaftlicher Produkte. Darüber hinaus wurden größere Projekte in Angriff genommen, wie die Errichtung eines Themenwanderweges oder die Einrichtung eines Energiecontrollings.

Die Mitgliedsgemeinden erarbeiten eigene Leitlinien für eine nachhaltige Entwicklung. Durch festgelegte Maßnahmen sorgen sie für die Umsetzung der gesteckten Ziele und bemühen sich um eine kontinuierliche Verbesserung der Umweltsituation vor Ort. Eine intensive Zusammenarbeit, sowohl innerhalb der Gemeinde (Bürgerbeteiligung) als auch zwischen den Mitgliedsgemeinden, sowie eine umfassende Öffentlichkeitsarbeit sind von besonderer Bedeutung. Der Verein fördert den Informations- und Erfahrungsaustausch zwischen den Mitgliedsgemeinden.

Netzwerk

Heute sind dem Verein „Allianz in den Alpen" über 50 Mitglieder mit über 100 Alpengemeinden angeschlossen. Der internationale Verein hat einen Vorstand mit je einem Vertreter aus den Alpenstaaten. Dieser steht zugleich „Allianz in den Alpen" seines Staates vor. Das internationale Netzwerk wird professionell unterstützt von der Geschäftsstelle der CIPRA, dem internationalen Dachverband der Umweltschutzorganisationen in den Alpen. Bei der CIPRA ist denn auch die Idee zum Gemeindenetzwerk geboren worden.

Von großer Bedeutung sind die nationalen Betreuer von „Allianz in den Alpen". Je nach Staat besser oder schlechter mit Finanzen ausgerüstet, organisieren sie die eigentliche Arbeit in den Gemeinden. Sie sind Moti-

Nationale Betreuer ...

vatoren, Projektinitiatoren, Prozessbegleiter und Know-how-Vermittler.

... international vernetzt   Die Vertreter der Mitglieder treffen sich auf internationaler Eben ein- bis zweimal pro Jahr – auf der Mitgliederversammlung und zu einer Exkursion. Der Vorstand organisiert den Verein in jährlich ungefähr vier Sitzungen. Ebenso oft treffen sich die nationalen Betreuer zu einem Informationsaustausch. „Allianz in den Alpen" hat eine eigene Website (www.alpenallianz.org) und ein eigenes Informationsbulletin, das zur Zeit zweimal jährlich erscheint. Die modernen Kommunikationsmöglichkeiten werden natürlich auch intensiv für direkte, bilaterale Kontakte genutzt.

Wir in der Schweiz haben unseren eigenen Verein und organisieren unsere schweizerischen Treffen. Dieses Modell soll nun auch auf andere Alpenstaaten ausgedehnt werden. Eine besondere Situation hat sich unter den Mitgliedgemeinden im Dreiländereck Schweiz, Liechtenstein und Österreich im alpinen Rheintal ergeben. Hier entstand eine als Mikronetzwerk bezeichnete trinationale Zusammenarbeit.

Fazit

Die Erfolge von „Allianz in den Alpen" lassen sich sehen. Die Allianzgemeinden sind Vorbild und Modell. Das Netzwerk dehnt sich weiterhin aus und strebt an, ca. 10% der Fläche in den Alpen zu besetzen. Aus unserer Sicht als Betreuer des Schweizer Netzwerkes wage ich folgende Erfolgsfaktoren zu nennen:

- Professionelles Know-how durch die international vernetzte CIPRA.
- Intensives, professionelles Betreuungsangebot der einzelnen Gemeinden.
- Vermischung von nationalen und internationalen Strukturen.
- Praxisorientierte, lockere Kommunikation auf allen Stufen.
- Motivierte Mitglieder.

Als Defizite können festgehalten werden:
- Keine Vernetzung der Gemeindeeinwohner mit denjenigen einer anderen Alpengemeinde.

- Kein organisiertes Netz zu Fachpersonen, es sei denn zufällig über die Betreuer.
- Keine Partner der Allianzgemeinden außerhalb der Alpen.

Aus diesen Erfahrungen schöpfend, sind wir zur Zeit dabei, ein schweizerisches Gemeindenetz zum Themenfeld „sanfte Mobilität im Tourismus" aufzubauen:

mobiltour.ch

Der Tourismus ist für die Schweiz insgesamt und für das Alpengebiet im Besonderen von großer wirtschaftlicher Bedeutung. Tourismus bedeutet Mobilität. Unsere Gäste sind Reisende: Anreisende, Abreisende und Umherreisende. Die Erholungsqualität unseres Tourismus ist jedoch da und dort durch die stetig wachsende (Tourismus-) Mobilität nicht mehr gewährleistet. Mit diesem inneren Widerspruch des Tourismus müssen die Verantwortlichen der Tourismusdestinationen nicht nur umgehen können. Sie haben vielmehr die Aufgabe, einen Ausgleich zwischen den Mobilitäts- und den Erholungsansprüchen zu schaffen. Je länger diese Situation anhält, umso mehr versuchen sie auch, diese Aufgabe aktiv anzupacken. Innovative Ansätze, um den Tourismusverkehr besser zu gestalten und auf den öffentlichen Verkehr zu verlagern, werden schon vielerorts unter dem Stichwort „sanfte Mobilität" in die Tat umgesetzt. Bis jetzt finden aber solche Umsetzungen losgelöst von anderen lokalen, regionalen und nationalen Maßnahmen statt. Die Erarbeitung und Umsetzung der Maßnahmen bedeuten einen großen Aufwand, weil jede Destination aufgrund des fehlenden Know-how immer wieder von vorne beginnen muss.

Innerer Widerspruch des Tourismus

Umsetzung

mobiltour.ch will nun dieses Know-how zentral sammeln und vermitteln. Das Netzwerk bietet für effiziente Lösungen in der sanften Tourismusmobilität eine zentrale Projektstelle mit einer umfassenden Online-Dokumentation (www.mobiltour.ch), mit Expertenvermittlung und Beratung. Alle betroffenen Kreise werden in einem Netzwerk zusammengefasst, um regelmäßig und ohne Aufwand an einschlägige

Know-how Transfer

Information zu gelangen. *mobiltour.ch* schließt damit eine bestehende Lücke und bringt Fachleute und deren Know-how, interessierte Institutionen und Tourismusdestinationen zur Lösung der anstehenden Probleme zusammen. Innerhalb dieses Netzwerkes wird zur Zeit der Aufbau eines Gemeindenetzes nach Vorbild von „Allianz in den Alpen" vorbereitet.

Von großer Bedeutung ist auch die internationale Ausrichtung dieses schweizerischen Tourismusnetzwerkes, denn etwa die Hälfte der Gäste in den Tourismusdestinationen stammen aus dem Ausland. *mobiltour.ch* pflegt deshalb enge Kontakte zu NETS.

Raumpartnerschaften

Nächste Schritte

Durch das Berliner und Zürcher Projekt „Raumpartnerschaften" zusätzlich motiviert, wollen wir nun sowohl das Gemeindenetzwerk „Allianz in den Alpen" als auch das Gemeindenetz von *mobiltour.ch* auf noch unbekannte Wege führen:

- Vernetzung der Einwohner der verschiedenen Gemeinden.
- Vernetzung mit Komplementärräumen.

Ferienaustausch für Einwohner

Die Bevölkerung von Allianzgemeinden soll in Zukunft die bevorzugte Möglichkeit erhalten, in anderen Allianzgemeinden Ferien zu verbringen. Wie dies organisiert wird, ist noch offen. Möglich wäre: Günstige Pauschalarrangements, Gruppenreisen, Wohnungstauschbörse, aktive Werbung usw. Diese Maßnahmen dienen der Wahrscheinlichkeit eines intensiven Austausches zwischen den Einwohnern, einem aktiven Handlungsbewusstsein, der Verankerung der Idee der nachhaltigen Entwicklung, der Identifikation mit „Allianz in den Alpen" und bieten nicht zuletzt eine Chance zur sanften touristischen Mobilität durch die Integration der Anreise ohne Auto.

Partnergemeinden außerhalb der Alpen

Die Vernetzung von Gemeinden mit ähnlichen Problemfeldern und ähnlichen Anforderungen an Politik und Alltag ist eine gute Sache: Sie bietet Lösungsansätze, motiviert und ist zumeist erfolgreich. Ein anderer Ansatz wurde vom Projekt „Raumpartnerschaften" gewählt. Hier sucht sich eine Gemeinde eine Partnergemeinde, die gerade nicht vor denselben Problemen steht wie sie selbst und deswegen mit Lösungen helfen kann. In der Schweiz besteht etwa schon seit langem das Modell der Patengemeinden, wo reiche Gemeinden des Schweizer Mittellandes den armen Gemeinden im Berggebiet helfen. Dieses Modell hat gewiss Vorzüge, aber auch den Nachteil, dass es vorwiegend finanzielle Unterstützung bietet und eine einseitige Beziehung herstellt.

Die Schweizer Allianzgemeinde Flühli/Sörenberg hat sich auch in dieser Hinsicht als Pioniergemeinde etabliert und sich mit Heidelberg partnerschaftlich verbunden. Wir möchten nun für unsere Netzwerkgemeinden ähnliche Modelle entwickeln und Raumpartnerschaften im Alpenumland suchen. Für eine erfolgreiche Partnerschaft setzen wir thesenhaft folgende Bedingungen:

- gleichwertiger Austausch,
- eine echte „win-win"-Situation,
- professionelle Begleitung/Beratung,
- Partizipation der Bevölkerung,
- Step by Step.

In unserer Alpenbüro Netz GmbH mit den zwei Standorten Klosters und Zürich leben wir diese Raumpartnerschaft bereits. So sind wir zuversichtlich, dass dies uns auch mit den Gemeinden gelingen wird.

14 Steuerungsansätze im Freizeitverkehr durch regionale Kooperation und Netzwerkbildung

Dörte Ohlhorst
Zentrum Technik und Gesellschaft,
Technische Universität Berlin

Freizeitverkehr im Kontext überregionaler, transnationaler und globaler Entwicklung

Der beständig wachsende Tourismus weltweit ist kaum zu stoppen. Die Frage nach der Steuerbarkeit von Freizeitverkehr in Regionen ist unmittelbar verknüpft mit der Frage nach den Ursachen für das anhaltende Wachstum im Tourismus: Einerseits dürfte das wohl daran liegen, dass Regierungen und Märkte vom Tourismus profitieren. Andererseits wächst der Tourismus vor allem deshalb, weil Menschen reisen wollen. Das Mobilitätsverhalten in der Freizeit unterliegt dem starken Einfluss von Lebensstilen. Freizeitmobilitätsverhalten (von der alltäglichen Freizeit bis zum Jahrsurlaub) wird maßgeblich durch den Wunsch nach Kontasträumen, Erlebnissen, emotionaler Anregung, aber auch nach Erholung und Natur bestimmt. Zugleich werden Raumwiderstände beständig herabgesenkt, durch die Erleichterung von Grenzüberschreitungen[1], Vereinheitlichung von Währungen (Euro), Förderung des Eigenheimbaus und damit einhergehende Siedlungserweiterungen, Kilometerpauschale, Infrastrukturausbau, Steuerbefreiung von Flugbenzin usw. Diese Rahmenbedingungen des Freizeitverkehrs machen deutlich, dass ein großer Teil der

Erfordernis überregionaler politischer Antworten …

---

1 Inwiefern hier die aktuellen politischen Prozesse zur Erhöhung der nationalen Sicherheit in Folge der Attentate vom 11. September konträre, also raumwiderstandserhöhende Wirkungen auf Tourismus und Freizeitverkehr haben, bleibt abzuwarten.

Probleme des Verkehrswachstums nicht auf regionaler Ebene lösbar ist, sondern übergreifende politische Antworten erfordert.

Dennoch wird dem Subsidiaritätsprinzip und der Kompetenz der Regionen nach wie vor in Politik und Planung hohe Bedeutung beigemessen. Vor diesem Hintergrund stellt sich die Frage, wie die vom Freizeitverkehr belasteten Kommunen und Regionen tatsächlich zu starken, handlungsfähigen Akteuren werden können. Verbunden mit dem Trend zur Globalisierung politischer Prozesse ist ein Bedarf an Flexibilisierung des Handelns der Kommunen entstanden und auf regionaler Ebene das Paradigma der Netzwerkbildung (vgl. z. B. Benz et al. 1999; Jähnke und Gawron 2000). Im Folgenden soll diskutiert werden, ob sich dieses Paradigma auch im Bereich Freizeitverkehr und Tourismus als sinnvoll erweisen kann.

Netzwerkbildung und nachhaltige Entwicklung

Kommunen und Regionen wird durch die Integration vieler Handlungsbereiche ein besonderes Problemlösungspotenzial zugesprochen – neben der Nähe zum Wirtschaften und Leben vor Ort wird der engen Einbindung in lokale Akteursnetzwerke als strukturelle Stärke hohe Bedeutung beigemessen. Die Dezentralität kommunaler Politik soll die Entwicklung einer Vielfalt von praktischen Problemlösungsansätzen ermöglichen, die jeweils den konkreten Bedingungen vor Ort angepasst sind. Die Umsetzung beispielgebender Aktivitäten soll Innovations- und Lernprozesse befördern und auch über die kommunale Ebene hinaus als Innovations- und Motivationsmotor wirken. Lokale Akteursnetzwerke gelten beispielsweise im Klimaschutz als Hoffnungsschimmer. Ist der Ansatz der kommunalen und regionalen Vernetzung mit dem Ziel einer nachhaltigen Entwicklung auf das Politikfeld von Tourismus- und Freizeitverkehrspolitik übertragbar? Können regionale und transregionale Allianzen und neue Bündnisse neben klassischen lokalen Zuständigkeiten ein möglicher Lösungsansatz für eine nachhaltigere Gestaltung von Freizeitverkehr und Tourismus sein? In engem Zusammenhang mit den Potenzialen regionaler Allianzen stehen die Macht- und Interessenkonstellationen in diesem Politikfeld.

Akteure und Interessenkonstellationen in Tourismus und Freizeitverkehr

In der Bundesrepublik liegt die Tourismuspolitik, für die die Gestaltung von Freizeitverkehr eine maßgebliche Querschnittsaufgabe darstellt, hauptsächlich in der Verantwortung der Länder. Obwohl die Tourismuspolitik allgemein als Querschnittspolitik beschrieben wird, sind die Zuständigkeitsstrukturen auf Ebene der Länder stark auf wirtschaftspolitische Aufgaben zugespitzt. Gerade in industriell strukturschwachen, aber landschaftlich reizvollen Gebieten hat die Tourismuspolitik eine wichtige Funktion im Bereich der Beschäftigungspolitik. Andere tourismusrelevante Fachpolitiken werden in der Regel nur bei Bedarf in den Entscheidungsprozess einbezogen (Kahlenborn, Kraack, Carius 1999: 29).

Problematisch stellt sich in touristischen Zielregionen die Konkurrenzsituation von Gemeinden dar, die als touristische Destinationen miteinander in Wettbewerb treten, um vom Fremdenverkehr zu profitieren. Ihr Einsatz eines gezielten Marketings und der Aufbau einer entsprechenden Infrastruktur dient der Behauptung gegenüber den Mitbewerbern in den Nachbargemeinden. Für die Anbieter touristischer Leistungen ist Verkehr Voraussetzung nicht nur für die Erreichbarkeit[2], sondern auch dafür, dass die Angebotsregion erkundet und Angebote bereitgestellt werden können. So wird beispielsweise von vielen touristischen Akteuren in Mecklenburg-Vorpommern die Ostseeautobahn als wichtiges Element der Erreichbarkeit genannt. Einer Einschränkung der „Freiheiten des Autofahrers" etwa durch autofreie Zonen stehen wirtschaftsnahe Akteure ablehnend gegenüber, um die ökonomische Entwicklungsfähigkeit der Region oder Kommune nicht zu gefährden.

Tourismuspolitik ist auf wirtschaftspolitische Aufgaben gerichtet

---

2　Erreichbarkeit ist ein wesentlicher Bestandteil jedes touristischen Produktes – sie ist für Betreiber von Freizeiteinrichtungen ein zentraler wirtschaftlicher Entwicklungsfaktor und gehört zugleich zu den wichtigsten Kriterien der Besucher.

Zwar wird grundsätzlich am Ziel der Vermeidung des motorisierten Individualverkehrs (MIV) festgehalten, gleichzeitig werden jedoch die Probleme des strukturschwachen „Hinterlandes" (Binnenland im Gegensatz zur Ostseeküste) thematisiert, an das kaum alternative Verkehrsanbindungen bestehen. Generell ist zu konstatieren, dass Maßnahmen im Freizeitverkehr bei touristischen Akteuren in der Regel durch wirtschaftspolitische Interessen determiniert sind (Kahlenborn, Kraack, Carius 1999: 42).

Interessenkonflikt Ökologie vs. Ökonomie

Ein Beispiel für Vertreter von ökologischen Interessen in touristischen Gebieten sind die Großschutzgebietsverwaltungen. Sie sind häufig Impulsgeber bei dem Ziel, umweltschonende Erholungsformen auch in Verbindung mit umweltschonenden Mobilitätsangeboten zu fördern. Es gibt eine Reihe von Beispielen dafür, wie durch die Initiierung oder zumindest die maßgebliche Beteiligung dieser Akteursgruppe Konzepte für die Partizipation der einheimischen Bevölkerung an der Planung, für die pädagogische Vermittlung regionalgeschichtlicher, kultureller und ökologischer Inhalte durch touristische Angebote sowie für alternative Mobilitätsangebote entwickelt wurden (vgl. z.B. Scharpf 1998: 63).

So werden Entwicklung und Attraktivitätssteigerung einer Region von verschiedenen Akteuren unterschiedlich definiert – den Interessen ökologisch orientierter Interessenvertreter an der Vermeidung bzw. Verlagerung von Verkehr stehen die Befürchtungen vieler Tourismusakteure vor potentiellen Einbußen wirtschaftlicher oder touristischer Entwicklungschancen gegenüber. Ökonomischer Druck in Regionen, in denen der Tourismus das zentrale ökonomische Standbein darstellt, gefährdet Ansätze einer behutsamen Verkehrsplanung und engt politische Gestaltungsspielräume ein.

Darüber hinaus erschweren die durch eine Vielzahl konkurrierender lokaler Fremdenverkehrsverbände[3] entstehenden Kompetenzverflechtungen kooperative regionale Handlungsstrategien und leisten der einseitigen Ausrichtung an schnellen wirtschaftlichen Erfolgen Vorschub. Die umweltbezogenen tourismuspolitischen Zielvorstellungen des Bundes und der Länder sind nur ausgesprochen schwer umsetzbar (vgl. Kahlenborn, Kraack, Carius 1999: 38).

Politikintegration für nachhaltigen Freizeitverkehr

In Konfliktsituationen zwischen der nachhaltigen Tourismus- und Freizeitverkehrsgestaltung und anderen Interessen in einer Region geht es primär darum, anhand konkreter Optionen bzw. Szenarien Bedingungen aufzuzeigen, unter denen sich unterschiedliche Ziele miteinander vereinbaren lassen. Voraussetzung ist dafür zum einen eine Verständigung über die angestrebte Richtung, zum anderen das Vorhandensein von Handlungsoptionen auf der Ebene der Regionen, die die überregionalen Aspekte der Freizeitverkehrsproblematik einbeziehen. Dazu sind auf lange Sicht politisch institutionalisierte Schnittstellen zwischen relevanten Politikfeldern sowie zwischen Freizeitverkehr und Tourismus notwendig. Für die Umsetzung touristischer Leitbilder und Maßnahmen zur Verkehrsgestaltung ist vor allem ein übersektorales Vorgehen wichtig. Dies setzt eine Bereitschaft der Ressorts und Gebietskörperschaften in der Region zu ernst gemeinter Kooperation voraus: Ihr gemeinsames Vorgehen muss bestimmte Zielvorstellungen zur Entwicklung der Lebensräume beherzigen. Möglicherweise bietet die Regionalplanung (und ihre modifizierte Form des „Regionalmanagements") erweiterte Perspektiven, indem Tourismus, Freizeit, Ökologie und Wirtschaft dort als wichtige Rahmenbedingungen der Entwicklung von Freizeitverkehr zum Diskussionsgegenstand gemacht werden. So strebt beispielsweise das Konzept zur Regionalisierung der Strukturpolitik in Hessen eine Integration aller relevanten Politikfelder an. Sektorspezifische Initiativen, beispielsweise auf dem Gebiet des Tourismus, sollen als Element der regionalisierten Strukturpolitik verstanden und in einer politikfeldübergreifenden Koopera

Umgang mit
Zielkonflikten

---

3 Zwar geben in der Bundesrepublik der Bund und die Länder die tourismuspolitischen Rahmenbedingungen vor, jedoch wird entsprechend dem Subsidiaritätsprinzip im föderalen Staatsaufbau der Bundesrepublik und entsprechend der in der Verfassung garantierten Kommunalautonomie die touristische Entwicklung in hohem Maße von den Entscheidungen in den Gemeindegremien und der Politik der örtlichen Fremdenverkehrsverbände bestimmt (Kahlenborn 1999: 38).

tion zusammengeführt werden (Kahlenborn, Kraack, Carius 1999: 31).[4]

Chancen touristischer Ziel- und Quellgebiete durch Kooperation und Netzwerkbildung?

In touristisch stark frequentierten Destinationen wächst das Bewusstsein, dass der Tourismus nicht nur Arbeitsplätze und Einkommen schafft, sondern durch das enorme Verkehrsaufkommen und Ressourcenverbrauch zu starken Belastungen von Mensch und Natur und somit zu Einbußen in der Landschafts- und Erholungsqualität führen kann. Die Erkenntnis, dass Tourismusorte und -regionen durch verstärkte Kooperation miteinander in kommunalen Netzwerken und durch gemeinsames Marketing Synergieeffekte nutzen können, nimmt zu.[5] In Verdichtungsräumen herrscht ebenfalls in besonderem Maße Bedarf an stärkerer Kooperation, an der Nutzung von Synergieeffekten und an der Vermeidung negativer externer Effekte (Fürst 1999: 609f.).

Vom Konkurrenzdenken zu integrierten Ansätzen

Die im Kontext der Debatte über den Wandel des Staates stattfindende Diskussion über Steuerungspotenziale und Kompetenzen der Gebietskörperschaften zeigt auf, dass fragmentierte und sektorale Politikstrukturen im Zuge der Nachhaltigkeitsdebatte und der zunehmenden Konkurrenz der Regionen in räumliche Gesamtplanungen integriert werden. Regionale Tourismus- und Freizeitverkehrspolitik als eine Form der Kooperation von Kommunen einer touristischen Zielregion mit dem Ziel einer gemeinsamen, umweltgerechten Freizeitverkehrs- und Tourismuspolitik erfordert zunächst eine Überwindung des Konkurrenzdenkens hin zu integrierten Ansätzen. Vorteile können durch die gemeinsame Lösung

---

4 In Hessen liegt die tourismuspolitische Kompetenz in den Händen des Referats „Infrastruktur, Landesplanung und Regionalentwicklung" des Wirtschaftsministeriums. „Sanfter Tourismus" hat eine hohe Priorität in der Tourismuspolitik Hessens (Becker, Job, Witzel 1996: 56).

5 In den Zielkatalogen einzelner Bundesländer mit jüngeren Tourismusprogrammen sind neben der Strukturverbesserung wirtschaftlich schwacher Regionen, der Schaffung von ausreichender Erholungskapazität und der Mittelstandsförderung immer häufiger auch umwelterhaltende Maßnahmen zu finden.

infrastruktureller Fragen sowie die gemeinsame Nutzung vorhandener Erfahrungen und begrenzter Mittel realisiert werden (Kahlenborn, Kraack, Carius 1999: 38).

In einzelnen Fällen kann die Kooperation von Gemeinden mit dem Ziel, Synergieeffekte zu nutzen oder gemeinsame Projekte durchzuführen, die dem regionalen Tourismus zustatten kommen und gleichzeitig eine ökologischere Mobilität fördern, bereits Erfolge aufweisen (z. B. Organisation eines günstigen öffentlichen Verkehrs (ÖV) mit Verbundticket und umfassender Information über Strecken und Fahrzeiten). Erfolgreich in der Beeinflussung des Freizeitverkehrs sind solche Gemeinden, die eine konsistente Strategie glaubwürdig und auch längerfristig konsequent verfolgen, denn interkommunale Kooperation – soll sie langfristig angelegt sein – bedarf angesichts wechselnder Akteure, des Auslaufs von Amtszeiten, neuer Aufgabenzuschnitte usw. der beständigen Erneuerung (Rohr 2000: 9–12).

Neben regionaler Kooperation wächst bei zunehmender Fremdbestimmtheit der Kommunen durch supraregionale Entscheidungsstrukturen ein Bedarf an „regionaler Außenpolitik" (Fürst 1999: 610). Als Strategie zur Stärkung von Handlungschancen touristischer Zielregionen zeigt sich eine Tendenz zu Kooperationsbildung und Vernetzung nicht nur innerhalb, sondern auch zwischen benachbarten Freizeitverkehrsregionen. Darüber hinaus sind Ansätze einer transregionalen und transnationalen Vernetzung von Kommunen und Regionen feststellbar.

Netzwerke in Tourismus und Freizeitverkehr

Zur Stärkung lokaler und regionaler Lösungsansätze im Freizeitverkehr sind innerhalb der letzten zehn Jahre Ansätze für eine transnationale und regionale Netzwerkbildung von Städten bzw. in Regionen zu verzeichnen. Ziel ist es, durch Erfahrungsaustausch und Lernprozesse in Netzwerken einen Politikwandel auf der lokalen und regionalen Ebene anzustoßen. Dabei kommt Vorreitern und „Best Practice"-Regionen eine besondere Bedeutung zu. Die Entstehung und Entwicklung dieser Netzwerke wurde unter anderem durch die Zunahme der Belastungen durch Mobilität sowie globaler Umweltprobleme ausgelöst oder zumindest gefördert. Die nationalen und transnationalen Netzwerke verfolgen Ziele wie „sanften Tourismus", „sanfte Mobilität" oder autofreien Tourismus.

Von „Government" zu „Governance"

Netzwerke bilden sich jenseits von nationalstaatlicher Souveränität als neue Formen gesellschaftlichen Handelns. Die bereits seit zwei Jahrzehnten zu beobachtende Trendwende von „top-down"-Regulierung und Planungsorientierung hin zu einer Prozess-, Dialog- und Akteursorientierung und Netzwerkbildung wird mit einer Bewegung von Government zu Governance bezeichnet. Der Governance-Begriff findet mittlerweile breite Anwendung[6] und bezieht sich auf neue regionale Handlungsformen wie interkommunale Kooperation, Städtenetze, regionalisierte Strukturpolitik, Public Private Partnerships usw. Charakteristisch für diese neuartigen Governance-Formen ist vor allem das Zusammenwirken staatlicher und nicht-staatlicher Akteure. Die Bildung von Netzwerken zielt auf eine Steigerung der lokalen Handlungskapazitäten ab und betont einen Bedeutungszuwachs der subnationalen Ebene (Regionen und Kommunen).

Eine Institutionalisierung regionaler Netzwerke mit einer funktionalen und thematischen Spezialisierung im Politikfeld von Tourismus und Freizeitverkehr ist insbesondere im Alpenraum zu beobachten. Beispiele für regionale Netzwerke sind das Gemeindenetzwerk *Allianz in den Alpen*, die *Gemeinschaft Autofreier Schweizer Tourismusorte* (GAST) sowie das *Netzwerk Europäischer Tourismus für sanfte Mobilität* (NETS)[7]. Daneben bauen allgemeine transnationale Städtenetzwerke wie *Eurocities* oder die auf die Ostseeregion beschränkte *Union of the Baltic Cities* (UBC)[8] eigene spe-

---

6   Er wird auf Unternehmen und Organisationen bezogen (Corporate Governance) und im Zusammenhang mit Politikprozessen und -netzwerken auf verschiedenen Ebene benutzt (local, urban, regional, global governance). Die Netzwerkorganisation der Lokalen Agenda 21 ist ein aktuelles Beispiel für neue Governance-Formen auf der lokalen Ebene, die faktisch eine Verbindung von globalen Vereinbarungen und deren lokaler Umsetzung, von privatem Engagement und staatlichen Institutionen leisten.

zialisierte Netzwerke auf oder sind an deren Gründung maßgeblich beteiligt. Beispiele sind das *UBC Local Agenda 21 Network* oder das *Car Free Cities Network* (CFCN)[9] (Kern 2001: 95–116).

Das Risiko von stark spezialisierten Städtenetzwerken wie dem *Car Free Cities Network* besteht darin, dass sie sich auf ein sehr begrenztes Politikfeld beschränken und einer Politikintegration entgegenwirken. Es scheint daher wichtig, dass auch Netzwerke untereinander kooperieren und Vertreter anderer Politikfelder an den Diskussionen beteiligt werden. Die zentrale Funktion der auf Tourismus und Verkehr spezialisierten Netzwerke besteht in der Förderung des Erfahrungsaustausches und in der direkten Zusammenarbeit der Mitglieder mit dem Ziel, Lernprozesse anzustoßen und Transfer zu fördern. So bietet beispielsweise das *Car Free Cities Network* seinen Mitgliedern die Möglichkeit des Austausches von Erfahrungen und Know-how, unterstützt bei der Suche nach Partnern für konkrete transnationale Projekte und informiert über die Ergebnisse der Projekte[10]. Die hier aufgezeigten Initiativen zeigen, dass durch institutionalisierte Netzwerke im stark durch Konkurrenzen determinierten Politikfeld Tourismus eine Annäherung zwischen eher ökonomisch motivierten individuellen und eher ökologisch und sozial motivierten kollektiven Zielen stattfinden kann.

Viele Städte und Regionen sehen sich mit sehr ähnlichen Problemen im Verkehrsbereich konfrontiert, weshalb sich die Etablierung der auf die Problematik des Verkehrs spezialisierten Städtenetzwerke anbietet. Die

Annäherung zwischen ökonomisch motivierten individuellen und ökologisch sowie sozial motivierten kollektiven Zielen

---

7   Das Netzwerk erstreckt sich bisher vor allem auf den Alpenraum (Österreich, Schweiz, Bayern), ist grundsätzlich jedoch offen für alle europäischen Tourismusdestinationen, die sanfte Mobilität als Qualitätsbestandteil einer nachhaltigen Tourismusentwicklung betrachten, und knüpfte in jüngerer Vergangenheit Kontakte zu Rügen und Ostfriesland.

8   Die UBC wurde 1991 in Gdansk von 32 Städten aus 9 Ländern der Ostseeregion gegründet und ist mittlerweile auf eine Mitgliederzahl von 99 Städten angewachsen.

9   Das Car Free Cities Network CFCN wurde 1994 von Eurocities und der EU-Kommission gegründet. Es hat 70 Mitgliedstädte in Europa. Einziges deutsches Mitglied ist die Hansestadt Bremen; Köln und Wuppertal sind über die EU-Projekte MOSAIC und ENTRANCE eingebunden. Vgl. www.carfree.com (2.11.2001).

10   Vgl. hierzu www.eurocities.org/cfc (2.11.2001).

Schaffung von Institutionen, die das transregionale und transnationale Politiklernen fördern, ist eine wichtige Strategie bei der Entwicklung und Verbreitung innovativer Politikkonzepte (vgl. Kern 2001: 97–103). „Rückt die Transferfunktion in den Mittelpunkt, resultieren daraus vorzugsweise horizontale und nicht-hierarchische Netzwerke, die den Erfahrungsaustausch und das transnationale Politiklernen erheblich vereinfachen" (ebd.: 103).

Einige europäische Städtenetze sind indirekte Produkte von EU-Förderprogrammen und ihr Bestehen ist dadurch an die Laufzeit und die im Rahmen der Programme gewährte finanzielle Förderung gekoppelt. Hierzu gehört beispielsweise das Städtenetzwerk „Baltic Bridge"[11], dessen Ziel es ist, zum Aufbau eines raumordnerischen Regionalmanagements, zur Gestaltung, Stabilisierung und Erweiterung eines transnationalen Städtenetzes zwischen deutschen, polnischen und schwedischen Städten sowie zur Erstellung konzeptioneller und praktischer Vorschläge zur Erreichbarkeit und nachhaltigen Entwicklung strukturschwacher ländlicher Räume beizutragen. Erste Lösungsansätze in den Bereichen Regionalmarketing, Tourismus/Kultur sowie Verkehr, Kommunikation und Stadtentwicklung wurden bereits umgesetzt.

Stadt-Land-Brücken

Eine Kooperation zwischen Ziel- und Quellgebieten des Tourismus (Agglomerationen und Erholungsräume) wäre eine Möglichkeit der Politikintegration auf territorialer Ebene mit der Intention, als Gegengewicht zu den Globalisierungstendenzen und den stark überregional determinierten Rahmenbedingungen im Freizeitverkehr eine Bündelung regionaler Kräfte zu erreichen. Da-

---

11 Zur Abstimmung raumstruktureller Prozesse haben sich vor über zwei Jahren mit Raumnutzungsproblemen befasste Akteure im Projekt „Baltic Bridge – Transregionales Strukturentwicklungskonzept für den Handlungsraum zwischen Berlin–Stettin (Szczecin in Polen)–Schonen (Skane in Schweden)" organisiert. Vgl. Projekt der EU-Gemeinschaftsinitiative INTERREG II C Baltic Bridge, www.baltic-bridge.net

bei spielt die Komplementarität ländlicher und urbaner Räume sowie die Frage danach, wie sich diese Räume aufeinander beziehen, eine zentrale Rolle.

Hier setzt die Idee der „Raumpartnerschaften"[12] zwischen Ziel- und Quellgebieten des Tourismus an. Das Konzept „Raumpartnerschaften" geht davon aus, dass räumliche Entwicklungsstrategien zur Reduzierung des Wachstums im touristischen Fernverkehr beitragen können, wenn sie eine Stärkung von Binnenlandtourismus zum Ziel haben – unter paralleler Berücksichtigung der Kriterien von nachhaltiger Entwicklung. Vorstellbar sind gemeinsame Maßnahmen von Stadt und Land, die auf eine Förderung des Freizeitverkehrs in der Region bei gleichzeitigem Ausbau des Umweltverbundes (ÖPNV, Rad- und Fußgängerverkehr und auch Wasserwandertourismus) und eines den endogenen regionalen Potenzialen entsprechenden nachhaltigen Tourismus abzielen. Das Modell der Raumpartnerschaft mit dem Ziel der nachhaltigen Entwicklung soll Schnittstellen schaffen zwischen verschiedenen betroffenen Politikfeldern wie Verkehrs-, Tourismus- und Wohnungsbaupolitik sowie Stadt- und Raumplanung und Umwelterziehung. Stadt-Land-Brücken für Tourismus und Freizeitverkehr existieren bereits, beispielsweise zwischen Berlin und dem engeren Verflechtungsraum in Brandenburg.

Die bisherigen Untersuchungen im Forschungsprojekt „Raumpartnerschaften" zeigten jedoch, dass es für die Akteure ungewohnt ist, nach passenden Anknüpfungspunkten für eine Vernetzung der Räume zu suchen. Die Heterogenität der Interessen führt auch zu unterschiedlichen Schwerpunktsetzungen und Definitionen von Nachhaltigkeit. Insbesondere wenn bei der Kooperation von Ziel- und Quellgebieten des Freizeitverkehrs die üblichen Regionsgrenzen deutlich überschritten werden, fehlen bislang geeignete Organisati-

Das Modell der „Raumpartnerschaft"

Voraussetzungen für dauerhafte und integrative interregionale Kooperation

---

12 „Konträsräume und Raumpartnerschaften" – Interdisziplinäres Forschungsprojekt zur Entwicklung von nachhaltigen Lösungsstrategien in Freizeitverkehr und Tourismus, gefördert vom BMBF; Laufzeit: Oktober 2000 bis April 2003. Vgl. Beitrag des Projektsprechers Prof. G. W. Heinze in diesem Band.

onsformen für eine dauerhafte und integrative interregionale Kooperation.

Eine großräumige Kooperation von Stadt und Land überschreitet die Dimension der kleinräumigen Ebene, in der der ländliche Raum in einem sehr engen, alltäglichen Zusammenhang zur Stadt steht und Verflechtungen in den Bereichen Wohnen, Arbeiten, Versorgung und Verkehr selbstverständlich sind. Voraussetzungen für die aktive Kooperation von Agglomeration und Urlaubsregion sind eine gemeinsame Diagnose von Handlungsbedarf und eine gemeinsame Feststellung von Problemen, die nur gemeinsam lösbar sind. Nicht zuletzt kommt es darauf an, dass eine Vertrauensbasis besteht, ohne die eine freiwillige Kooperation von Stadt und Land nicht funktioniert. Das Vertrauen kann nur über konkrete Arbeit an konkreten Projekten entstehen (vgl. Rohr 2000: 9–12). Eine stabile Kooperation ist auf ein intensives gemeinsames Interesse angewiesen, sonst besteht die Gefahr, dass Partner die Kooperation aufkündigen oder sich nicht mehr für das gemeinsame Ziel einsetzen. Die Kooperation ist für die Dauer ihres Bestehens zeitaufwendig und erfordert entsprechendes Engagement (ebd.). Die Initiierung und Moderation einer Kooperation bzw. eines Netzwerkes für nachhaltigen Tourismus und Freizeitverkehr setzt verschiedene Kompetenzen voraus. Dazu gehört auch eine umfassende Grundkenntnis der regionalspezifischen Historie und ein Gespür für gewachsene Strukturen, ein Wissen über bereits bestehende informelle Kontakte und Kooperationsbeziehungen und über hemmende Faktoren für Kooperationsvorhaben (vgl. Refle, Henning, Hunecke 1999). Eine Gefahr der Vernetzung von Agglomerationen mit ländlichen Erholungsräumen kann die Induzierung von neuen Verkehren sowie die Überlastung von Verkehrsmitteln und Regionen zu Stoßzeiten des Freizeitverkehrs sein (Hochsaison, Wochenenden).

Fazit

Mobilität und Verkehr als Querschnittsphänomene

Die Frage nach den Steuerungsmöglichkeiten im Freizeitverkehr erfordert ein Verständnis von Mobilität und Verkehr als Querschnittsphänomene. Gerade wegen der engen Verknüpfung von Mobilität, individuellen Lebensentwürfen und Lebensstilen kann es im Freizeitverkehr und Tourismus nicht nur um Lösungen im technisch-ökonomischen Sinn gehen. Vielmehr ist eine Steuerung in Richtung ganzheitlicher nachhaltiger Entwicklung und in Richtung einer sozialen und ökologischen Moderne gefragt. Dabei erweist sich die bisher häufig schwache Politikintegration tourismuspolitischer Entscheidungen als eine wichtige Herausforderung für die Zukunft.

Netzwerkbildung, Kooperation und Partnerschaften scheinen einen Ansatz auch im Bereich Mobilität und Tourismus zu bieten, um durch Transfer von Erfahrungen und durch Kooperation im Rahmen von zielgerichteten Projekten Freizeitverkehr nachhaltiger zu gestalten. Dabei scheint es sinnvoll, Initiativen zu entwickeln und zu unterstützen – nicht zuletzt mit dem didaktischen Ziel der Bewusstseinsbildung über die funktionalen Verflechtungen. Zu beachten ist die Gefahr der mangelnden Politikintegration bei einseitiger Ausrichtung auf ein spezifisches Politikfeld.

Transfer von Erfahrungen und Kooperation

Es ist zu betonen, dass kommunale und regionale Entwicklungen im Freizeitverkehr nicht nur durch die regionale und nationale Ebene, sondern vor allem durch globale Veränderungen sowie supra- und internationale Entscheidungen beeinflusst werden. Entsprechend dürfen Problemlösungen nicht nur in der Region gesucht werden. Stattdessen müssen übergreifende, nationale und internationale politische Signale in Richtung einer nachhaltigen Gestaltung von Tourismus und Freizeitverkehr gesetzt werden. Die Beteiligung von Gemeinden an regionalen und transnationalen Netzwerken erscheint umso wichtiger, je mehr Gewicht in diese globalen Entscheidungsprozesse eingebracht werden soll. Insgesamt ist Netzwerkbildung und Kooperation kein Allheilmittel zur Lösung von Problemen des Freizeitverkehrs, dennoch sind Netzwerke häufig zu inkrementellen Innovationen in der Lage, setzen Prozesse in Richtung kollektiver Ziele in Gang und wirken über regionale Grenzen hinaus. Die eigentliche Innovation liegt in der Regel in der Initiierung von Lernprozessen der Beteiligten.

Die eigentliche Innovation liegt in der Initiierung von Lernprozessen der Beteiligten

15 An- und Abreise als Teil des Events: Neue Konzepte für Reiseketten und Eventstraßen

Hans-Liudger Dienel und Bettina Schäfer
Zentrum Technik und Gesellschaft,
Technische Universität Berlin

Einleitung

Events haben sich in den letzten Jahrzehnten zu einem bedeutenden Teilbereich des Freizeit- und Tourismusgeschehens entwickelt und es ist zu erwarten, dass sich dieser Trend fortsetzt. Eine der wesentlichen Ursachen hierfür ist im Bedürfnis nach Abwechslung zu sehen, d.h. nach einem besonderen, vom Alltag abgehobenen Erlebnis mit emotionalen Qualitäten wie Spannung, Spontaneität und Gemeinschaftsgefühl, das für eine Lebensweise kompensiert, die durch einseitige körperliche Belastungen, begrenztes Ausleben von Emotionen, hohe Anforderungen an die Organisation des Alltagslebens und wachsenden ökonomischen Druck geprägt ist. Neben einer Ortsveränderung hin zu einem solchen abwechslungsreichen „Kontrastraum" kann dieses Bedürfnis nach Abwechslung am besten durch Veranstaltungen realisiert werden, die „Kontrasterfahrungen" zum Alltag vermitteln.

Oft sind Events aus ökonomischen Notwendigkeiten auf eine hohe Besucherzahl angewiesen. Damit stellen sie Herausforderungen an die Bewältigung der zugehörigen Verkehrsströme, insbesondere im Hinblick auf die Förderung nachhaltiger Verkehrsangebote. Allerdings wurde die An- und Abreise im Rahmen des Freizeiterlebens bisher kaum als Teil des Besonderen und der Regeneration geplant oder als Chance für ein Gemeinschaftserlebnis wahrgenommen. Sie ist vielmehr immer

Event-Tourismus – ein Megatrend der Freizeitkultur

An- und Abreise als Teil
des Eventerlebnisses

noch ausgerichtet auf die möglichst schnelle und bequeme Überwindung von Entfernungen. Die Freizeit beginnt erst am Ziel und nicht unterwegs.

Der vorliegende Beitrag thematisiert mit Eventverkehren einen Teil des Freizeitverkehrs. Er fragt, wie die An- und Abreise zu großen Events zu einem Teil des Eventerlebnisses werden kann. Schließlich dauert der Weg zum Event für viele Besucher länger als das Event selbst. Die Integration der An- und Abreise ist deshalb ein Schlüssel für den Eventerfolg. Gleichzeitig bieten attraktive An- und Abreiseszenarien Bündelungsmöglichkeiten für den Freizeitverkehr und damit nachhaltige Wachstumschancen gerade auch für den öffentlichen Verkehr (ÖV). Unser Beitrag fasst Konzepte und erste Zwischenergebnisse aus dem vom Bundesforschungsministerium geförderten Vorhaben „Freizeitverkehrssysteme für den Event-Tourismus" zusammen (www. eventverkehr.de).[1]

Stand des Wissens

Event-Freizeitverkehr –
weder richtig
erforscht ...

Der Event-Tourismus als ein Megatrend der Freizeitkultur mit Einzelveranstaltungen und Großeinrichtungen für Erholung und Unterhaltung (Central Entertainment Areas) wird auch in Zukunft ein wesentlicher und wachsender Bestandteil des Freizeitverkehrs sein und muss so umwelt-, sozialverträglich und effizient wie möglich gestaltet werden (nähere statistische Angaben: Bundesrepublik Deutschland Nationalatlas 2000, Deutsche Gesellschaft für Freizeit 1998, Freyer und Meyer 1998). Ein zentrales Thema der Literatur zum Thema Events sind die großen regionalwirtschaftlichen Effekte (Feige 1994, Higham 1996, Steinecke und Haart 1996), ein weiteres konkrete Durchführungserfahrungen (Fredline und Faulkner 1998, Inden 1993, Kinnebrock 1993, Opaschowski und Stubenvoll 1997, Schlinke 1996). Die An-

---

1   Neben den Autoren sind an dem Vorhaben beteiligt: Dr. C. Ahrend, H.-H. Bethge, S. Diederichsmeier, Dr. M. Dörnemann, J. Flaig, S. Gawlyta, Prof. Dr. G. W. Heinze, A. Jain, Prof. Dr. H. Kill, B. Pföhler, Dr. W. Röhling, T. Schäfer, M. Schiefelbusch, M. Schophaus, S. Thoring, Dr. E. Schüler-Hainsch, Dr. Ch. Walther.

und Abreise wird dagegen stiefmütterlich behandelt (Röck 1998).

Die Teilnahme an Events geschieht, wie bei vielen Freizeitaktivitäten, in der Regel aus einem Bedürfnis nach Abwechslung heraus. Das besondere Interesse an Events beruht darauf, dass diese verschiedenen Grundmotiven wie immateriellem Gewinn, Bequemlichkeit, Prestige und Sicherheit in besonderem Maße entgegenkommen (Dallmann 1988). Damit sind gleichzeitig die wesentlichen Anforderungen genannt, denen sich auch Angebote für den Event-Freizeitverkehr stellen müssen. Verkehrsvermeidungs- und -verlagerungsstrategien, die für den Berufs- und Einkaufsverkehr entwickelt wurden und schon dort nur teilweise erfolgreich sind, sollten nicht unreflektiert auf den Freizeitverkehr übertragen werden (Gluchowski 1988).

Während Planung und Durchführung der Events durch die Organisatoren und/oder Veranstalter professionell – z.T. „überprofessionell" – gehandhabt werden, bleiben Fragen der An- und Abreise unberücksichtigt, abgesehen einmal von Ausnahmen wie Kompaktangeboten zu Musikveranstaltungen und Kurzreisen. Meist wird der entstehende Freizeitverkehr als Beförderungs- und Stauproblem, nicht aber als Erlebnis an sich und Teil der Angebotskette konzipiert. Während die Anbieter von Verkehrsleistungen in aller Regel die Besucher bzw. Teilnehmer von Events nicht gezielt als potenzielle Kunden ansprechen, wird die Frage der Gestaltung des An- und Abreiseverkehrs von Veranstaltern und Organisatoren oft als jenseits ihres Verantwortungsbereichs gesehen. Hier mangelt es an Kooperation der einzelnen Akteure, die am Prozess beteiligt oder von seinen Auswirkungen berührt sind.

Unter dem Stichwort „Mobilitätsmanagement" wird in jüngster Zeit versucht, vor allem im städtischen Bereich intelligent organisierte Mobilitätsketten zu entwerfen und anzubieten, um einen bewussteren Umgang mit Mobilität anzuregen und umweltverträgliche Verkehrsträger benutzerorientiert zu fördern. Diese Ansätze sind jedoch bisher noch vorrangig auf den Nahbereich und den Aktionsraum regelmäßiger Arbeits- und Versorgungsverkehre konzentriert.[2] Daneben gibt es auch spe-

... noch als Handlungsfeld des Mobilitätsmanagements erschlossen

Bereichen sozialwissenschaftliche Erklärungsmodelle, Verkehrsmodellierung und Planungs- bzw. Kooperationsverfahren.

Interdisziplinärer Forschungsansatz

Das Forschungsvorhaben erfordert Lösungskompetenz aus unterschiedlichen Disziplinen, die eng aufeinander bezogen zusammenarbeiten: Verkehrsplanung, Stadtökologie, Verkehrstechnik, Verkehrspsychologie, Verkehrsökonomie, Ergonomie, Verkehrssoziologie, Implementationsforschung und Marketing.

Die verkehrlichen Auswirkungen für die Zielgebiete werden anhand von Beispielen wie der EXPO 2000 in Hannover und der Love-Parade in Berlin analysiert. Es sind Alternativen zur An- und Abreise mit dem eigenen Auto zu entwickeln, die für die Region den sozioökonomischen Nutzen erhalten, aber gleichzeitig die ökologische Belastung minimieren.

Eine mehrphasige Szenarienentwicklung mit steigendem Konkretisierungsgrad im Projektverlauf dient dazu, neue Handlungsoptionen zu ermitteln und ihre Potentiale zu bewerten.

Im Rahmen des Vorhabens wurden im letzten Jahr Event-Besucher, An- und Abreisende und Akteure in großer Zahl quantitativ und qualitativ befragt. Wir konnten dabei feststellen, dass die An - und Abreise bei Reisenden und Event-Veranstaltern bisher nur eine vergleichsweise geringe Rolle spielte, sich gleichsam nicht ins Bewusstsein drängte. Um die Reise selbst zu thematisieren, muss man sie aufwerten, sie insbesondere (in beliebig viele) Teilziele diskretisieren. Dies geschieht im Forschungsvorhaben bei der Entwicklung neuer Reiseketten, die im nächsten Abschnitt dargelegt werden.

Die An- und Abreise zum Event

Im Folgenden werden mit der Konzeption intermodaler Reiseketten und Reisestraßen zwei neue Wege für die Gestaltung der An- und Abreise zu Events beschrieben.

Reiseketten

Anreiseszenarien mit dem öffentlichen Verkehr sind selten ohne modale Brüche möglich. Mit dem Konzept der

und Abreise wird dagegen stiefmütterlich behandelt (Röck 1998).

Die Teilnahme an Events geschieht, wie bei vielen Freizeitaktivitäten, in der Regel aus einem Bedürfnis nach Abwechslung heraus. Das besondere Interesse an Events beruht darauf, dass diese verschiedenen Grundmotiven wie immateriellem Gewinn, Bequemlichkeit, Prestige und Sicherheit in besonderem Maße entgegenkommen (Dallmann 1988). Damit sind gleichzeitig die wesentlichen Anforderungen genannt, denen sich auch Angebote für den Event-Freizeitverkehr stellen müssen. Verkehrsvermeidungs- und -verlagerungsstrategien, die für den Berufs- und Einkaufsverkehr entwickelt wurden und schon dort nur teilweise erfolgreich sind, sollten nicht unreflektiert auf den Freizeitverkehr übertragen werden (Gluchowski 1988).

Während Planung und Durchführung der Events durch die Organisatoren und/oder Veranstalter professionell – z. T. „überprofessionell" – gehandhabt werden, bleiben Fragen der An- und Abreise unberücksichtigt, abgesehen einmal von Ausnahmen wie Kompaktangeboten zu Musikveranstaltungen und Kurzreisen. Meist wird der entstehende Freizeitverkehr als Beförderungs- und Stauproblem, nicht aber als Erlebnis an sich und Teil der Angebotskette konzipiert. Während die Anbieter von Verkehrsleistungen in aller Regel die Besucher bzw. Teilnehmer von Events nicht gezielt als potenzielle Kunden ansprechen, wird die Frage der Gestaltung des An- und Abreiseverkehrs von Veranstaltern und Organisatoren oft als jenseits ihres Verantwortungsbereichs gesehen. Hier mangelt es an Kooperation der einzelnen Akteure, die am Prozess beteiligt oder von seinen Auswirkungen berührt sind.

Unter dem Stichwort „Mobilitätsmanagement" wird in jüngster Zeit versucht, vor allem im städtischen Bereich intelligent organisierte Mobilitätsketten zu entwerfen und anzubieten, um einen bewussteren Umgang mit Mobilität anzuregen und umweltverträgliche Verkehrsträger benutzerorientiert zu fördern. Diese Ansätze sind jedoch bisher noch vorrangig auf den Nahbereich und den Aktionsraum regelmäßiger Arbeits- und Versorgungsverkehre konzentriert.[2] Daneben gibt es auch spe-

... noch als Handlungsfeld des Mobilitätsmanagements erschlossen

zifische Ansätze zu Fokusgruppen (Tokarski 1989). Der Event-Tourismus mit seinem hohen Anteil von Mittel- und Langstrecken muss als Handlungsfeld des Mobilitätsmanagements erst noch erschlossen werden.

Ansätze und Konzepte im Forschungsprojekt

Arbeitshypothesen Das Vorhaben „Freizeitverkehrssysteme für den Event-Tourismus" geht von folgenden Arbeitshypothesen aus:

a) Die Fixierung auf den Pkw ist im Bereich des Event-Tourismus mitverursacht durch mangelhafte Alternativangebote für die An- und Abreise. Daher sind verbesserte Angebote und Kompaktpakete zu entwickeln, die attraktiv und benutzerorientiert sind. Besondere Veranstaltungen bieten die Möglichkeit für besondere, unkonventionelle Mobilitätsideen, wenn sie die Bedürfnisse der Nutzer aufgreifen. Unabdingbar dafür ist die Aufwertung der Nutzer als Kunden durch ein differenziertes Angebot, das Bedürfnisse nach Prestige, Besonderem, Bequemlichkeit, Komfort, Sicherheit, Gruppenerlebnissen, aber auch Individualität, Autonomie und Abenteuer aufgreift.

b) Der zukünftige Tourismus wird immer mehr zum Event-Tourismus. Die Schwierigkeiten, die sich heute in der Bewältigung des Event-Tourismus stellen, sind ein Abbild jener Verkehrsprobleme, die zukünftig durch den breiteren Tourismus auftauchen werden. Konzepte, die heute für die Bewältigung der Verkehrsprobleme im Event-Tourismus entwickelt werden, können Problemlösungsmodelle für den breiteren Tourismus in Zukunft sein.

c) Öffentliche Verkehrssysteme wurden seit den 60er Jahren auf Massenleistungsfähigkeit und Wirtschaftlichkeit z. T. auch Nachhaltigkeit (BMUJF 1997), nicht aber auf Reiseerlebnisse hin optimiert, anders als Individualfahrzeuge, bei denen das Reiseerlebnis im Blickpunkt der Entwicklung stand. Hier vollzieht sich heute ein Wandel: Auch der Weg gilt allmählich schon als Ziel und kann damit Teil des Freizeiterlebnisses werden.

---

2   Siehe hierzu die Vorhaben im BMBF-Programm „Mobilität in Ballungsräumen" (Bundesministerium für Bildung und Forschung).

Ziel jüngerer Ansätze im Eventverkehr ist die Entwicklung und der Test neuer Verkehrskonzepte für Freizeitveranstaltungen als Teil des Freizeiterlebnisses. An- und Abreise und der Verkehr am Ort des Events selbst sind dabei Elemente einer Strategie, welche einerseits die gesamtwirtschaftlichen Belastungen senkt und andererseits nachhaltige Wachstums- und Erlebnischancen durch Großveranstaltungen im gesamten Untersuchungsraum nutzt. Als zentraler Anwendungsfall im hier skizzierten Forschungsvorhaben wurde die Internationale Gartenbauausstellung (IGA) in Rostock im Jahre 2003 ausgewählt, für die ein nachhaltiges Verkehrssystem für den Event-Tourismus konzipiert wird. Eine Veranstaltung wie die IGA bietet gute Chancen für eine Bündelung des Freizeitverkehrs und für kundenorientierte Angebote, die bereits am Ausgangspunkt der Reise ansetzen. Sie ist räumlich klar umrissen und wird auch zeitlich eingrenzbar mit Schwerpunkten an Wochenenden und Feiertagen besucht.

Die in der Untersuchung entwickelten Konzepte und gewonnenen Erkenntnisse werden anschließend in einem Handbuch für Event-Verkehre zusammengefasst.

Folgende Forschungsschwerpunkte stehen bei der Untersuchung im Vordergrund:

Forschungs-
schwerpunkte

- untersuchungsadäquate Systematisierung von Events,
- Bildung von Szenarien zur Beschreibung künftiger Event-Verkehre,
- Konzeption der An- und Abreise als Teil des Freizeit-Events,
- freizeitgemäße Gestaltung öffentlicher Verkehrssysteme sowie
- integrative Optimierung der gesamten Reisekette.

Die geplanten Forschungsaktivitäten des Projektteams lassen sich in zwei Gruppen zusammenfassen: Zum einen wird angesichts eines unzureichenden Daten- und Wissensstandes in diesem Bereich ein besseres Verständnis der Motivationen der Event-Teilnahme und des dazugehörigen Verkehrsverhaltens angestrebt. Zum anderen werden aus einer anwendungsorientierten Perspektive heraus diese Erkenntnisse direkt genutzt, um neue Lösungsansätze im Spannungsfeld Raum – Verkehr – Event zu entwickeln. Dies schließt die Ausarbeitung neuer Methoden ein, etwa in den

Bereichen sozialwissenschaftliche Erklärungsmodelle, Verkehrsmodellierung und Planungs- bzw. Kooperationsverfahren.

Interdisziplinärer Forschungsansatz

Das Forschungsvorhaben erfordert Lösungskompetenz aus unterschiedlichen Disziplinen, die eng aufeinander bezogen zusammenarbeiten: Verkehrsplanung, Stadtökologie, Verkehrstechnik, Verkehrspsychologie, Verkehrsökonomie, Ergonomie, Verkehrssoziologie, Implementationsforschung und Marketing.

Die verkehrlichen Auswirkungen für die Zielgebiete werden anhand von Beispielen wie der EXPO 2000 in Hannover und der Love-Parade in Berlin analysiert. Es sind Alternativen zur An- und Abreise mit dem eigenen Auto zu entwickeln, die für die Region den sozioökonomischen Nutzen erhalten, aber gleichzeitig die ökologische Belastung minimieren.

Eine mehrphasige Szenarienentwicklung mit steigendem Konkretisierungsgrad im Projektverlauf dient dazu, neue Handlungsoptionen zu ermitteln und ihre Potentiale zu bewerten.

Im Rahmen des Vorhabens wurden im letzten Jahr Event-Besucher, An- und Abreisende und Akteure in großer Zahl quantitativ und qualitativ befragt. Wir konnten dabei feststellen, dass die An - und Abreise bei Reisenden und Event-Veranstaltern bisher nur eine vergleichsweise geringe Rolle spielte, sich gleichsam nicht ins Bewusstsein drängte. Um die Reise selbst zu thematisieren, muss man sie aufwerten, sie insbesondere (in beliebig viele) Teilziele diskretisieren. Dies geschieht im Forschungsvorhaben bei der Entwicklung neuer Reiseketten, die im nächsten Abschnitt dargelegt werden.

Die An- und Abreise zum Event

Im Folgenden werden mit der Konzeption intermodaler Reiseketten und Reisestraßen zwei neue Wege für die Gestaltung der An- und Abreise zu Events beschrieben.

Reiseketten

Anreiseszenarien mit dem öffentlichen Verkehr sind selten ohne modale Brüche möglich. Mit dem Konzept der

Reiseketten sollen diese Schnittstellen attraktiv gestaltet werden, so dass Qualität und Stil des Events in der Reisekette sichtbar werden.

Reiseketten zu Events gibt es nicht von der Stange. Vielmehr müssen sie sehr genau angepasst werden an die verkehrliche Situation, den Eventtyp und die potenziellen Zielgruppen (Götz, Loose, Schubert 2001). Im Projekt Eventverkehr tun wir dies am Beispiel der Internationalen Gartenausstellung in Rostock 2003 (Freizeitverkehrssysteme für den Event-Tourismus 2001).

Stellgrößen für die Reisekettenkonzeption sind Aspekte wie Einzugsbereich, Zielgruppe und zeitlicher Rahmen. Darüber hinaus können die Kunden von Events für die passgenaue Entwicklung von Reiseketten auch nach Kriterien zu Mobilitätsverhalten, Reiseverhalten oder Freizeitverhalten differenziert werden (Zahl 2001). Die Affinität zum Auto und die Vorliebe für die individuelle Anreise spielen bei der Konzeption nachhaltiger Reiseketten eine wesentliche Rolle.

Stehen die potenziellen Besucher und ihr typisches Reiseverhalten sowie die Charakterisierung des Events fest, können im zweiten Schritt mögliche Anreiseszenarien entwickelt werden. Welche Verkehrsmittel stehen zur Verfügung, wo besteht die Möglichkeit zum Ausbau des Angebots, welche Alternativen können, vor allem im Sinne der Anreise als Event, in Frage kommen (von einer Floßfahrt bis zum Zeppelinflug).

Aus den Basisdaten kann sich z. B. für Berliner Kleingärtner zur IGA nach Rostock eine Reisekette ergeben, die mit einem Einstieg in den Bus an der Kleingartenkolonie beginnt. Vorab gibt es ein gemeinsames Frühstück mit Informationen zu Reiseroute im Vereinshaus. Im Bus, der mit angenehmen Sitzen in Vierergruppen mit Tisch ausgestattet ist, liegt Informationsmaterial zur Ausstellung und Angebote zur Planung des Rundgangs auf dem Gelände aus. In der zweiten Stunde der Anreise unterhält ein Kurzvortrag zum Baumschnitt oder biologischen Pflanzenschutz die Kleingärtner. Die Strecke, z. B. die A19 nach Rostock (für Busse, Kleinbusse und Fahrgemeinschaften), wird gestaltet mit Wiedererkennungseffekten („Wir sind auf dem Weg zur IGA"). Raststätten werden ausgestattet mit allgemeiner Anreisein-

Stellgrößen für die Konzeption von Reiseketten

formation, spezieller Literatur und einem IGA-Bereich im Restaurant.

In Rostock parkt der Bus auf einem Busbahnhof, und die Besucher können auf einer begrünten Fähre, an schwimmenden Gärten vorbei, direkt zum Eingang der IGA gelangen. Sie werden an dieser Stelle zu definierter Uhrzeit wieder abgeholt. Auf der Heimreise läuft ein Film über historische Gärten in Norddeutschland. Bei der Ankunft in Berlin wird ein Ausklang im Vereinshaus angeboten.

Anforderungen an die Ausgestaltung von Reiseketten

Neben der Ausgestaltung einzelner Module für eine Reisekette spielen vor allem die Schnittstellen zwischen den Verkehrsmitteln bzw. Aufenthaltsorten eine Rolle. Teilaufgaben der Planung sind dabei die deutliche Kennzeichnung der Wege und die richtige Kalkulation der Sammel- und Umsteigezeiten. Die einzelnen Reiseabschnitte müssen nahtlos ineinander übergehen, so dass sich die Kunden weder gehetzt noch gelangweilt fühlen. Hierzu sind Informationen über die Beweglichkeit unterschiedlicher Gruppen notwendig. Ebenso muss die Reise für den Kunden kalkulierbar und überschaubar gestaltet sein. Anzustreben ist ein einziges Ticket, das sämtliche Leistungen beinhaltet.

Je unkomplizierter und angenehmer die Reise für den Kunden sein soll, umso höher werden die Ansprüche an die Kooperationspartner wie Veranstalter, Kundenorganisation (Kleingärtnerverein), Busunternehmer, Raststättenbetreiber, Fährunternehmer und u. U. Genehmigungsbehörden vor Ort. Verhandlungen müssen eine „win-win“-Situation anstreben, bei der alle Beteiligten ihre wesentlichen Wünsche und Ziele im Rahmen der Kooperation (Prestige, Umsatz, Kundenakquirierung) verwirklicht sehen.

Planung und Kooperationsabsprachen münden in ein gemeinsames Marketingkonzept, das sich als Angebot in den Katalogen für Busreisen als Gesamtpaket wiederfindet.

Dieser, am Beispiel einer Busreise, skizzierte Planungsablauf für die Entwicklung einer Reisekette erfordert ein hohes Maß an Koordinations- und Kooperationsfähigkeit, für den das geplante Handbuch „Eventverkehr“ entsprechende Hilfestellung leisten soll.

Eventstraßen

Ein Beispiel für die Entwicklung neuer Reiseketten ist die Konzeption von eventorientierten Ferienstraßen zum Eventort. Die Geschichte der deutschen Ferienstraßen beginnt in den 20er Jahren des 20. Jahrhunderts mit der Gründung der Deutschen Alpenstraße 1927. Dem folgen bis 1950 dann nur vier weitere Ferienstraßen, bis die Ferienstraßen, auch touristische Straßen genannt, als Instrumente des Regionalmarketings in Deutschland entdeckt werden.

Besonders in den 70er und 90er Jahren sind zwei Gründungswellen auszumachen (ca. 90 % aller Ferienstraßen), die sicher einerseits der wachsenden Massenmotorisierung Rechnung tragen, andererseits aber auch den neuen Gegebenheiten nach Herstellung der deutschen Einheit (ADAC-Jahresgabe 1998/99, Müller-Urban und Urban 2000, Sterntaler e.V. 1999).

Die Ferienstraßen wurden bisher grundsätzlich auf den motorisierten Individualverkehr ausgerichtet, erst in neuerer Zeit wird auch über die Einbeziehung von Radfahrern und Wanderern nachgedacht.

Besonders die regionale Wirtschaftsförderung nutzt Ferienstraßen als Marketinginstrument. Diese Straßen stellen in der Regel Leistungsbündel überörtlicher Marketingziele von Städte- und Gebietsgemeinschaften dar. Dabei geht es um die Sicherung von Marktanteilen, den Aufbau eines unverwechselbaren Images der Region, die Gewinnung und Bindung von Zielgruppen und um die bessere Auslastung in touristischen Nebenzeiten bzw. um die Lenkung von Besuchern in Gebiete, die bisher kaum vom Tourismus profitieren konnten.

Wenn in der Vergangenheit viele Ferienstraßen nur auf den motorisierten Individualverkehr und auf das Abfahren von Sehenswürdigkeiten gesetzt haben – und damit auch Erfolg hatten –, so greift solch ein vereinfachtes Konzept heute nicht mehr. Der Erfolg einer Ferienstraße hängt heute davon ab, dass ein touristisches Gesamtkonzept inklusive Vermarktungskonzept vorliegt, ein fest eingerichtetes Büro zum Thema der Ferienstraße erreichbar ist, eine ständige Qualitätssicherung erfolgt und die Beschilderung optimal gesichert ist.

Ferienstraßen als Instrument des Regionalmarketings

Im Folgenden wird dieses durchaus erfolgreiche Konzept der Ferienstraßen auf größere Events wie die IGA 2003 in Rostock bezogen.

Rostock ist Teil der Nordostdeutschen Hansestraße, die in Lübeck beginnend, den Hansestädten an der Ostseeküste folgend, nach ca. 480 km in Ueckermünde endet. Diese Ausgangssituation sollte genutzt werden, um für 2003 in allen Orten an dieser Ferienstraße eine Wegweisung zur IGA zu installieren. Im Jahr 2002 könnte insbesondere die 1. Landesgartenschau Mecklenburg-Vorpommerns in der Hansestadt Wismar (27.4.02–13.10.02) in die IGA-Vorvermarktung eingebunden werden.

Die Deutsche Stiftung Denkmalschutz betreibt zusammen mit anderen Partnern die Initiative „Wege zur Backsteingotik", um die einzigartige Denkmallandschaft Norddeutschlands wieder im Bewusstsein vieler Menschen zu verankern. Teil dieser Initiative ist die Installierung von drei Wegen zur Backsteingotik in Mecklenburg-Vorpommern. Da Rostock in diesem Zusammenhang einen wichtigen Platz einnimmt, könnte auch hier ein Ansatzpunkt zur IGA-Vermarktung gesucht werden (Kiesow 2001).

Einige Ferienstraßen, die sich in der Region zwischen Berlin und Rostock befinden, sollten in Überlegungen zur Vermarktung der IGA 2003 und in die Reiseketten-planung einbezogen werden: die Deutsche Alleenstraße, deren erstes Teilstück zwischen dem Biosphärenreservat Südost-Rügen und Rheinsberg (264 km) im Mai 1993 eröffnet wurde, die Deutsche Tonstraße, die vom Norden Berlins bis nach Fürstenberg mit einer Länge von ca. 215 km in einem Rundkurs die B96 im Ruppiner Land umkreist, die Lehm- und Backsteinstraße, ein Rundkurs über ca. 54 km westlich von Plau am See, in unmittelbarer Nähe der B103 und der BAB19 sowie die Schmugglerheide–Erlebnisstraße Röbel–Wittstock, die parallel zur BAB19 verläuft und am 5. Mai 2001 eröffnet wurde (Wettbewerb Sozialverantwortlicher Tourismus 1999).

Ein Novum ist der Radweg Berlin–Kopenhagen (630 km), der von den Tourismusorganisationen Brandenburgs, Mecklenburg-Vorpommerns und des dänischen

Kreises Storström getragen wird (Staatskanzlei Mecklenburg-Vorpommern et al. 2001). Die ersten zehn Etappen des Weges führen bis Rostock, die übrigen fünf bis Kopenhagen. Im ersten Katalog zum Radweg wird die IGA 2003 bereits als Etappenziel und Urlaubshit mit einer ganzseitigen Anzeige beworben.

Schlussfolgerungen

In Deutschland gibt es bisher kaum Konzepte für die inhaltliche Gestaltung von Eventverkehren. So liegen bisher weder auf Landes- noch auf Bundesebene Vorschläge für die Gestaltung und Nutzung der Eventstraßen vor. Dies gilt erstaunlicherweise sogar für die Ferienstraßen. Sie sind bisher völlig den Initiatoren und Akteuren der einzelnen Projekte überlassen. Wissenschaftliche Untersuchungen gibt es so gut wie keine.

Im Events-Projekt wird das Ferienstraßenkonzept für besonders attraktive Anreisewege zu Events weiterentwickelt. Es geht darum zu erforschen, in welcher Weise eine Ableitung von Event-Verkehr zu Nebenevents entlang der Ferienstraßen möglich ist. Ein zweiter Aspekt besteht darin, die Ferienstraßen hinsichtlich ihrer ökologischen und touristischen Aufwertung durch ökologisches Bauen und neue touristische Informationssysteme zu untersuchen. Es stellt sich auch die Frage, ob solche Reiseszenarien nicht mit anderen Verkehrsmitteln analog zu Ferienstraßen zu bewältigen sind. Inwiefern lassen sich etwa Bahn, Schiff, Kremser usw. so kombinieren, dass sie auf landschaftlich oder kulturell attraktiven Strecken eine erholsame Anreise zum Event bieten können? Das Forschungsprojekt „Freizeitverkehrssysteme für den Event-Tourismus" wird solche Reiseketten konzipieren, umsetzen und für ein allgemein gültiges Handbuch auswerten.

Literatur

ADAC-Jahresgabe (1998/99): Unterwegs auf Deutschlands Ferienstraßen – 20 ausgewählte Routen. München.

BMUJF (Bundesministerium für Umwelt, Jugend und Familie) (Hrsg.) (1997): Großveranstaltungen – umweltgerecht und ohne Stau. Wien.

Bundesrepublik Deutschland Nationalatlas (2000): Band Freizeit und Tourismus. Heidelberg und Berlin.

Dallmann, B. (1988): Nutzen-Kosten-Untersuchung einer kommunalen Großveranstaltung am Beispiel der Landesgartenschau Freiburg 1986. Freiburg i. B.

Deutsche Gesellschaft für Freizeit (1998): Freizeit in Deutschland. Aktuelle Daten und Grundinformation. DGF-Jahrbuch. Erkrath.

Feige, M. (1994): Regionalwirtschaftliche Effekte von Großveranstaltungen. Am Beispiel 25. Deutscher Evangelischer Kirchentag in München 1993. München.

Fredline, E. und Faulkner, B. (1998): Resident Reactions to a Major Tourist Event. The Gold Cost Indy Car Race. In: Festival Management and Event Tourism, Bd. 5, S. 185–205.

Freizeitverkehrssysteme für den Event-Tourismus (2001): Erster Ergebnisbericht, www.eventverkehr.de/datpdf/events_zwischenbericht_Kurzform.pdf

Freyer, W. und Meyer, D. (Hrsg.) (1998): Events – Wachstumsmarkt im Tourismus? Tagungsband zum 3. Dresdner Tourismus-Symposium. Dresden.

Gluchowski, P. (1988): Freizeit und Lebensstile. Plädoyer für eine integrierte Analyse von Freizeitverhalten. Erkrath.

Götz, K., Loose, W., Schubert, S. (2001): Forschungsergebnisse zur Freizeitmobilität. ISOE DiskussionsPapiere 7. Frankfurt a. M.

Häußermann, H. und Siebel W. (Hrsg.) (1993): Festivalisierung der Stadtpolitik. Stadtentwicklung durch große Projekte. Opladen.

Higham, J. (1996): The Bledisloe Cup. Quantifying the Direct Economic Benefits of Event Tourism, with Ramifications for a City in Economic Transition. In: Festival Management and Event Tourism, Bd. 4, S. 107–116.

Inden, T. (1993): Alles Event? Erfolg durch Erlebnismarketing. Landsberg/Lech.

Kiesow, G. (2001): Wege zur Backsteingotik. CD-Rom der Deutschen Stiftung Denkmalschutz.

Kinnebrock, W. (1993): Integriertes Eventmarketing. Vom Marketing-Erleben zum Erlebnismarketing. Wiesbaden.

Meyer, R. (1970): Festivals USA and Canada. New York.

Müller-Urban, K. und Urban, E. (2000): Deutschlands Ferienstraßen – Die schönsten Routen zwischen Rügen und Bodensee. München.

Opaschowski, H. W. und Stubenvoll R. (1997): Events im Tourismus. Sport-, Kultur- und Städtereisen. Hamburg.

Röck, S. (1998): Freizeiteinrichtungen im Zentrum der Stadt: Potential und Gefahr. In: Informationen zur Raumentwicklung, Heft 2/3, S. 123–132.

Schlinke, K. (1996): Die Reichstagverhüllung in Berlin 1995. Auswirkungen einer kulturellen Großveranstaltung auf die touristische Nachfrage. Trier.

Staatskanzlei Mecklenburg-Vorpommern et al. (Hrsg.) (2001): Radweg Berlin–Kopenhagen. Rostock.

Steinecke, A. und Haart N. (1996): Regionalwirtschaftliche Effekte der Motorsport-Großveranstaltungen „Formel-1-Grand-Prix 1996" und „Truck-Grand-Prix 1996" auf dem Nürburgring. Trier.

Sterntaler e.V. (Hrsg.) (1999): Die Deutsche Tonstraße – Reiseregion Ruppiner Land. Oranienburg.

Tokarski, W. (Hrsg.) (1989): Freizeit- und Lebensstile älterer Menschen. Kassel.

Wettbewerb Sozialverantwortlicher Tourismus (1999): Preisbegründung – Lehm- und Backsteinstraße e.V. www.studienkreis.org/deutsch/wettbewerbe/todo/99deutschland.html

Zahl, B. (2001): Zielgruppenspezifische Freizeitmobilität. ISOE DiskussionsPapiere 18. Frankfurt a. M.

16 Strategien der Verkehrsträger im Freizeitmarkt: Zusammenarbeit mit regionalen Kooperationspartnern am Beispiel Ostseeticket

Joachim Kießling
*Leiter Marketing/Vertrieb der DB Reise & Touristik AG
in Berlin mit dem Zuständigkeitsbereich Neue Länder
und Berlin*

Unsere Gesellschaft entwickelt sich zunehmend mobilitätsorientiert und das Mobilitätsbedürfnis wird immer mehr von individuellen Anforderungen geprägt. Für ökologische und sozialverträgliche Freizeitmobilität steht die Bahn in der Tourismuswirtschaft an oberster Stelle.

Dieser hervorragenden Stellung im System Tourismuswirtschaft trägt die Bahn mit einem nachfrageorientierten Angebot von Direktverbindungen aus starken Quellgebieten in die wichtigsten touristischen Zielgebiete Deutschlands Rechnung. Jährlich bringt die Bahn mehr als 2 Mio. Urlauber in die 25 touristisch bedeutendsten Regionen Deutschlands. *(Direktverbindungen in touristische Zielgebiete)*

Die positive Entwicklung des Deutschlandtourismus in den letzten Jahren ist auch auf das starke Engagement der Deutschen Bahn im Tourismussektor zurückzuführen. Die Bahn beteiligt sich etwa mit einem umfangreichen Maßnahmenpaket am „Jahr des Tourismus 2001", das durch die Bundesregierung und verschiedene Partner aus dem Deutschlandtourismus initiiert wurde.

Ein Schwerpunkt im Engagement der Bahn auf dem Sektor des Deutschlandtourismus liegt auf der Kooperation mit touristischen Destinationen. Einander ergänzende touristische Produkte der Bahn und der deutschen Städte und Regionen bilden hierbei die Basis für kooperative Werbung und Vermarktung. Ziel der Kooperation ist für die Deutsche Bahn die Verbesserung *(Kooperation mit touristischen Destinationen)* der Auslastung relevanter Verbindungen und die Stärkung des Absatzes touristischer Produkte im Vertrieb Bahn. Seit 1996 investierte die Bahn jährlich zwischen 2 und 3 Mio. DM in diese Werbekooperationen.

Regionale Sonderangebote im Segment der Kurzreisen

Innerhalb dieser Strategie werden für die Kunden im Freizeitmarktsegment der Kurzreisen (unter vier Tagen) in Kooperation mit touristischen Partnern regionale Sonderangebote entwickelt. Hiermit wird der verstärkten Nachfrage nach Kurzreisen innerhalb Deutschlands entsprochen. Unter Einbeziehung regionaler Kooperationspartner wird den Kunden in Berlin und Brandenburg seit 1999 ein regionales Sonderangebot unter dem Namen „Ostsee-Ticket" angeboten. Zielgruppe dieses Angebotes sind Ostseekurzurlauber. Das Ostsee-Ticket ist ein nach der Anzahl der Reiseteilnehmer gestaffeltes Festpreisangebot, wobei Kinder bis zum Alter von elf Jahren kostenlos befördert werden. Mit diesem Angebot bietet die Bahn eine kostengünstige Alternative zum Pkw. Das Festpreisangebot wird durch zahlreiche Zusatzleistungen ergänzt, die an den Zielorten von den regionalen Kooperationspartnern (z.B. Fälschermuseum in Binz, Weiße Flotte, Deutsches Meeresmuseum in Stralsund) für die Nutzer des Ostsee-Tickets angeboten werden. So gewähren einzelne Partner etwa Ermäßigungen von bis zu 40% auf ihre Leistungen. Im Jahr 2001 sind Zusatzleistungen von mehr als 14 regionalen Partnern im Paket „Ostsee-Ticket" enthalten.

„Ostsee-Ticket"

Insgesamt wurden unter der Einbeziehung der Kooperationspartner von 1999 bis 2001 rund 159.000 Kunden mit dem Ostsee-Ticket befördert. Davon waren ca. 32.000 Bahnneukunden mit einem Umsatz von rund 1,75 Mio. DM.

Die Bahn möchte langfristig mit quell- und zielgebietsabgestimmten Werbekooperationen eine optimale Auslastung der bestehenden Zugverbindungen erreichen. Auch in Zukunft sollen hierbei die Vorteile der Bahn bei der An- und Abreise auf zeitlichem, finanziellem, sowie ökologischem Gebiet im Vordergrund stehen. Das neue Preissystem der Bahn, welches im Jahr 2002 eingeführt wurde, bildet hierfür den Grundstein.

17 Von der Stilllegung zur Netzerweiterung – UBB: Eine Nebenbahn auf Erfolgskurs

Jürgen Boße
Geschäftsführer der Usedomer Bäderbahn GmbH

Am 1. Juni 1995 übernahm die neu gegründete Usedomer Bäderbahn GmbH (UBB), eine 100%ige Tochter der Deutsche Bahn AG (DB AG), mit den Nebenbahnen Ahlbeck–Zinnowitz–Wolgaster Fähre und Zinnowitz–Peenemünde das von Stilllegung bedrohte, vom langjährigen Auslaufbetrieb durch die Deutsche Reichsbahn (DR) und vom unterschiedlichen Ausbauniveau zwischen DR und DB geprägte 54 km lange Streckennetz, 32 Jahre alte Fahrzeuge, Triebwagen der Baureihe 771/971 sowie eine grundlegend sanierungsbedürftige Eisenbahninfrastruktur. Mit einem realistischen tragfähigen Konzept und mit Unterstützung des Bundes, des Landes und der DB AG wurden die Weichen endgültig in Richtung Weiterbetrieb, Erneuerung, Modernisierung und Erweiterung des Inselbahnnetzes gestellt. Dabei spielte die Entwicklung des Tourismus und die Einbindung in die Tourismuskonzeption eine wesentliche Rolle. 1997 wurde die Strecke Ahlbeck–Ahlbeck Grenze wieder in Betrieb genommen. Seit 1999 gehört die Nebenbahn Züssow–Wolgast Hafen (mit Zugang zum Hauptstreckennetz der DB AG) zum Netz, und im Sommer 2000 erfolgte der Anschluss an das Festlandnetz über die neue Brücke in Wolgast. Es wurden neue Haltepunkte gebaut, und das Verkehrsangebot wurde deutlich erweitert. Das Marketing, die Tarife und der Vertrieb wurden den Bedürfnissen einer Ferienregion angepasst. Statt Fahrkartenautomaten stehen den Reisenden freundliche Zugbegleiter und Fahrkartenverkäufer zur Verfügung. Ab Herbst 2002 fährt die UBB im Rahmen des Projektes „Vorpommernbahn" nach Stralsund. Die UBB – ein Unternehmen auf dem Weg vom Sanierungsfall zum Modellprojekt.

Vom Sanierungsfall zum Modellprojekt

Ausgangssituation

Anfang der 90er Jahre stellte die Eisenbahn auf der Insel Usedom einen akuten Sanierungsfall dar. Marode Bahnanlagen, die Einstellung des Fährverkehrs zwischen der Insel und dem Festland sowie die für 1996 geplante Außerbetriebnahme der wichtigsten Brücke auf Usedom, der Sackkanalbrücke Heringsdorf, und nur spärlich besetzte Züge: Das Schicksal des Schienenverkehrs auf Usedom schien besiegelt. 1992 erfolgte der Antrag auf Stilllegung durch die damalige Reichsbahndirektion Schwerin. Am 1. April 1993 wurde das Projekt Usedom als Vorläufer der UBB gegründet, und am 1. Juni 1995 übernahm die am 21. Dezember 1994 gegründete Usedomer Bäderbahn (UBB) das Streckennetz auf der Insel Usedom. Seitdem führt diese den Betrieb als zugelassenes Eisenbahninfrastruktur- und Eisenbahnverkehrsunternehmen. Bereits

Modernisierung

ein Jahr zuvor startete ein Modernisierungsprogramm. Im Jahre 1994 begann die Oberbauerneuerung, so dass die Höchstgeschwindigkeit von bisher 60 km/h (50 km/h auf dem Abschnitt Zinnowitz–Peenemünde Dorf), die aufgrund der maroden Gleise kaum noch zugelassen war, abschnittsweise auf 80 km/h erhöht werden konnte.

In den Jahren 1995 bis 2001 wurde der gesamte Oberbau erneuert. Die Bahnhöfe Koserow und Trassenheide wurden zu Kreuzungsbahnhöfen ausgebaut, so dass heute auf den Strecken der UBB im Sommer ein 30-min-Takt gefahren werden kann. Die Sackkanalbrücke wurde neu gebaut. Heute wird ein weitestgehend saniertes Streckennetz befahren. Im Zuge der Gleisarbeiten wurden alle Weichen ausgewechselt. Zudem wurde auf den Bahnhöfen Seebad Heringsdorf und Koserow ein neues Stellwerk Bauform GS II DR installiert. Gleichzeitig erhielten die Bahnhöfe Seebad Ahlbeck, Ückeritz und Zempin anstelle der bisher genutzten Formsignale zeitgemäße Lichtsignale. Mit dem Umbau erfolgte die Umstellung auf Fernbedienung durch Heringsdorf bzw. Koserow. Beim Umbau behielt der „Insel-Hauptbahnhof"

Heringsdorf drei Hauptgleise mit Bahnsteigen sowie ein Lokumlaufgleis und zwei Abstellgleise. Ein 310 Meter langer Bahnsteig ermöglicht es, längere Züge des Fernverkehrs einzusetzen. Ebenso wurden die Bahnsteige in Zinnowitz und Wolgast zur Abfertigung von Fernzügen hergerichtet. Mit der Sanierung des Bahnhofs Wolgast wurde die Möglichkeit geschaffen, dass sich dort im Netz der UBB auch Fernzüge begegnen können. Hiermit trägt die UBB als Infrastrukturunternehmen der weiter steigenden touristischen Nachfrage Rechnung.

Mit Wiederinbetriebnahme der alten Swinemünder Linie, 2,4 km neu errichtete Eisenbahnstrecke bis unmittelbar zum Fußgängergrenzübergang, entstand am 8. Juni 1997 der erste neue Haltepunkt unter Regie der UBB in Ahlbeck Grenze. Heringsdorf Neuhof, Stubbenfelde und Ahlbeck Ostseetherme folgten. Der Stationsabstand verringerte sich und die Attraktivität stieg. Zehn unter Denkmalschutz stehende Bahnhofsgebäude wurden und werden komplett saniert, moderne Bahnsteige entstanden.

Im Interesse einer höheren Sicherheit und des geplanten Ausbaus der Streckengeschwindigkeit auf 80 km/h wurden 15 Bahnübergänge mit neuen elektrischen Halbschrankenanlagen technisch gesichert.

14 moderne, komfortable Triebwagen vom Typ GTW 2/6 haben die Schienenbusse aus den Jahren 1962 bis 1964 abgelöst. Sieben alte, vornehmlich auf der Strecke Zinnowitz–Peenemünde verkehrende Triebwagen bleiben als Reserve in Betrieb. Der dieselbetriebene Niederflurgelenktriebwagen besitzt 123 Sitzplätze, Toilette und einen großzügigen Niederflurbereich von 70 % und ist mit seinem Mehrzweckraum rollstuhlgerecht und ideal für den Transport von Fahrrädern und Kinderwagen. Um die technische Wartung, Reinigung und Instandhaltung der Fahrzeuge zu sichern, wurde im September 2000 in Heringsdorf ein neuer Betriebshof mit Abstellanlage übergeben.

Netzerweiterung – Vom Festland auf die Insel

In Vorbereitung der Eisenbahnanbindung der Insel an das Festland in Wolgast übernahm im Oktober 1999 die

Anbindung an das Festland

UBB die 19 km lange Strecke Züssow–Wolgast Hafen von der DB AG. Das Streckennetz der UBB erweiterte sich damit auf das Festland, bis zur Hauptstrecke Berlin–Stralsund, auf 76,65 km für den Schienenpersonennahverkehr (SPNV), wovon 19 km auch für den Güterverkehr zur Verfügung stehen. UBB-Grenze ist das Einfahrtsignal des Bahnhofes Züssow. Der Bahnhof Züssow wurde dadurch zum Umsteigepunkt zur UBB, der Güterverkehr wurde zunächst von DB Cargo weiter betrieben. Der elektrische Zugbetrieb wurde bereits im September 1999 wegen der Bauarbeiten zur Festlandanbindung eingestellt und die elektrische Oberleitung demontiert. Da die Strecke im sanierungsbedürftigen Zustand von der DB AG übernommen wurde, mussten Holz- und alkaligeschädigte Betonschwellen auf einigen Abschnitten ersetzt, Neuschienen verlegt und zum Teil völlig abgängiger Oberbau komplett erneuert werden. Bahndämme wurden neu profiliert oder verstärkt. Planumsschutzschichten und Bahnseitengräben waren herzustellen.

Die Wiederanbindung an das Festlandnetz erfolgte nunmehr, nach 55 Jahren, zum Fahrplanwechsel im Sommer des Jahres 2000 über die bereits fertig gestellte kombinierte Straßen- und Eisenbahnbrücke in Wolgast. Die Schlossgrabenbrücke vervollständigte die Festlandanbindung. Seit Fahrplanwechsel Sommer 2000 befährt die UBB die Strecke mit ihren modernen Dieseltriebwagen. Nach Abschluss der Sanierungsarbeiten auf der ganzen Strecke bis zum Jahre 2003 wird hier eine Streckengeschwindigkeit von 100 km/h möglich sein.

Die UBB führt auf diesem Streckenabschnitt als Eisenbahnverkehrsunternehmen ausschließlich den SPNV durch. Da die UBB gleichzeitig Eigentümer und Betreiber der Eisenbahninfrastruktur ist, steht das Streckennetz auch für andere Verkehrsunternehmen für den Güter- und Fernverkehr zur Verfügung. Mit dem Urlaubsexpress Köln–Heringsdorf und der direkten Umsteigemöglichkeit in Züssow wurde die direkte Inselanbindung, wie bereits 1924 in Meyers Reisebüchern beschrieben, erneut möglich. Das Projekt einer „Vorpommern-Bahn", welche künftig die Städte Stralsund, Greifswald, Wolgast und Swinemünde verbinden soll, wird in Teilabschnitten ab 2002 realisiert. Zur Umsetzung dieses Projektes wird die UBB weitere acht Triebwagen beschaffen.

Eine Bahn für die ganze Insel

Mit der Eröffnung der ersten Eisenbahnstrecke nach Usedom im Jahre 1876 erlebte der Bade- und Kurbetrieb einen spürbaren Aufschwung. Die seit jeher enge Beziehung von Eisenbahnverkehr und Tourismus hat sich bis heute erhalten. Die jüngste Entwicklung der Übernachtungszahlen auf der Insel Usedom lässt einen weiteren Aufwärtstrend im Tourismus, damit aber auch zunehmende Verkehrsprobleme erwarten. Unter wachsenden Verkehrsströmen leiden Einheimische und Gäste der Insel gleichermaßen. Ein mit kilometerlangen Staus vor beiden Brücken beginnender Urlaub, nicht für diese Verkehrsdichte ausgelegte Ortsdurchfahrten, mangelnde Parkplätze und ein erhöhtes Unfallrisiko – das ist Stress pur. Die UBB bietet Alternativen. Steigende Fahrgastzahlen sprechen für sich. 1992 zählte man auf Usedom nur 260.000 Reisende. Im Jahr 2000 waren es 1,94 Mio., und für 2001 werden 2,6 Mio. Reisende erwartet. Lukrative Angebote für Einheimische und Touristen sind Sonderfahrkarten wie Tages- und 7-Tages-Tickets. Wanderungen müssen sich nicht am Parkplatz des Autos orientieren, sondern können flexibel geplant werden. Ein enges Haltepunkt- und Bahnhofsnetz mit Niveau, freundliches, hoch motiviertes Personal sowie ein Fahrplan im Halbstundentakt (Sommerfahrplan) sorgen für einen angenehmen Aufenthalt. Ein weit verbreitetes, oft negativ geprägtes Bild vom öffentlichen Nahverkehr wird hier korrigiert.

Mit dem EU-Beitritt Polens und den sich öffnenden Grenzen bei Garz und Ahlbeck wird der Autoverkehr in der Region weiter zunehmen. Um die von beiden Seiten gewünschte Entwicklung des Verkehrs auf den Inseln Usedom und Wollin auf eine verträgliche Weise zu befördern, sind frühzeitig Alternativen zur Entlastung von Natur und Umwelt gefragt. Eine bequeme, schnelle und in dichtem Takt verkehrende Bahn geht sparsam mit Fläche im Verkehr um und kann eine große Anzahl von Personen umweltfreundlich, wirtschaftlich und schnell befördern.

Aurwärtstrend im Tourismus verursacht Verkehrsprobleme

Dem weiteren Ausbau des Streckennetzes der Bäderbahn kommt eine zentrale Bedeutung in einem integrierten deutsch-polnischen Gesamtverkehrskonzept
zu. Mit dem in den letzten Jahren erfolgten Ausbau des
Streckennetzes stellt die Usedomer Bäderbahn bereits
jetzt einen wesentlichen Bestandteil des Verkehrssys-
tems der Insel dar. Durch die Wiederinbetriebnahme
der Strecke von Ahlbeck bis zum Haltepunkt an der
Grenze (1. Etappe) im Sommer 1997 wurde die Verbindung von und nach Swinoujscie und damit der grenz-
überschreitende Verkehr bereits deutlich erleichtert.
Damit stellt sich die Frage einer Weiterführung der Eisenbahn auf polnischer Seite, zunächst bis in die Stadt
Swinoujscie.

Die dringende Notwendigkeit des Lückenschlusses
ergibt sich aus dem fehlenden öffentlichen Personennahverkehr zwischen dem deutschen und polnischen
Teil der Insel Usedom. Es ist absehbar, dass sich Swinoujscie mit seinen ca. 50.000 Einwohnern zu einem regionalen Zentrum entwickeln wird. Die kulturelle und
wirtschaftliche Attraktivität der Stadt Swinoujscie sowie
der Hafen mit dem geplanten Ausbau der Terminals für
Fähren nach Skandinavien werden dabei eine zunehmende Rolle spielen. Für die Einwohner sowie Urlauber
aus Polen und Deutschland könnte ein Teil des Umlan-
des der Stadt und die Insel Wollin erschlossen werden.

Swinoujscie hat keine direkte Straßenanbindung zur
Insel Wollin, die Verbindung wird über zwei Fährver-
bindungen, „Zentrum" und „Kasibor", realisiert. Mit
dem deutschen Teil der Insel ist die Stadt über zwei
Straßen, ohne Grenzübergänge für Pkw, verbunden. Vor
1945 hatte die Stadt Swinemünde zwei Eisenbahnver-
bindungen über die Insel Usedom; die Linie Wolgast-
Swinemünde und von Garz aus die Linie Ducherow-
Swinemünde. Die polnische Staatsbahn (PKP) betreibt
ihre Linie bis nach Wollin. Erste Schritte zur Wiederinbetriebnahme der Strecke nach Swinoujscie und zum
Flughafen Heringsdorf/Garz wurden unter Einbeziehung der deutschen und polnischen Einwohner und
Entscheidungsträger veranlasst. Eine erste Willenser-
klärung wurde am 26. Juni 1999 in Swinoujscie zwischen der Deutschen Bahn AG, den Polnischen Staats-

bahnen und der Stadt Swinoujscie verfasst. Dem Wunsch von PKP und DB AG gemäß, wird diese Strecke in das Verzeichnis der deutsch-polnischen Eisenbahngrenzübergänge aufzunehmen sein (Anlage zum deutsch-polnischen Abkommen über Grenzübergänge und Arten des grenzüberschreitenden Verkehrs vom 19. November 1992). Im Sommer 2000 erfolgte der diplomatische Notenaustausch zwischen der BRD und Polen.

Die seit dem 5. November 1999 vorliegende Studie zur Trassierung des Linienverlaufes für die Eisenbahnlinie Swinoujscie Zentrum–Ahlbeck/Garz (Staatsgrenze) beinhaltet zwei Realisierungsetappen. Die vorgeschlagene Lösung soll eine Verbindung zwischen dem Endpunkt des Gleises der UBB in der Ortschaft Ahlbeck (Staatsgrenze) und dem Zentrum der Stadt Swinoujscie (2. Etappe) herstellen. Mit der dritten Etappe wird Swinoujscie auf deutscher Seite über den alten Eisenbahndamm der ehemaligen Eisenbahnlinie Ducherow–Swinemünde mit dem Flughafen Garz verbunden. Das Projekt kann als Pilotvorhaben bzw. als einer der ersten wichtigen Schritte zur Entwicklung dieser Euroregion „Pomerania" verstanden werden.

Erste Schritte zur Entwicklung der Euroregion „Pomerania"

Mit Marketing zum Ziel

Die Usedomer Bäderbahn spielt wie kaum eine Bahn anderswo eine bedeutende Rolle für den Verkehr in ihrem Raum. Sie erschließt, von Züssow über Wolgast kommend, den gesamten Küstenbereich der Ostseeinsel Usedom – von Peenemünde im Nordwesten bis zur polnischen Grenze bei Ahlbeck im Südosten. Die Fahrgastzahlen haben sich von 1992 bis heute mehr als verzehnfacht. Mit 124 Mitarbeitern, 14 modernen Triebwagen und sieben alten Trieb- und Steuerwagen befördert die Bäderbahn auf ihrem 76,65 km langen Schienennetz inzwischen bereits 2,6 Mio. Fahrgäste jährlich. Im Jahr 2000 wurden die alten „Ferkeltaxen" durch neue, leistungsfähige Fahrzeuge ersetzt. Die immensen Investitionen in die Verkehrsinfrastruktur und ein von Anfang an breit angelegtes Marketing gaben dieser Bahn eine Zukunft auf der Insel und der Insel eine Zukunft mit der Bahn.

„Einladung zum Mitfahren"

Aufgabe war zunächst, die UBB in das Bewusstsein der Bevölkerung und der Gäste Usedoms zurückzubringen. Darüber hinaus galt es, ein unverwechselbares und sympathisches Erscheinungsbild der UBB zu schaffen und über die Ziele und Perspektiven der Bahn zu informieren sowie ein positives Meinungsklima zu schaffen. Für die Entwicklung des typischen UBB-Corporate-Designs und die Umsetzung der Informations- und Werbemaßnahmen wurde eine Agentur beauftragt. Zum unverwechselbaren „Auftritt" der Bäderbahn zählen das Logo, Geschäftsdrucksachen, ein klares Informationsdesign und das freundliche „Gesicht" in der Werbung ebenso wie die individuelle Gestaltung der neuen Züge.

Ein besonderer Schwerpunkt der Kommunikationsarbeit sind anschauliche und leicht verständliche Fahrgastinformationen. Klar gegliederte, gut lesbare Fahrpläne und übersichtliche Tarifinformationen helfen Barrieren abzubauen und wirken wie eine „Einladung zum Mitfahren". Die UBB verteilt einmal im Jahr an alle 40.000 Haushalte der Insel und über die Touristen-Information einen ansprechend gestalteten Informationsprospekt mit abtrennbarem Taschenfahrplan im Scheckkartenformat. So hat jeder seinen Fahrplan immer zur Hand.

Das Fahrscheinsortiment hält für jeden das passende Ticket bereit. Zeitkarten kommen vorrangig dem Bedarf der Inselbewohner entgegen. Tages- und Familienkarten sowie Kombitickets für Bahn und Schiff tragen vor allem den Wünschen von Urlaubsgästen und Ausflüglern Rechnung. Die Fahrscheine der UBB mit stimmungsvollen Bildern auf der Vorderseite sind auch nach Ablauf ihrer Gültigkeit werbewirksam. Die UBB zeigt Präsenz mit regelmäßigen Anzeigen in Zeitungen, Magazinen und Prospekten, um sich einen Platz im Bewusstsein der Inselbewohner und der Urlauber zu erobern.

18 Der Bus als Akteur im Freizeitverkehr

Susanne Uhlworm
Internationaler Bustouristik Verband, Köln

In meiner Eigenschaft als Marketing-Referentin des RDA (ehemals: Ring Deutscher Autobusunternehmer), des Internationalen Bustouristik Verbandes e.V., möchte ich im Folgenden einige Bemerkungen zum Aspekt Busreisen und Freizeitverkehr beisteuern. Dem RDA gehören weltweit ca. 3.000 Mitglieder aus über 70 verschiedenen Branchen des Tourismus an.

Bevor ich auf die vom Institut Nexus aufgestellten Thesen zum Eventverkehr komme, lassen Sie mich erst kurz auf den Bus als Reiseverkehrsmittel und seine Stellung im Reise- bzw. Freizeitverkehr eingehen, um somit die Grundlage für die im dritten Teil meines Vortrages gemachten Aussagen zur Busreise als Event im Freizeitverkehr zu schaffen. Der zweite Teil meines Vortrages wird Ihnen kurz die Perspektiven der Bustouristik aufzeigen.

Bustouristik und Freizeit – eine sich bedingende Allianz

Ob Urlaubsreise, Klassenfahrt oder Vereinsreise, der Bus spielt als Reiseverkehrsmittel eine wichtige Rolle. So stellt sich die Situation auf dem deutschen Bustouristik-Markt nach Berechnungen des Statistischen Bundesamtes wie folgt dar: Die deutschen Busunternehmer haben ihr touristisches Geschäft im vergangenen Jahr deutlich ausbauen können. Im Anmietverkehr wurden im Jahr 2000 82 Mio. Fahrgäste und damit 2,5 % mehr als 1999 befördert (Statistisches Bundesamt 2000). Damit entfiel auf jeden Bundesbürger im vergangenen Jahr eine Fahrt mit dem Reisebus.

Wachstumsmarkt
Bustouristik

Die Prognosen der Trendforscher der Forschungsgemeinschaft Urlaub und Reisen (FUR) gehen von einer positiven Entwicklung des Reisevolumens aus. So wird mit einem Wachstum von heute 62 Mio. Urlaubsreisen auf 80 Mio. bis zum Jahr 2010 gerechnet (Lohmann und Aderhold 2000).

Die Chancen der Bustouristik liegen unter anderem in einer Partizipation am Wachstumsmarkt der Senioren und in einer stärker erlebnisorientierten Gestaltung der Reisen.

Perspektiven der Busreise

Zielgruppen – gestern, heute …

Die zukünftige Bedeutung des Reisebusses in der Freizeitwirtschaft ist vor allem eng verknüpft mit der Verwirklichung der Bedürfnisse der Zielgruppe der aktiven Lebenskenner und weiterer Zielgruppen. Denn ein alter Marketinggrundsatz lautet: Gestalte die Produkte nach den Wünschen deiner Zielgruppe.

Um Ihnen den klassischen Busreisenden von heute näher zu bringen, greife ich auf den Roman „Die Hochzeitsreise" von Heinrich Spoerl aus den vierziger Jahren zurück. Obwohl sich das Erscheinungsbild heutiger Busreisender etwas von der nun folgenden Schilderung abhebt, trifft sie doch in wesentlichen Zügen noch zu.

„Das wohl situierte beiderseits korpulente Ehepaar aus dem gewerbstätigen Mittelstand, ein bisschen wichtig und anspruchsvoll und ängstlich besorgt um die beiden Lederkoffer, die nicht über das Pflaster geschurrt werden dürfen, dann ein alter Mann in dunklem Sonntagsanzug mit einem großen Regenschirm und bescheidenem Handköfferchen, der geduldig wartet, dass sich jemand um ihn kümmert, und die unternehmungslustige, etwas knochige Studienrätin in Schnürstiefeln und Lodenkostüm, die sich energisch dagegen wehrt, dass man ihr beim Einsteigen behilflich sein will; da ist ein freundlicher, etwas geräuschvoller Herr in übermäßig karierter Mütze, der sich allen Leuten als Karl Platte vorstellt und mit einem gelben Spazierstock fachmännisch die schweren Reifen des Wagens beklopft, sodann ein junges, ein sehr junges Pärchen, süß und nichtssagend wie aus dem Titelbild eines Magazins ent laufen, … und eine elegante, etwas abgeblühte Dame in buntseidenem Reisemantel, gefolgt von einer Unzahl wohlriechender Koffer und Köfferchen." (Spoerl 1946: 31f.)

Allgemein lässt sich feststellen, dass der heutige Busreisende über 55 ist, anspruchsvoll und nicht knauserig, und dass er dieses Verkehrsmittel seit seiner ersten Urlaubsfahrt kennt.

Die morgigen 55-Jährigen aber haben bereits jetzt andere Ansprüche an eine Busfahrt. Die Bedürfnisse dieser neuen-alten Zielgruppe und der weiteren Zielgruppen, die mit dem Bus unterwegs sind – wie Singles, junge Reisende, aber auch Familien –, erschöpfen sich nicht mehr im bloßen Transport„erlebnis". Flexibler Buskomfort muss heute die Möglichkeit der individuellen Anpassung bieten, z.B. in Form einer individuell einstellbaren Klimaanlage am Sitzplatz. Service von Beginn bis Ende der Reise wird heute verlangt, und das heißt etwa, die Fahrgäste direkt vor der Haustür abzuholen und am Ende der Reise dort wieder abzusetzen.

… und morgen

Die Reise als Event – ein wichtiger Servicefaktor für die Zukunft der Bustouristik

Zur Busreise als Event gehört mehr als die Fahrt im Bus. Als wichtiger Ansatz für die Betrachtung der Busreise als Event erweist sich, dass Busreisen in der Regel nicht singulär stattfinden. Sie werden meist mit verschiedenen Verkehrsträgern und städtischen bzw. touristischen Leistungsträgern kombiniert. Die Einbindung in ein ganzheitliches Konzept ist von grundlegender Bedeutung für den Eventansatz.

Einbindung in ein ganzheitliches Konzept

Der Bus als Akteur im Freizeitverkehr bietet viele Ansätze, um die Reise, also den Zeitraum zwischen Abreise und Rückkehr bzw. zwischen An- und Abfahrt, zum Event zu gestalten und damit neue Zielgruppen anzusprechen.

Die Vorzüge eines Busses liegen, auch hier greife ich noch einmal auf Spoerl (1946) zurück, unter anderem in Folgendem:

„Man kann auch mit der Eisenbahn fahren. (…) Aber da ist ein gewaltiger Unterschied. Man klettert in einen langen schwarzen Zug, erobert sich einen Platz, und wenn man nach der fahrplanmäßigen Anzahl von Stunden wieder aussteigt, ist man in einer fremden Stadt, in einem fremden Land. Von dem, was dazwischen liegt, weiß man nichts. (...) Mit dem Auto ist es umgekehrt. Es schmiegt sich in die Landschaft, schlüpft durch baumbeschattete Chausseen, quetscht sich durch stille Dörfer und das Getriebe der Städte und fährt an den Menschen und an den Türen der Häuser vorbei: eine moderne zeitgeraffte Wanderung. (...) Der Autobus hält die richtige Mitte." (S. 27f.)

Der Bus als Aktionsraum

Betrachtet man den Bus als Aktionsraum, so finden sich verschiedene Ansätze, um die unterschiedlichen Aspekte einer Reise, z.B. ihr Thema, schon während der Fahrt als Erlebnis zu gestalten. Man stelle sich etwa eine „Weinreise durch Frankreich" vor. Beim Einsteigen in einen in „blanc, bleu et rouge" gestalteten Bus serviert ein mit Baskenmütze bekleideter Reiseleiter den Reisenden einen frischen Beaujolais und knuspriges Baguette; Chansons von Edith Piaf begleiten die Tour durch die sonnigen Weingegenden Frankreichs.

Auch das Ziel einer Reise kann bereits während der Busfahrt zum Erlebnis gestaltet werden. Warum nicht bei einem Besuch der Sixtinischen Kapelle in Rom die Schönheiten des Freskos von der Erschaffung Adams schon im Bus erklären, um die Vorfreude auf den Anblick des Originals noch zu steigern?

Die neueste Medientechnologie kann für diese Zwecke unterstützend zum Einsatz kommen.

Bei den Ansätzen zum Eventverkehr in der Bustouristik dürfen allerdings die wirtschaftlichen Grenzen nicht aus dem Blick geraten, an die die Bustouristik gebunden ist. Das Verhältnis Sitzreihen und Raumangebot ist für die Wirtschaftlichkeit eines Betriebes nach wie vor von grundlegender Bedeutung. So ist natürlich jeder Busreiseveranstalter an einer möglichst großen Zahl zahlender Gäste interessiert. Das richtige Maß zwischen Quantität und Qualität wird in Zukunft entscheidend sein.

Die Gestaltung der Reise als Event kann in der Bustouristik nur ein Ansatz unter vielen sein, um die Zukunft positiv zu gestalten. Der Eventverkehr beinhaltet aber gute Chancen, neue Wege für den Bustourismus aufzuzeigen, dessen Image zu wandeln und neue Zielgruppen anzusprechen.

Literatur

M. Lohmann und P. Aderhold (2000): Die RA-Trendstudie 2000–2010. Forschungsgemeinschaft Urlaub und Reisen e.V. (FUR). Hamburg.

Spoerl, H. (1946): Die Hochzeitsreise. München.

Statistisches Bundesamt (Hrsg.) (2000): Straßenpersonenverkehr. Fachserie 8 Verkehr. Straßenpersonenverkehr (Reihe 3). Wiesbaden.

19 Freizeit- und Naherholungs-Info (FUN-Info): Lösungsansatz für die Verkehrsprobleme beim Tages- und Wochenendausflug

Markus Bachleitner
Projektleiter Fun-Info, ADAC e.V., München

Freizeitverkehr soll Spaß machen

Freizeitverkehr soll Spaß machen: Eigentlich sollte dabei nicht der Verkehr, sondern die Freizeit im Mittelpunkt stehen. Mittlerweile ist jedoch der Freizeitverkehr, und speziell der Tages- und Wochenendausflugsverkehr, der im Folgenden genauer beleuchtet wird, so angewachsen, dass er zum „Stauverkehr" geworden ist.

Freizeitverkehr – „Stauverkehr"?

Eine aktuelle ADAC-Mitgliederbefragung zum Thema „Verkehrs- und Reiseinformation" im Großraum München (ADAC e.V. 2001) erbrachte das interessante Ergebnis, dass viele Befragte durchaus bereit sind, eine längere Stauzeit beim Tagesausflug in Kauf zu nehmen. So wird im Schnitt ca. eine Stunde Stauzeit bei der Anreise akzeptiert – erst dann ist die Schmerzgrenze erreicht und der Ausflügler zieht eine Änderung der Ausflugsplanung in Betracht.

Projekt FUN-Info

Zur Lösung der wachsenden Probleme beim Freizeitverkehr trägt das Münchner Forschungsprojekt MOBINET bei. Es ist eines der vom Bundesministerium für Bildung und Forschung (BMBF) geförderten Leitprojekte zur Lösung der Verkehrsprobleme in Ballungsräumen, an dem sich auch der ADAC e.V. beteiligt.

Ziele und Potenziale

Verringerung und Entzerrung der Verkehrsprobleme

Das Teilprojekt Freizeit- und Naherholungs-Info (FUN-Info) hat dabei das Ziel, die Verringerung und Entzerrung der Verkehrsprobleme im Ausflugsverkehr exemplarisch am Beispiel München in Angriff zu nehmen. Im Gegensatz zum Berufsverkehr, der durch feste Pendlerwege (gleiche Strecke, gleiche Zeiten) gekennzeichnet ist, besteht im Freizeitverkehr das Potenzial, Fahrten zeitlich, räumlich und intermodal (Wechsel des Verkehrsmittels) zu verlagern.

Beispiele zur Verdeutlichung

Die Auswahlmöglichkeit und die Verlagerungspotenziale zeigen sich unter anderem darin, dass ein Münchner Ausflügler zum Beispiel für einen Skitag nicht unbedingt an ein Ziel gebunden ist: Er könnte statt nach Garmisch-Partenkirchen z. B. nach Reit im Winkl fahren, wenn es sich auf der Hinfahrt staut, oder seine Fahrt später bzw. früher antreten. Eine weitere Alternative wäre, auf die Bahn umzusteigen und z. B. kostengünstige Kombi-Tickets (Bahnfahrt + Skipass) zu nutzen.

Die Nutzung von Alternativen hängt vom Maß der Information ab

Allerdings hängt die Nutzung von Alternativen im höchsten Maße von der Information ab, die dem Tagesausflügler vorliegt. Meist fehlt der leichte Zugang zur lückenlosen Fahrplanauskunft des öffentlichen Personennahverkehrs (ÖPNV) von der Haustür bis zum Skilift, inklusive Umsteigebeziehungen, Fahrzeiten und Preise – welche jedoch die Voraussetzung für die Wahl der öffentlichen Verkehrsmittel darstellt.

Bei verbesserten Rahmenbedingungen für den Nutzer ist davon auszugehen, dass ein größerer Prozentsatz der Ausflügler durchaus bereit wäre, den Stau zu umgehen und den ÖPNV als Alternative zum Auto zu nutzen (vgl. Klassen et al. 2001).

Die oben zitierte Befragung (ADAC e.V. 2001) zeigte auch, dass bei entsprechenden Informationen über Staus bei der Anreise oder Rückreise viele Ausflügler mit einer Änderung der Fahrtroute oder einer zeitlichen Verschiebung der Fahrt (z. B. noch Abendessen im Zielgebiet) reagieren würden.

Individuelle „pre- und on-trip" Information mit neuen Technologien

Geplant ist, dass alle diese Informationen dem Nutzer mit Hilfe des PTA-Dienstes (Personal Travel Assist) über das Internet und mobile Endgeräte (Handy mit Internetverbindung) zur Verfügung gestellt werden.

Der FUN-Info-Dienst berücksichtigt zusätzlich bei der Ausflugsplanung „individuelle Wünsche" wie z.B. die Wetterverhältnisse am Ausflugstag. Durch eine ständige Verbindung zum Wetterserver können auch Wetterprognosen integriert werden. Des Weiteren wird die Möglichkeit zur Einstellung von Entfernungsangaben und Aktivitäten gegeben, um sich daraus ein entsprechendes „Freizeitinfopaket" inklusive einer Alternative erstellen zu lassen, falls ein Vorschlag nicht den aktuellen Bedürfnissen entspricht. Um Transparenz über und Akzeptanz für den öffentlichen Verkehr (ÖV) zu erhalten, wird mit jeder Anfahrtsbeschreibung (Routenplan, Zeiten) auch die entsprechende ÖV-Auskunft ausgegeben.

Zugang zu Informationen mit Hilfe des PTA-Dienstes

Monitoring der Ausflugsplanung

Falls bis zum Ausflugstermin eine Änderung in den Vorhersagen eintreten sollte (z.B. Wetterverschlechterung im Zielgebiet, Staus auf der geplanten Strecke), wird der Nutzer automatisch per SMS informiert: Unterwegs erfolgt dies über ein mobiles Endgerät (auch Handy). Diese Information wird auch für die Rückfahrt an den Ausflügler verschickt, der somit rechtzeitig auf Staus reagieren kann.

Zeitnahe Aktualisierung

Subjektive Wahrnehmung der Probleme

Bei den Lösungsvorschlägen ist zu berücksichtigen, dass vielen Ausflüglern „Störungen" beim Tagesausflug in Form von Staus bei der Anreise und Rückreise, großem Andrang/vielen Besuchern im Zielgebiet weder sehr stark noch sehr lange in Erinnerung bleiben: Danach befragt, wie oft sie bei ihren Tagesausflügen mit den eben genannten Situationen konfrontiert wurden, geben nur sehr wenige solche Störungen als Problem an. Dagegen ist bei der Frage nach Störungen bei ihrem konkreten letzten Tagesausflug der Anteil der Problemnennungen bedeutend höher.

Zukünftig verstärkte Nutzung von neuen Medien

„pre-trip-Planung" Die ADAC-Mitgliederbefragung hat gezeigt, dass bereits knapp 2/3 der Befragten einen Internetanschluss zu Hause besitzen – und dieser Anteil steigt weiter.

Ein Großteil der Befragten informiert sich derzeit über statische Routeninformationen von zu Hause aus, aber der Wunsch geht zu weiteren Informationen wie dynamischen Verkehrsinfos und aktuellen Infos am Zielort für die Tagesausflugs- und Urlaubsplanung („pre-trip-Planung") von zu Hause aus.

Die häufig geäußerte Ansicht, die Nutzung solcher Dienste oder Infoquellen im Internet werde überschätzt, wird vom Autor nur bedingt geteilt. Sicher ist es richtig, dass einem Großteil der Internetnutzer der schnellste

Technische Weg zur richtigen Infoquelle nicht bekannt ist. Die Ent-
Voraussetzungen wicklung führt jedoch dahin, den Interessierten Portale oder Internetadressen zu geben, unter denen sie „alles aus einer Hand" bekommen. Dies ist auch das Ziel der „adac.de-Seiten", die unter der Rubrik Reiseplanung alle relevanten Mobilitäts- und Freizeitinformationen zur Verfügung stellen.

Ein weiterer Trend ist (und dies ist Teil des Forschungsprojektes FUN-Info), dem Nutzer unterwegs interessante Informationen zur Verfügung zu stellen. Die Entwicklung neuer Technologien und die Verbreitung von mobilen Endgeräten unterstützt diesen Trend. So liegt z.B. die Handy-Verbreitung unter den befragten ADAC-Mitgliedern bei 83% – und somit ist eine SMS-Mitteilung über aktuelle Themen bereits jetzt möglich.

In Zukunft werden sich personalisierte Dienste durchsetzen, die den individuellen Zugang zum Internet über hochwertigere Endgeräte (Pocket-PCs, Communicators, Palms usw.) ermöglichen, welche sich nur noch durch ihre Handhabung und (noch) durch die Abruf-Geschwindigkeit bzw. die Wartezeiten unterscheiden.

Offene Forschungsfragen

Allerdings bleibt zunächst noch die Frage offen, inwiefern die Entscheidungen bei Tages- und Wochenendausflügen tatsächlich durch neue Dienste und Informationen im Internet beeinflusst würden.

Wie läuft der Entscheidungsprozess der Ausflügler wirklich ab? Wer „regt" die Entscheidung an (z.B. Kinder) und wer trifft sie? Wovon hängt die Verkehrsmittelwahl letztendlich ab? Von der fehlenden Information über alternative Verkehrsmittel oder deren fehlender Akzeptanz? Vom Faktor Preis, der Fahrtzeit oder einfach von der Bequemlichkeit?

Zu diesen Aspekten herrscht nach Meinung des Autors noch Forschungsbedarf, um neben den bisher bestehenden sequentiellen Aussagen einzelner Disziplinen eine übergeordnete Sichtweise zu erhalten.

Forschungsbedarf

Literatur

ADAC e.V. (2001): ADAC-Mitgliederbefragung zum Thema Verkehrs- und Reiseinformationen. Unveröffentlichter Untersuchungsbericht im Projekt MOBINET. München.

Klassen, N., Steinhoff, C., Knoche, R. et al. (2001): Arbeitspaket C 2.4 Potenzialabschätzung für FunInfo, interner Mobinetbericht. Fachgebiet Verkehrstechnik und –planung an der TU München. München.

Die Experten

Die Autoren

Markus Bachleitner
ADAC Hauptverwaltung,
Projektleiter Entwicklung Mobilitätsinformation (EMI),
Fun-Info, München

Anke Biedenkapp
Stattreisen Hannover/Reisepavillon,
Geschäftsführerin

Jürgen Boße
Usedomer Bäderbahn GmbH, Geschäftsführer,
Seebad Heringsdorf

Dr. *Hans-Liudger Dienel*
Technische Universität Berlin,
Zentrum Technik und Gesellschaft,
Leiter der Geschäftsstelle

Dr. *Wolfgang Fastenmeier*
Mensch-Verkehr-Umwelt,
Institut für Angewandte Psychologie, Leiter, München

Konrad Götz
Institut für sozial-ökologische Forschung,
Bereichsleiter Mobilität und Lebensstilanalysen,
Frankfurt am Main

Dr. *Herbert Gstalter*
Mensch-Verkehr-Umwelt,
Institut für Angewandte Psychologie, München

Prof. Dr. *G. Wolfgang Heinze*
Technische Universität Berlin,
Fachgebiet Verkehrssystemplanung
und Verkehrstelematik

Dr. *Wolfgang Isenberg*
Thomas-Morus-Akademie, Akademiedirektor,
Bergisch Gladbach

Elke Jansen
Universität Bonn,
Institut für Psychologie

Prof. Dr. *Georg Karg*
Technische Universität München,
Wirtschaftslehre des Haushalts, Freising

Joachim Kießling
DB Reise und Touristik AG,
Leiter Vertrieb Marketing Ost, Berlin

Jöri Schwärzel Klingenstein
Alpenbüro Netz Schweiz,
Klosters

Ulf Lehnig
Mensch-Verkehr-Umwelt,
Institut für Angewandte Psychologie, München

Dr. *Hans-Peter Meier-Dallach*
Institut Cultur Prospektiv, Leiter,
Zürich

Dörte Ohlhorst
Technische Universität Berlin,
Zentrum Technik und Gesellschaft

Dr. *Stephan Rammler*
Wissenschaftszentrum Berlin für Sozialforschung,
Abteilung Organisation und Technikgenese, Projektleiter

Prof. Dr. *Georg Rudinger*
Universität Bonn, Institut für Psychologie,
Abteilung Methodenlehre und Diagnostik

Ulrich Rüter
Bundesverband der Deutschen Tourismuswirtschaft,
Geschäftsführer, Berlin

Bettina Schäfer
nexus Institut für Kooperationsmanagement
und interdisziplinäre Forschung, Berlin

Bernhard Scheller
Büro für Freizeit- und Sozialforschung, Projektleiter,
München

Steffi Schubert
Institut für sozial-ökologische Forschung,
Mobilität und Lebensstilanalysen, Frankfurt am Main

Susanne Uhlworm
Internationaler Bustouristik Verband,
Referentin Marketing, Köln

Andrea Weecks
Berlin Tourismus-Marketing,
Marketingleiterin

Carl-Otto Wenzel
Wenzel Consulting AG, Vorstandsvorsitzender,
Hamburg

Dr. *Thomas Zängler*
Technische Universität München,
Wirtschaftslehre des Haushalts, Freising

Die weiteren Teilnehmer

Prof. Dr. *Kay W. Axhausen*
Eidgenössische Technische Hochschule Zürich,
Institut für Verkehrsplanung, Transporttechnik,
Straßen- und Eisenbahnbau

Prof. Dr. *Klaus Beckmann*
Rheinisch-Westfälische Hochschule Aachen,
Institut für Stadtbauwesen und Stadtverkehr

Dr. *Bastian Clond*
Universität Karlsruhe,
Institut für Verkehrswesen

Gundi Dinse
Institut für Mobilitätsforschung,
Berlin

Prof. Dr. *Wilfried Echterhoff*
Bergische Universität GH Wuppertal,
Fachgruppe Psychologie

Dr. *Heiner Erke*
Technische Universität Braunschweig,
Institut für Psychologie,
Abteilung für Angewandte Psychologie

Dr. *Antje Flade*
Institut Wohnen und Umwelt GmbH,
Darmstadt

Oberregierungsdirektor Dr. *Matthias Hack*
Bundesministerium für Bildung und Forschung,
Referent Grundsatzfragen Verkehr, Bonn

Prof. Dr. *Heinz Hautzinger*
Institut für angewandte Verkehrs- und Tourismusforschung e.V., Institutsvorstand, Heilbronn

Dr. *Walter Hell*
Institut für Mobilitätsforschung, Institutsleiter,
Berlin

Dr. *Ute Hoffmann*
Wissenschaftszentrum Berlin für Sozialforschung,
Abteilung Organisation und Technikgenese

Rolf Hoppe
Planungsgesellschaft Verkehr Köln Hoppe & Co.,
Köln

Stephan Krösche
Wolfsburg AG, Erlebniswelt,
Investor Relations

Stefan Kruse
Junker/Kruse Stadtforschung/Stadtplanung,
Geschäftsführer, Dortmund

Michael Lange
Lübeck und Travemünde Tourismus-Zentrale,
Marketingleiter, Lübeck

Willi Loose
Öko-Insitut e.V., Arbeitsfeld Verkehr,
Freiburg

Dr. *Arnd Motzkus*
Institut für angewandte Verkehrs- und Tourismusforschung e.V., Heilbronn

Jörg Potthast
Wissenschaftszentrum Berlin für Sozialforschung

Peter Preuss
Rhein-Main-Verkehrsverbund (RMV),
Projektleiter Mobilitätsdienstleistungen,
Hofheim am Taunus

Thomas Richter
TÜV Bildung und Consulting GmbH,
Projektträger „PT-MVBW" des BMBF, Köln

Gernot Steinberg
Planersocietät, Geschäftsführender Partner,
Dortmund